FANGWU JIANZHU GONGCHENG ZHILIANG GUANLI SHIYONG SHOUCE

房屋建筑工程质量管理实用手册

刘孝华◎主编

中国海洋大学出版社
·青岛·

图书在版编目(CIP)数据

房屋建筑工程质量管理实用手册 / 刘孝华主编. —青岛:中国海洋大学出版社，2023.4

ISBN 978-7-5670-3486-0

Ⅰ.①房… Ⅱ.①刘… Ⅲ.①建筑工程—工程质量—质量管理—手册 Ⅳ.①TU712.3-62

中国国家版本馆 CIP 数据核字(2023)第 072233 号

出版发行 中国海洋大学出版社
社　　址 青岛市香港东路 23 号　　**邮政编码** 266071
出 版 人 刘文菁
网　　址 http://pub.ouc.edu.cn
电子信箱 1193406329@qq.com
订购电话 0532—82032573(传真)
责任编辑 孙宇菲　冯广明　　**电　　话** 0532—85902349
印　　制 青岛国彩印刷股份有限公司
版　　次 2023 年 4 月第 1 版
印　　次 2023 年 4 月第 1 次印刷
成品尺寸 210 mm×270 mm
印　　张 16
字　　数 330 千
印　　数 1～1700
定　　价 128.00 元

发现印装质量问题，请致电 0532—58700166，由印刷厂负责调换。

编 委 会

前　言

为贯彻落实《国务院办公厅转发住房城乡建设部关于完善质量保障体系提升建筑工程品质指导意见的通知》(国办函〔2019〕92 号)要求,落实建设单位首要责任和参建企业主体责任,规范企业质量管理行为,提高建设工程质量管理水平,提高人民群众满意度,促进建筑业高质量发展,根据《住房城乡建设部关于印发〈工程质量安全手册(试行)〉的通知》(建质〔2018〕95 号)要求,编制《房屋建筑工程质量管理实用手册》(以下简称《手册》)。

本书以住建部《工程质量安全手册(试行)》为蓝本,以现行法律法规、部门规章、规范性文件和相关工程建设标准为依据,结合工程建设实际,进行了细化、补充和完善。本书共四篇,包括总则、行为准则、质量管理、检验检测四大方面的主要内容,其中质量管理包含地基基础工程、模板工程、钢筋工程、混凝土工程、钢结构工程、组合结构工程、装配式混凝土工程、砌体工程、防水工程、装饰装修工程、给排水与采暖工程、通风与空调工程、建筑电气工程、智能建筑工程等 18 个章节。

本书难免存在不足之处,敬请读者给予批评指正,如有意见或建议请反馈至 hdzjz001@163.com 邮箱,供修订时参考,在此表示衷心的感谢!

目　录

第一篇　总　则

1. 目的：完善企业质量管理体系，规范企业质量行为，落实企业主体责任，提高质量管理水平，保证工程质量，提高人民群众满意度，推动建筑业高质量发展。

2. 编制依据：

(1)《中华人民共和国建筑法》；

(2)《建设工程质量管理条例》；

(3)《建设工程勘察设计管理条例》；

(4)《山东省建筑市场管理条例》；

(5)《房屋建筑和市政基础设施工程施工图设计文件审查管理办法》(住房城乡建设部令第 13 号)；

(6)《建设工程质量检测管理办法》(住建部第 57 号令)；

(7)《山东省房屋建筑和市政工程质量监督管理办法》(省政府令第 308 号)；

(8)《青岛市建筑工程管理办法》(青岛市人民政府令第 209 号)等；

(9)《山东省房屋建筑和市政基础设施工程质量安全手册实施细则(试行)》；

(10)其他有关工程建设标准、规范及有关规范性文件。

第二篇　行为准则

一、基本要求

编号	类别	实施对象	实施条款	实施依据	实施内容
1	基本要求	建设、勘察、设计、施工、监理、检测单位	建设、勘察、设计、施工、监理、检测等单位依法对工程质量负责	《建设工程质量管理条例》第三条	建设、勘察、设计、施工、工程监理单位依法对建设工程质量负责。
				《建设工程质量检测管理办法》第十八条	检测机构应当对其检测数据和检测报告的真实性和准确性负责。
2	基本要求	建设、勘察、设计、施工、监理、检测单位	勘察、设计、施工、监理、检测等单位应当依法取得资质证书，并在其资质等级许可的范围内从事建设工程活动	《中华人民共和国建筑法》第十三条	从事建筑活动的建筑施工企业、勘察单位、设计单位和工程监理单位，按照其拥有的注册资本、专业技术人员、技术装备和已完成的建筑工程业绩等资质条件，划分为不同的资质等级，经资质审查合格，取得相应等级的资质证书后，方可在其资质等级许可的范围内从事建筑活动。

（续表）

编号	类别	实施对象	实施条款	实施依据	实施内容
3	基本要求	建设、勘察、设计、施工、监理单位	建设、勘察、设计、施工、监理等单位的法定代表人应当签署授权委托书，明确各自工程项目负责人；项目负责人应当签署工程质量终身责任承诺书；法定代表人和项目负责人在工程设计使用年限内对工程质量承担相应责任	《住房和城乡建设部关于印发〈建筑工程五方责任主体项目负责人质量终身责任追究暂行办法〉的通知》（建质〔2014〕124 号）第二条、第五条、第八条	建筑工程开工建设前，建设、勘察、设计、施工、监理单位法定代表人应当签署授权书，明确本单位项目负责人。 建设单位项目负责人对工程质量承担全面责任，不得违法发包、肢解发包，不得以任何理由要求勘察、设计、施工、监理单位违反法律法规和工程建设标准，降低工程质量，其违法违规或不当行为造成工程质量事故或质量问题应当承担责任。 勘察、设计单位项目负责人应当保证勘察、设计文件符合法律法规和工程建设强制性标准的要求，对因勘察、设计导致的工程质量事故或质量问题承担责任。 施工单位项目经理应当按照经审查合格的施工图设计文件和施工技术标准进行施工，对因施工导致的工程质量事故或质量问题承担责任。 监理单位总监理工程师应当按照法律法规、有关技术标准、设计文件和工程承包合同进行监理，对施工质量承担监理责任。 项目负责人应当在办理工程质量监督手续前签署工程质量终身责任承诺书，连同法定代表人授权书，报工程质量监督机构备案。项目负责人如有更换的，应当按规定办理变更程序，重新签署工程质量终身责任承诺书，连同法定代表人授权书，报工程质量监督机构备案。
4	基本要求	建设、勘察、设计、施工、监理单位	从事工程建设活动的专业技术人员应当在注册许可范围和聘用单位业务范围内从业，对签署技术文件的真实性和准确性负责，依法承担质量责任	《中华人民共和国建筑法》第十四条	从事建筑活动的专业技术人员，应当依法取得相应的执业资格证书，并在执业资格证书许可的范围内从事建筑活动。

（续表）

编号	类别	实施对象	实施条款	实施依据	实施内容
5	基本要求	建设单位	工程完工后，建设单位应当组织勘察、设计、施工、监理等有关单位进行竣工验收。工程竣工验收合格，方可交付使用	《建设工程质量管理条例》第十六条	建设单位收到建设工程竣工报告后，应当组织设计、施工、工程监理等有关单位进行竣工验收。建设工程经验收合格的，方可交付使用。
6	基本要求	建设、勘察、设计、施工、监理、检测单位	从事建设工程活动，必须严格执行基本建设程序	《建设工程质量管理条例》第五条	从事建设工程活动，必须严格执行基本建设程序，坚持先勘察、后设计、再施工的原则。县级以上人民政府及其有关部门不得超越权限审批建设项目或者擅自简化基本建设程序。

二、建设单位质量行为要求

编号	类别	实施对象	实施条款	实施依据	实施内容
1	质量行为要求	建设单位	按规定办理工程质量监督手续	《建设工程质量管理条例》第十三条	建设单位在开工前，应当按照国家有关规定办理工程质量监督手续，工程质量监督手续可以与施工许可证或者开工报告合并办理。
2	质量行为要求	建设单位	不得肢解发包工程	《建设工程质量管理条例》第七条	建设单位不得将建设工程肢解发包。
3	质量行为要求	建设单位	不得任意压缩合理工期	《建设工程质量管理条例》第十条	建设工程发包单位不得迫使承包方以低于成本的价格竞标，不得任意压缩合理工期。
				《山东省房屋建筑和市政工程质量监督管理办法》第十五条	建设单位应当保证工程建设所需资金，按照合同约定及时支付费用，不得迫使勘察、设计、施工、监理、检测等单位以低于成本的价格竞标；不得任意压缩合理工期，确需调整工期且具备可行性的，应当提出保证工程质量和安全的技术措施和方案，经专家论证通过后方可实施，并承担增加的相应费用。

（续表）

编号	类别	实施对象	实施条款	实施依据	实施内容
4	质量行为要求	建设单位	按规定委托具有相应资质的检测单位进行检测工作	《建设工程质量检测管理办法》第十二条	本办法规定的质量检测业务，由工程项目建设单位委托具有相应资质的检测机构进行检测。委托方与被委托方应当签订书面合同。
5	质量行为要求	建设单位	对施工图设计文件报审图机构审查，审查合格方可使用	《建设工程质量管理条例》第十一条	施工图设计文件审查的具体办法，由国务院建设行政主管部门、国务院其他有关部门制定。 施工图设计文件未经审查批准的，不得使用。
				《房屋建筑和市政基础设施工程施工图设计文件审查管理办法》第三条	施工图未经审查合格的，不得使用。从事房屋建筑工程、市政基础设施工程施工、监理等活动，以及实施对房屋建筑和市政基础设施工程质量安全监督管理，应当以审查合格的施工图为依据。
6	质量行为要求	建设单位	对有重大修改、变动的施工图设计文件应当重新进行报审，审查合格方可使用	《房屋建筑和市政基础设施工程施工图设计文件审查管理办法》第十四条	任何单位或者个人不得擅自修改审查合格的施工图；确需修改的，凡涉及本办法第十一条规定内容的，建设单位应当将修改后的施工图送原审查机构审查。
7	质量行为要求	建设单位	提供给监理单位、施工单位经审查合格的施工图纸	《房屋建筑和市政基础设施工程施工图设计文件审查管理办法》第三条	施工图未经审查合格的，不得使用。从事房屋建筑工程、市政基础设施工程施工、监理等活动，以及实施对房屋建筑和市政基础设施工程质量安全监督管理，应当以审查合格的施工图为依据。
8	质量行为要求	建设单位	组织图纸会审、设计交底工作	《建设工程监理规范》（GB/T 50319-2013）5.1.2	监理人员应熟悉工程设计文件，并应参加建设单位主持的图纸会审和设计交底会议，会议纪要应由总监理工程师签认。
				《山东省建筑市场管理条例》第三十九条	建设工程开工前，建设单位必须按规定到建设工程质量监督机构办理质量监督手续；组织设计和施工单位进行设计和图纸会审。

（续表）

编号	类别	实施对象	实施条款	实施依据	实施内容
9	质量行为要求	建设单位	按合同约定由建设单位采购的建筑材料、建筑构配件和设备的质量应符合要求	《建设工程质量管理条例》第十四条	按照合同约定，由建设单位采购建筑材料、建筑构配件和设备的，建设单位应当保证建筑材料、建筑构配件和设备符合设计文件和合同要求。
10	质量行为要求	建设单位	不得指定应由承包单位采购的建筑材料、建筑构配件和设备，或者指定生产厂、供应商	《中华人民共和国建筑法》第二十五条	按照合同约定，建筑材料、建筑构配件和设备由工程承包单位采购的，发包单位不得指定承包单位购入用于工程的建筑材料、建筑构配件和设备或者指定生产厂、供应商。
11	质量行为要求	建设单位	按合同约定及时支付工程款	《中华人民共和国建筑法》第十八条	发包单位应当按照合同的约定，及时拨付工程款项。
12	质量行为要求	建设单位	涉及建筑主体和承重结构及使用功能变动的装修工程，建设单位应在施工前委托原设计单位或者具有相应资质等级的设计单位提出设计方案；没有设计方案的，不得施工	《建设工程质量管理条例》第十五条	涉及建筑主体和承重结构变动的装修工程，建设单位应当在施工前委托原设计单位或者具有相应资质等级的设计单位提出设计方案；没有设计方案的，不得施工。

三、勘察、设计单位质量行为要求

编号	类别	实施对象	实施条款	实施依据	实施内容
1	质量行为要求	勘察、设计单位	在工程施工前，就审查合格的施工图设计文件向施工单位和监理单位作出详细说明	《建设工程勘察设计管理条例》第三十条	建设工程勘察、设计单位应当在建设工程施工前，向施工单位和监理单位说明建设工程勘察、设计意图，解释建设工程勘察、设计文件。

（续表）

编号	类别	实施对象	实施条款	实施依据	实施内容
2	质量行为要求	勘察、设计单位	及时解决施工中发现的勘察、设计问题，参与工程质量事故调查分析，并对因勘察、设计原因造成的质量事故提出相应的技术处理方案	《建设工程质量管理条例》第二十四条	设计单位应当参与建设工程质量事故分析，并对因设计造成的质量事故，提出相应的技术处理方案。
				《山东省房屋建筑和市政工程质量监督管理办法》第十八条	勘察、设计企业应当参加工程质量事故和有关结构安全、主要使用功能质量问题的原因分析，并对因勘察、设计造成的工程质量事故和质量问题提出相应的技术处理方案。
3	质量行为要求	勘察、设计单位	按规定参与施工验槽	《建筑地基基础工程施工质量验收标准》（GB 50202-2018）A.1.1	建设、勘察、设计、施工、监理等各方相关技术人员应共同参加验槽。
4	质量行为要求	勘察、设计单位	设计文件应当满足设计深度要求，对住宅工程应当提出质量常见问题防治重点和措施。设计企业应当参加地基与基础、主体结构和建筑节能等分部工程验收，并出具验收意见	《建设工程质量管理条例》第二十一条	设计单位应当根据勘察成果文件进行建设工程设计。 设计文件应当符合国家规定的设计深度要求，注明工程合理使用年限。
				《山东省房屋建筑和市政工程质量监督管理办法》第十七条	设计企业出具的设计文件应当满足设计深度要求，对住宅工程应当提出质量常见问题防治重点和措施。设计企业应当参加地基与基础、主体结构和建筑节能等分部工程验收，并出具验收意见。

四、施工单位质量行为要求

编号	类别	实施对象	实施条款	实施依据	实施内容
1	质量行为要求	施工单位	不得违法分包、转包工程	《建设工程质量管理条例》第二十五条	施工单位不得转包或者违法分包工程。
2	质量行为要求	施工单位	项目经理资格符合要求，并到岗履职	《建筑施工项目经理质量安全责任十项规定（试行）》第一条	建筑施工项目经理（以下简称项目经理）必须按规定取得相应执业资格和安全生产考核合格证书；合同约定的项目经理必须在岗履职，不得违反规定同时在两个及两个以上的工程项目担任项目经理。

(续表)

编号	类别	实施对象	实施条款	实施依据	实施内容
3	质量行为要求	施工单位	设置项目质量管理机构,配备质量管理人员	《建设工程质量管理条例》第二十六条	施工单位对建设工程的施工质量负责。施工单位应当建立质量责任制,确定工程项目的项目经理、技术负责人和施工管理负责人。
				《山东省房屋建筑和市政工程质量监督管理办法》第十九条	施工企业应当根据工程规模、技术要求和合同约定,配备项目负责人、项目技术负责人和相应的专职质量管理人员,并保证其到岗履职;项目负责人不得擅自变更,确需变更的,需经建设单位同意并报住房城乡建设主管部门备案。
				《工程建设施工企业质量管理规范》(GB/T 50430-2017)4.2.1	施工企业应明确质量管理体系的组织机构,配备相应质量管理人员,规定相应的职责和权限并形成文件。
4	质量行为要求	施工单位	编制并实施施工组织设计	《山东省房屋建筑和市政工程质量监督管理办法》第二十条	施工企业应当编制施工组织设计,并对工程质量控制的关键环节、重要部位、质量常见问题等编制专项施工方案,经企业技术负责人审核、监理单位总监理工程师审批后实施。
5	质量行为要求	施工单位	编制并实施施工方案	《山东省房屋建筑和市政工程质量监督管理办法》第二十条	施工企业应当编制施工组织设计,并对工程质量控制的关键环节、重要部位、质量常见问题等编制专项施工方案,经企业技术负责人审核、监理单位总监理工程师审批后实施。
6	质量行为要求	施工单位	按规定进行技术交底	《建筑施工组织设计规范》(GB/T 50502-2009)3.0.6	项目施工前,应进行施工组织设计逐级交底。
7	质量行为要求	施工单位	配备齐全该项目涉及的设计图集、施工规范及相关标准	《山东省房屋建筑和市政工程质量监督管理办法》第十九条	施工企业应当在施工现场配备工程施工所需的规范标准、测量工具、检测仪器和设备。

（续表）

编号	类别	实施对象	实施条款	实施依据	实施内容
8	质量行为要求	施工单位	由建设单位委托见证取样检测的建筑材料、建筑构配件和设备等，未经监理单位见证取样并经检验合格的，不得擅自使用	《建设工程质量管理条例》第三十七条	工程监理单位应当选派具备相应资格的总监理工程师和监理工程师进驻施工现场。 未经监理工程师签字，建筑材料、建筑构配件和设备不得在工程上使用或者安装，施工单位不得进行下一道工序的施工。未经总监理工程师签字，建设单位不拨付工程款，不进行竣工验收。
9	质量行为要求	施工单位	按规定由施工单位负责进行进场检验的建筑材料、建筑构配件和设备，应报监理单位审查，未经监理单位审查合格的不得擅自使用	《建设工程质量管理条例》第三十七条	工程监理单位应当选派具备相应资格的总监理工程师和监理工程师进驻施工现场。 未经监理工程师签字，建筑材料、建筑构配件和设备不得在工程上使用或者安装，施工单位不得进行下一道工序的施工。未经总监理工程师签字，建设单位不拨付工程款，不进行竣工验收。
10	质量行为要求	施工单位	严格按审查合格的施工图设计文件进行施工，不得擅自修改设计文件	《建设工程质量管理条例》第二十八条	施工单位必须按照工程设计图纸和施工技术标准施工，不得擅自修改工程设计，不得偷工减料。 施工单位在施工过程中发现设计文件和图纸有差错的，应当及时提出意见和建议。
11	质量行为要求	施工单位	严格按施工技术标准进行施工	《中华人民共和国建筑法》第五十八条	建筑施工企业必须按照工程设计图纸和施工技术标准施工，不得偷工减料。
12	质量行为要求	施工单位	做好各类施工记录，实时记录施工过程质量管理的内容	《建设工程质量管理条例》第三十条	施工单位必须建立、健全施工质量的检验制度，严格工序管理，做好隐蔽工程的质量检查和记录。隐蔽工程在隐蔽前，施工单位应当通知建设单位和建设工程质量监督机构。
13	质量行为要求	施工单位	按规定做好隐蔽工程质量检查和记录	《建设工程质量管理条例》第三十条	施工单位必须建立、健全施工质量的检验制度，严格工序管理，做好隐蔽工程的质量检查和记录。隐蔽工程在隐蔽前，施工单位应当通知建设单位和建设工程质量监督机构。

（续表）

编号	类别	实施对象	实施条款	实施依据	实施内容
14	质量行为要求	施工单位	按规定做好检验批、分项工程、分部工程的质量报验工作	《建设工程监理规范》(GB/T 50319-2013)5.2.14	项目监理机构应对施工单位报验的隐蔽工程、检验批、分项工程和分部工程进行验收，对验收合格的应给予签认，对验收不合格的应拒绝签认，同时应要求施工单位在指定的时间内整改并重新报验。
15	质量行为要求	施工单位	按规定及时处理质量问题和质量事故，做好记录	《青岛市建筑工程管理办法》第二十九条	建设、勘察、设计、施工、监理等单位应当参加工程质量验收，参与工程质量事故和质量投诉的处理。
16	质量行为要求	施工单位	实施样板引路制度，设置实体样板和工序样板	《住房和城乡建设部关于印发〈工程质量安全提升行动方案〉的通知》(建质〔2017〕57号)第三部分第二条第二款	开展工程质量管理标准化示范活动，实施样板引路制度。
				《建筑装饰装修工程质量验收标准》(GB 50210-2018)3.3.8	建筑装饰装修工程施工前应有主要材料的样板或做样板间(件)，并应经有关各方确认。
17	质量行为要求	施工单位	按规定处置不合格试验报告	《建设工程质量管理条例》第二十九条	施工单位必须按照工程设计要求、施工技术标准和合同约定，对建筑材料、建筑构配件、设备和商品混凝土进行检验，检验应当有书面记录和专人签字；未经检验或者检验不合格的，不得使用。
18	质量行为要求	施工单位	按审查合格的施工图设计文件进行施工	《房屋建筑和市政基础设施工程施工图设计文件审查管理办法》第三条	施工图未经审查合格的，不得使用。从事房屋建筑工程、市政基础设施工程施工、监理等活动，以及实施对房屋建筑和市政基础设施工程质量安全监督管理，应当以审查合格的施工图为依据。
19	质量行为要求	施工单位	施工过程中发现设计文件和图纸有差错的，及时提出意见和建议	《建设工程质量管理条例》第二十八条	施工单位在施工过程中发现设计文件和图纸有差错的，应当及时提出意见和建议。

五、监理单位质量行为要求

编号	类别	实施对象	实施条款	实施依据	实施内容
1	质量行为要求	监理单位	总监理工程师资格应符合要求,并到岗履职	《建设工程质量管理条例》第三十七条	工程监理单位应当选派具备相应资格的总监理工程师和监理工程师进驻施工现场。
				《山东省房屋建筑和市政工程质量监督管理办法》第二十二条	监理企业应当根据工程规模、技术要求和合同约定,配备总监理工程师、专业监理工程师和监理员,并保证其到岗履职;总监理工程师不得擅自变更,确需变更的,需经建设单位同意并报住房城乡建设主管部门备案。
2	质量行为要求	监理单位	配备足够的具备资格的监理人员,并到岗履职	《建设工程监理规范》(GB/T 50319-2013)3.1.2	项目监理机构的监理人员应由总监理工程师、专业监理工程师和监理员组成,且专业配套、数量应满足建设工程监理工作需要,必要时可设总监理工程师代表。
3	质量行为要求	监理单位	编制并实施监理规划	《建设工程监理规范》(GB/T 50319-2013)4.1.1	监理规划应结合工程实际情况,明确项目监理机构的工作目标,确定具体的监理工作制度、内容、程序、方法和措施。
4	质量行为要求	监理单位	编制并实施监理实施细则	《建设工程监理规范》(GB/T 50319-2013)4.1.2	监理实施细则应符合监理规划的要求,并应具有可操作性。
5	质量行为要求	监理单位	对施工组织设计、施工方案进行审查	《建设工程监理规范》(GB/T 50319-2013)5.1.6、5.2.2	1. 项目监理机构应审查施工单位报审的施工组织设计,符合要求时,应由总监理工程师签认后报建设单位。项目监理机构应要求施工单位按已批准的施工组织设计组织施工。施工组织设计需要调整时,项目监理机构应按程序重新审查。 2. 总监理工程师应组织专业监理工程师审查施工单位报审的施工方案,并应符合要求后予以签认。
6	质量行为要求	监理单位	对建筑材料、建筑构配件和设备投入使用或安装前进行审查	《建设工程质量管理条例》第三十七条	未经监理工程师签字,建筑材料、建筑构配件和设备不得在工程上使用或者安装,施工单位不得进行下一道工序的施工。

（续表）

编号	类别	实施对象	实施条款	实施依据	实施内容
7	质量行为要求	监理单位	对分包单位的资质进行审核	《建设工程监理规范》(GB/T 50319-2013)5.1.10	分包工程开工前，项目监理机构应审核施工单位报送的分包单位资格报审表，专业监理工程师提出审查意见后，应由总监理工程师审核签认。
8	质量行为要求	监理单位	对重点部位、关键工序实施旁站监理，做好旁站记录	《建设工程监理规范》(GB/T 50319-2013)5.2.11	项目监理机构应根据工程特点和施工单位报送的施工组织设计，确定旁站的关键部位、关键工序，安排监理人员进行旁站，并应及时记录旁站情况。
9	质量行为要求	监理单位	对施工质量进行巡查，做好巡查记录	《建设工程监理规范》(GB/T 50319-2013)5.2.12	项目监理机构应安排监理人员对工程施工质量进行巡视。巡视应包括下列主要内容：①施工单位是否按工程设计文件、工程建设标准和批准的施工组织设计、(专项)施工方案施工。②使用的工程材料、构配件和设备是否合格。③施工现场管理人员，特别是施工质量管理人员是否到位。④特种作业人员是否持证上岗。
10	质量行为要求	监理单位	对施工质量进行平行检验，做好平行检验记录	《建设工程监理规范》(GB/T 50319-2013)5.2.9	项目监理机构应审查施工单位报送的用于工程的材料、构配件、设备的质量证明文件，并应按有关规定、建设工程监理合同约定，对用于工程的材料进行见证取样，平行检验。
11	质量行为要求	监理单位	对隐蔽工程进行验收	《建设工程监理规范》(GB/T 50319-2013)5.2.14	项目监理机构应对施工单位报验的隐蔽工程、检验批、分项工程和分部工程进行验收，对验收合格的应给予签认，对验收不合格的应拒绝签认，同时应要求施工单位在指定的时间内整改并重新报验。
12	质量行为要求	监理单位	对检验批工程进行验收	《建设工程监理规范》(GB/T 50319-2013)5.2.14	项目监理机构应对施工单位报验的隐蔽工程、检验批、分项工程和分部工程进行验收，对验收合格的应给予签认，对验收不合格的应拒绝签认，同时应要求施工单位在指定的时间内整改并重新报验。

（续表）

编号	类别	实施对象	实施条款	实施依据	实施内容
12	质量行为要求	监理单位	对检验批工程进行验收	《建筑工程施工质量验收统一标准》（GB 50300-2013）6.0.1	检验批应由专业监理工程师组织施工单位项目专业质量检查员、专业工长等进行验收。
13	质量行为要求	监理单位	对分项、分部（子分部）工程按规定进行质量验收	《建设工程监理规范》（GB/T 50319-2013）5.2.14	项目监理机构应对施工单位报验的隐蔽工程、检验批、分项工程和分部工程进行验收，对验收合格的应给予签认，对验收不合格的应拒绝签认，同时应要求施工单位在指定的时间内整改并重新报验。
				《建筑工程施工质量验收统一标准》（GB 50300-2013）6.0.2、6.0.3	1. 分项工程应由专业监理工程师组织施工单位项目专业技术负责人等进行验收。 2. 分部工程应由总监理工程师组织施工单位项目负责人和项目技术负责人等进行验收。勘察、设计单位项目负责人和施工单位技术、质量部门负责人应参加地基与基础分部工程的验收。设计单位项目负责人和施工单位技术、质量部门负责人应参加主体结构、节能分部工程的验收。
14	质量行为要求	监理单位	签发质量问题通知单，复查质量问题整改结果	《建设工程监理规范》（GB/T 50319-2013）5.2.15	项目监理机构发现施工存在质量问题的，或施工单位采用不适当的施工工艺，或施工不当，造成工程质量不合格的，应及时签发监理通知单，要求施工单位整改。整改完毕后，项目监理机构应根据施工单位报送的监理通知回复对整改情况进行复查，提出复查意见。
15	质量行为要求	监理单位	按审查合格的施工图设计文件进行监理	《房屋建筑和市政基础设施工程施工图设计文件审查管理办法》第三条	施工图未经审查合格的，不得使用。从事房屋建筑工程、市政基础设施工程施工、监理等活动，以及实施对房屋建筑和市政基础设施工程质量安全监督管理，应当以审查合格的施工图为依据。

六、检测单位质量行为要求

编号	类别	实施对象	实施条款	实施依据	实施内容
1	质量行为要求	检测单位	不得转包检测业务	《建设工程质量检测管理办法》第十七条	检测机构不得转包检测业务。检测机构跨省、自治区、直辖市承担检测业务的，应当向工程所在地的省、自治区、直辖市人民政府建设主管部门备案。
2	质量行为要求	检测单位	不得涂改、倒卖、出租、出借或者以其他形式非法转让资质证书	《建设工程质量检测管理办法》第十条	任何单位和个人不得涂改、倒卖、出租、出借或者以其他形式非法转让资质证书。
3	质量行为要求	检测单位	不得推荐或者监制建筑材料、构配件和设备	《建设工程质量检测管理办法》第十六条	检测机构和检测人员不得推荐或者监制建筑材料、构配件和设备。
4	质量行为要求	检测单位	不得与行政机关，法律、法规授权的具有管理公共事务职能的组织以及所检测工程项目相关的设计单位、施工单位、监理单位有隶属关系或者其他利害关系	《建设工程质量检测管理办法》第十六条	检测人员不得同时受聘于两个或者两个以上的检测机构。 检测机构和检测人员不得推荐或者监制建筑材料、构配件和设备。 检测机构不得与行政机关，法律、法规授权的具有管理公共事务职能的组织以及所检测工程项目相关的设计单位、施工单位、监理单位有隶属关系或者其他利害关系。
5	质量行为要求	检测单位	应当按照国家有关工程建设强制性标准进行检测	《建设工程质量检测管理办法》第二条	工程质量检测机构（以下简称检测机构）接受委托，依据国家有关法律、法规和工程建设强制性标准，对涉及结构安全项目的抽样检测和对进入施工现场的建筑材料、构配件的见证取样检测。
6	质量行为要求	检测单位	对检测数据和检测报告的真实性和准确性负责	《建设工程质量检测管理办法》第十八条	检测机构应当对其检测数据和检测报告的真实性和准确性负责。

（续表）

编号	类别	实施对象	实施条款	实施依据	实施内容
7	质量行为要求	检测单位	应当将检测过程中发现的建设、监理、施工单位违反有关法律、法规和工程建设强制性标准的情况，以及涉及结构安全检测结果的不合格情况，及时报告工程所在地住房城乡建设主管部门	《建设工程质量检测管理办法》第十九条	检测机构应当将检测过程中发现的建设、监理、施工单位违反有关法律、法规和工程建设强制性标准的情况，以及涉及结构安全检测结果的不合格情况，及时报告工程所在地建设主管部门。
8	质量行为要求	检测单位	应当单独建立检测结果不合格项目台账	《建设工程质量检测管理办法》第二十条	检测机构应当单独建立检测结果不合格项目台账。
9	质量行为要求	检测单位	应当建立档案管理制度。检测合同、委托单、原始记录、检测报告应当按年度统一编号，编号应当连续，不得随意抽撤、涂改	《建设工程质量检测管理办法》第二十条	检测机构应当建立档案管理制度。检测合同、委托单、原始记录、检测报告应当按年度统一编号，编号应当连续，不得随意抽撤、涂改。
10	质量行为要求	检测单位	承担监督抽测工作的检测机构应履行严格按标准规范进行检测、及时出具检测报告、存储样品、留存视频监控录像等职责	青岛市城乡建设委员会关于印发《青岛市建筑工程质量监督抽测管理办法》的通知（青建规字〔2018〕5号）第十条	检测机构承担监督抽测工作应履行的职责：①严格按标准规范进行检测；②按要求及时出具检测报告；③按要求存储样品；④按照要求留存视频监控录像，视频应当能清晰地记录样品信息及检测数据，确保对整个检测过程进行追溯。

第三篇　质量管理

本篇共包含地基基础工程、模板工程、钢筋工程、混凝土工程、钢结构工程、组合结构工程、装配式混凝土工程、砌体工程、防水工程、装饰装修工程、给排水与采暖工程、通风与空调工程、建筑电气工程、智能建筑工程、建筑材料进场检验资料、施工试验检测资料、施工记录、质量验收记录等18项内容。以现行规范标准为依据，列举了18个领域质量控制的主要实施条款、实施依据、实施内容以及实施对象等内容。对于未涉及的标准、更新后的标准或设计有要求的，按照现行标准和设计要求进行。

第一章　地基基础工程

一、概述

作为工程建设的第一步重要工序，地基基础工程质量是建筑施工质量控制的基础，也是保证工程建设质量的关键。地基基础的质量受到多方面因素的综合影响，与所在地区的地质条件、水文条件等都有着密不可分的关系，只有加强工程建筑地基基础施工的管理，对施工过程进行严格的质量控制，才能切实地提高工程建设的质量。

二、主要控制项及相关标准规范

编号	类别	实施对象	实施条款	实施依据	实施内容
1	实体施工质量	建设、施工、监理单位	地基施工时应减少基底土体扰动，并应及时保护	《建筑与市政地基基础通用规范》(GB 55003-2021)4.4.4、4.4.6	1. 湿陷性黄土、膨胀土、盐渍土、多年冻土、压实填土地基施工和使用过程中，应采取防止施工用水、场地雨水和邻近管道渗漏水渗入地基的处理措施。 2. 地基基槽(坑)验槽后，应及时对基槽(坑)进行封闭，并采取防止水浸、暴露和扰动基底土的措施。
				《建筑地基基础工程施工规范》(GB 51004-2015)4.1.4、4.1.7	1. 施工过程中应采取减少基底土体扰动的保护措施，机械挖土时，基底以上200～300 mm厚土层应采用人工挖除。 2. 地基施工完成后，应对地基进行保护，并应及时进行基础施工。

(续表)

编号	类别	实施对象	实施条款	实施依据	实施内容
2	实体施工质量	建设、勘察、设计、施工、监理单位	按照设计和规范要求进行基槽验收	《建筑地基基础工程施工质量验收标准》(GB 50202-2018)附录 A.1.1～A.1.7、A.2.1、A.2.2、A.3.1～A.3.5、A.4.1～A.4.3	1. 勘察、设计、监理、施工、建设等各方相关技术人员应共同参加验槽。 2. 验槽时，现场应具备岩土工程勘察报告、轻型动力触探记录(可不进行轻型动力触探的情况除外)、地基基础设计文件、地基处理或深基础施工质量检测报告等。 3. 当设计文件对基坑坑底检验有专门要求时，应按设计文件要求进行。 4. 验槽应在基坑或基槽开挖至设计标高后进行，对留置保护土层时其厚度不应超过 100 mm；槽底应为无扰动的原状土。 5. 遇到下列情况之一时，尚应进行专门的施工勘察。 (1)工程地质与水文地质条件复杂，出现详勘阶段难以查清的问题时； (2)开挖基槽发现土质、地层结构与勘察资料不符时； (3)施工中地基土受严重扰动，天然承载力减弱，需进一步查明其性状及工程性质时； (4)开挖后发现需要增加地基处理或改变基础形式，已有勘察资料不能满足需求时； (5)施工中出现新的岩土工程或工程地质问题，已有勘察资料不能充分判别新情况时。 6. 进行过施工勘察时，验槽时要结合详勘和施工勘察成果进行。 7. 验槽完毕填写验槽记录或检验报告，对存在的问题或异常情况提出处理意见。 8. 天然地基验槽应检验下列内容： (1)根据勘察、设计文件核对基坑的位置、平面尺寸、坑底标高； (2)根据勘察报告核对基坑底、坑边岩土体和地下水情况； (3)检查空穴、古墓、古井、暗沟、防空掩体及地下埋设物的情况，并应查明其位置、深度和性状； (4)检查基坑底土质的扰动情况以及扰动的范围和程度； (5)检查基坑底土质受到冰冻、干裂、受水冲刷或浸泡等扰动情况，并应查明影响范围和深度。

(续表)

编号	类别	实施对象	实施条款	实施依据	实施内容
2	实体施工质量	建设、勘察、设计、施工、监理单位	按照设计和规范要求进行基槽验收	《建筑地基基础工程施工质量验收标准》(GB 50202-2018)附录 A.1.1～A.1.7、A.2.1、A.2.2、A.3.1～A.3.5、A.4.1～A.4.3	9. 在进行直接观察时,可用袖珍式贯入仪或其他手段作为验槽辅助。 10. 设计文件有明确地基处理要求的,在地基处理完成、开挖至基底设计标高后进行验槽。 11. 对于换填地基、强夯地基,应现场检查处理后的地基均匀性、密实度等检测报告和承载力检测资料。 12. 对于增强体复合地基,应现场检查桩位、桩头、桩间土情况和复合地基施工质量检测报告。 13. 对于特殊土地基,应现场检查处理后地基的湿陷性、地震液化、冻土保温、膨胀土隔水、盐渍土改良等方面的处理效果检测资料。 14. 经过地基处理的地基承载力和沉降特性,应以处理后的检测报告为准。 15. 设计计算中考虑桩筏基础、低桩承台等桩间土共同作用时,应在开挖清理至设计标高后对桩间土进行检验。 16. 对人工挖孔桩,应在桩孔清理完毕后,对桩端持力层进行检验。对大直径挖孔桩,应逐孔检验孔底的岩土情况。 17. 在试桩或桩基施工过程中,应根据岩土工程勘察报告对出现的异常情况、桩端岩土层的起伏变化及桩周岩土层的分布进行判别。
3	实体施工质量	建设、勘察、设计、施工、监理单位	按照设计和规范要求进行轻型动力触探	《建筑地基基础工程施工质量验收标准》(GB 50202-2018)附录 A.2.3、A.2.5	1. 天然地基验槽前应在基坑或基槽底普遍进行轻型动力触探检验,检验数据作为验槽依据。轻型动力触探应检查下列内容: (1)地基持力层的强度和均匀性; (2)浅埋软弱下卧层或浅埋突出硬层; (3)浅埋的会影响地基承载力或基础稳定性的古井、墓穴和空洞等。 2. 轻型动力触探宜采用机械自动化实施,检验完毕后,触探孔位处应灌砂填实。 3. 遇下列情况之一时,可不进行轻型动力触探: (1)承压水头可能高于基坑底面标高,触探可造成冒水涌砂时; (2)基础持力层为砾石层或卵石层,且基底以下砾石层或卵石层厚度大于 1 m 时; (3)基础持力层为均匀、密实砂层,且基底以下厚度大于 1.5 m 时。

（续表）

编号	类别	实施对象	实施条款	实施依据	实施内容
4	实体施工质量	建设、施工、监理单位	换填地基、夯实地基、压实地基、强夯地基的填料应符合有关要求	《建筑地基基础工程施工规范》(GB 51004-2015)4.2.1、4.3.1、4.4.1	1. 素土、灰土地基土料应符合下列规定： (1)素土地基土料可采用黏土或粉质黏土，有机质含量不应大于5%，并应过筛，不应含有冻土或膨胀土，严禁采用地表耕植土、淤泥及淤泥质土、杂填土等土料； (2)灰土地基的土料可采用黏土或粉质黏土，有机质含量不应大于5%，并应过筛，其颗粒不得大于15 mm，石灰宜采用新鲜的消石灰，其颗粒不得大于5 mm，且不应含有未熟化的生石灰块粒，灰土的体积配合比宜为2∶8或3∶7，灰土应搅拌均匀。 2. 砂和砂石地基的材料应符合下列规定： (1)宜采用颗粒级配良好的砂石，砂石的最大粒径不宜大于50 mm，含泥量不应大于5%； (2)采用细砂时应掺入碎石或卵石，掺量应符合设计要求； (3)砂石材料应去除草根、垃圾等有机物，有机物含量不应大于5%。 3. 粉煤灰填筑材料应选用Ⅲ级以上粉煤灰，颗粒粒径宜为0.001～2.0 mm，严禁混入生活垃圾及其他有机杂质，并应符合建筑材料有关放射性安全标准的要求。 4. 强夯置换墩材料宜采用级配良好的块石、碎石、矿渣等质地坚硬、性能稳定的粗颗粒材料，粒径大于300 mm的颗粒含量不宜大于全重的30%。
5	实体施工质量	建设、施工、监理单位	换填地基、夯实地基、压实地基的压实系数符合设计要求	《建筑与市政地基基础通用规范》(GB 55003-2021)4.4.3	换填垫层、压实地基、夯实地基采用分层施工时，每完成一道工序，应按设计要求进行验收检验，未经检验或检验不合格时，不得进行下一道工序施工。
				《建筑地基基础工程施工规范》(GB 51004-2015)4.2.3、4.2.6、4.3.2、4.4.2	素土、灰土地基、砂和砂石地基、粉煤灰地基应分层铺填，铺填厚度应由现场试验确定。 应每层进行检验，在每层压实系数符合设计要求后方可铺填上层土。 采用环刀法检验施工质量时，取样点应位于每层厚度的2/3深度处。筏形与箱形基础的地基检验点数量每50～100 m^2不应少于1个点；条形基础的地基检验点数量每10～20 m不应少于1个点；每个独立基础不应少于1个点。

（续表）

编号	类别	实施对象	实施条款	实施依据	实施内容
6	实体施工质量	建设、勘察、设计、施工、监理、检测单位	地基强度或承载力检验结果符合设计要求	《建筑与市政地基基础通用规范》(GB 55003-2021)4.1.3	处理后的地基应进行地基承载力和变形评价、处理范围和有效加固深度内地基均匀性评价。
				《建筑地基基础工程施工质量验收标准》(GB 50202-2018)4.1.4、4.2.3、4.3.3、4.4.3、4.5.3、4.6.3、4.7.3、4.8.3、	1. 素土和灰土地基、砂和砂石地基、土工合成材料地基、粉煤灰地基、强夯地基、注浆地基、预压地基施工结束后，应进行地基承载力检验。 2. 素土和灰土地基、砂和砂石地基、土工合成材料地基、粉煤灰地基、强夯地基、注浆地基、预压地基的承载力必须达到设计要求。地基承载力的检验数量每 300 m^2 不应少于 1 点，超过 3 000 m^2 部分每 500 m^2 不应少于 1 点，每单位工程不应少于 3 点。
7	实体施工质量	建设、勘察、设计、施工、监理、检测单位	复合地基的承载力检验结果符合设计要求	《建筑与市政地基基础通用规范》(GB 55003-2021)4.1.3	复合地基应进行增强体强度及桩身完整性和单桩竖向承载力检验以及单桩或多桩复合地基载荷试验，施工工艺对桩间土承载力有影响时尚应进行桩间土承载力检验。
				《建筑地基基础工程施工质量验收标准》(GB 50202-2018)4.1.5、4.9.3、4.10.3、4.11.3、4.12.3、4.13.3、4.14.3	1. 砂石桩、高压喷射注浆桩、水泥土搅拌桩、土和灰土挤密桩、水泥粉煤灰碎石桩、夯实水泥土桩等复合地基施工结束后，应进行复合地基承载力检验，有单桩承载力要求的，还应进行单桩承载力检验。 2. 砂石桩、高压喷射注浆桩、水泥土搅拌桩、土和灰土挤密桩、水泥粉煤灰碎石桩、夯实水泥土桩等复合地基的承载力必须达到设计要求。复合地基承载力的检验数量不应少于总桩数的 0.5%，且不应少于 3 点。有单桩承载力或桩身强度检验要求时，检验数量不应少于总桩数的 0.5%，且不应少于 3 根。

（续表）

编号	类别	实施对象	实施条款	实施依据	实施内容
8	实体施工质量	建设、施工、监理单位	桩位偏差应符合规范要求	《建筑地基基础工程施工质量验收标准》(GB 50202-2018)5.1.2、5.1.4	1. 预制桩(钢桩)的桩位偏差应符合以下规定： (1)带有基础梁的桩：垂直基础梁中心线的偏差应不大于100+0.01H，沿基础梁的中心线的偏差应不大于150+0.01H； (2)承台桩：当桩数为1～3根时，偏差应不大于100+0.01H，当桩数大于等于4根时，偏差应不大于1/2桩径+0.01H或1/2边长+0.01H； (3)斜桩倾斜度的偏差应为倾斜角正切值的15%。 2. 灌注桩的桩位偏差应符合以下规定： (1)泥浆护壁钻孔桩：当桩径小于1 m时，偏差应不大于70+0.01H，当桩径大于等于1 m，偏差应不大于100+0.01H； (2)套管成孔灌注桩：当桩径小于0.5 m时，偏差应不大于70+0.01H，当桩径大于等于0.5 m，偏差应不大于100+0.01H； (3)干成孔灌注桩：偏差应不大于70+0.01H； (4)人工挖孔桩：偏差应不大于70+0.01H。 注：H为桩基施工面至设计桩顶的距离。
9	实体施工质量	建设、勘察、设计、施工、监理单位	人工挖孔桩的混凝土浇筑前应进行桩基验槽	《建筑与市政地基基础通用规范》(GB 55003-2021)5.4.3	人工挖孔桩终孔时，应进行桩端持力层检验。
				《建筑地基基础工程施工质量验收标准》(GB 50202-2018)附录A.4	对人工挖孔桩，应在桩孔清理完毕后，对桩端持力层进行检验。对大直径挖孔桩，应逐孔检验孔底的岩土情况。
10	实体施工质量	建设、施工、监理、检测单位	桩基础应进行承载力和桩身完整性检验	《建筑与市政地基基础通用规范》(GB 55003-2021)5.1.3	工程桩应进行承载力与桩身质量检验。

（续表）

编号	类别	实施对象	实施条款	实施依据	实施内容
10	实体施工质量	建设、施工、监理、检测单位	桩基础应进行承载力和桩身完整性检验	《建筑地基基础工程施工质量验收标准》(GB 50202-2018)5.1.5～5.1.7	1. 工程桩应进行承载力和桩身完整性检验。 2. 设计等级为甲级或地质条件复杂时，应采用静载试验的方法对桩基承载力进行检验，检验桩数不应少于总桩数的1%，且不应少于3根，当总桩数少于50根时，不应少于2根。在有经验和对比资料的地区，设计等级为乙级、丙级的桩基可采用高应变法对桩基进行竖向抗压承载力检测，检测数量不应少于总桩数的5%，且不应少于10根。 3. 工程桩的桩身完整性的抽检数量不应少于总桩数的20%，且不应少于10根。每根柱子承台下的桩抽检数量不应少于1根。
				《地基基础设计规范》(GB 50007-2011)10.2.14、10.2.17	1. 施工完成后的工程桩应进行桩身完整性检验和竖向承载力检验。承受水平力较大的桩应进行水平承载力检验，抗拔桩应进行抗拔承载力检验。 2. 水平受荷桩和抗拔桩承载力的检验可分别按《地基基础设计规范》GB 50007附录S单桩水平载荷试验和附录T单桩竖向抗拔静载试验的规定进行，检验桩数不得少于同条件下总桩数的1%，且不得少于3根。
11	实体施工质量	建设、施工、监理、检测单位	灌注桩排桩应进行桩身完整性检验	《建筑与市政地基基础通用规范》(GB 55003-2021)7.2.4	1. 灌注桩排桩应采用低应变法检测桩身完整性，检测桩数不宜少于总桩数的20%，且不得少于5根。 2. 采用桩墙合一时，低应变法检测桩身完整性的检测数量应为总桩数的100%；采用声波透射法检测的灌注桩排桩数量不应低于总桩数的10%，且不应少于3根。 3. 当根据低应变法或声波透射法判定的桩身完整性为Ⅲ类、Ⅳ类时，应采用钻芯法进行验证。
12	实体施工质量	建设、施工、监理、检测单位	基坑开挖前截水帷幕的强度应满足设计要求	《建筑与市政地基基础通用规范》(GB 55003-2021)7.2.7	1. 基坑开挖前截水帷幕的强度指标应满足设计要求，强度检测宜采用钻芯法。 2. 截水帷幕采用单轴水泥土搅拌桩、双轴水泥土搅拌桩、三轴水泥土搅拌桩、高压喷射注浆时，取芯数量不宜少于总桩数的1%，且不应少于3根。 3. 截水帷幕采用渠式切割水泥土连续墙时，取芯数量宜沿基坑周边每50延米取1个点，且不应少于3个。

（续表）

编号	类别	实施对象	实施条款	实施依据	实施内容
13	实体施工质量	建设、施工、监理、检测单位	土钉墙支护工程的土钉应进行抗拔承载力检验	《建筑与市政地基基础通用规范》(GB 55003-2021)7.6.3	土钉应进行抗拔承载力检验，检验数量不宜少于土钉总数的1%，且同一土层中的土钉检验数量不应小于3根。
14	实体施工质量	建设、勘察、设计、施工、监理单位	对于不满足设计要求的地基，应有经设计单位确认的地基处理方案，并有处理记录	《建筑与市政地基基础通用规范》(GB 55003-2021)4.4.5	地基基槽(坑)开挖时，当发现地质条件与勘察成果报告不一致，或遇到异常情况时，应停止施工作业，并及时会同有关单位查明情况，提出处理意见。
15	实体施工质量	建设、施工、监理	大体积混凝土施工时应有裂缝控制措施	《建筑地基基础工程施工规范》(GB 51004-2015)5.4.6	1. 混凝土宜采用低水化热水泥，合理选择外掺料、外加剂，优化混凝土配合比。 2. 混凝土浇筑应选择合适的布料方案，宜由远而近浇筑，各布料点浇筑速度应均衡。 3. 混凝土宜采用斜面分层浇筑方法，混凝土应连续浇筑，分层厚度不应大于500 mm，层间间隔时间不应大于混凝土的初凝时间。 4. 混凝土裸露表面应采用覆盖养护方式，当混凝土表面以内40～80 mm位置的温度与环境温度的差值小于25℃时，可结束覆盖养护，覆盖养护结束但尚未达到养护时间要求时，可采用洒水养护方式直至养护结束。
				《建筑地基基础工程施工质量验收标准》(GB 50202-2018)5.4.5	1. 大体积混凝土施工过程中应检查混凝土的坍落度、配合比、浇筑的分层厚度、坡度以及测温点的设置，上下两层的浇筑搭接时间不应超过混凝土的初凝时间。 2. 养护时混凝土结构构件表面以内50～100 mm位置处的温度与混凝土结构构件内部的温度差值不宜大于25℃，且与混凝土结构构件表面温度的差值不宜大于25℃。
16	实体施工质量	建设、勘察、设计、施工、监理单位	灌注桩钢筋保护层厚度应符合设计要求	《建筑与市政地基基础通用规范》(GB 55003-2021)5.2.11、7.2.4	1. 灌注桩的纵向受力钢筋的混凝土保护层厚度不应小于50 mm，腐蚀环境中桩的纵向受力钢筋的混凝土保护层厚度不应小于55 mm。 2. 支护结构排桩的纵向受力钢筋的混凝土保护层厚度不应小于35 mm，采用水下灌注工艺时，不应小于50 mm。

（续表）

编号	类别	实施对象	实施条款	实施依据	实施内容
17	实体施工质量	建设、施工、监理、检测单位	施工期间及使用期间进行沉降变形监测	《建筑与市政地基基础通用规范》(GB 55003-2021)4.4.7、5.4.2	1. 下列建筑与市政工程应在施工期间及使用期间进行沉降变形监测，直至沉降变形达到稳定为止： (1)对地基变形有控制要求的； (2)软弱地基上的； (3)处理地基上的； (4)采用新型基础形式或新型结构的； (5)地基施工可能引起地面沉降或隆起变形、周边建(构)筑物和地下管线变形、地下水位变化及土体位移的。 2. 下列桩基工程应在施工期间及使用期间进行沉降监测，直至沉降达到稳定标准为止： (1)对桩基沉降有控制要求的桩基； (2)非嵌岩桩和非深厚坚硬持力层的桩基； (3)结构体形复杂、荷载分布不均匀或桩端平面下存在软弱土层的桩基； (4)施工过程中可能引起地面沉降、隆起、位移、周边建(构)筑物和地下管线变形、地下水位变化及土体位移的桩基。
18	实体施工质量	建设、施工、监理单位	填方工程的施工应满足设计和规范要求	《建筑地基基础工程施工质量验收标准》(GB 50202-2018)9.5.1～9.5.4	1. 施工前应检查基底的垃圾、树根等杂物清除情况，测量基底标高、边坡坡率，检查验收基础外墙防水层和保护层等。回填料应符合设计要求，并应确定回填料含水量控制范围、铺土厚度、压实遍数等施工参数。 2. 施工中应检查排水系统，每层填筑厚度、辗迹重叠程度、含水量控制、回填土有机质含量、压实系数等。回填施工的压实系数应满足设计要求。当采用分层回填时，应在下层的压实系数经试验合格后进行上层施工。填筑厚度及压实遍数应根据土质、压实系数及压实机具确定。 3. 施工结束后，应进行标高及压实系数检验。 4. 填方工程质量检验标准应符合《建筑地基基础工程施工质量验收标准》GB 50202 表 9.5.4-1、表 9.5.4-2 的规定。

第二章 模板工程

一、概述

模板工程主要包括模板和支架两部分。其中，接触混凝土并控制预订尺寸、形状、位置的构造部分如模板面板、支承面板的次楞和主楞以及对拉螺栓等组件统称为模板；支持和固定模板的杆件、桁架、联结件、金属附件、工作便桥等构成的支承体系统称为支架或模板支架。对于滑动模板，自升模板则增设提升动力以及提升架、平台等构成。

模板及支架是施工过程中的临时结构，应根据结构形式、荷载大小等结合施工过程的安装、使用和拆除等主要工况进行设计，保证其安全可靠，具有足够的承载力和刚度，并保证其整体稳固性。

模板工程应编制专项施工方案。滑模、爬模等工具式模板工程及高大模板支架工程的专项施工方案，应进行技术论证。

二、主要控制项及相关标准规范

编号	类别	实施对象	实施条款	实施依据	实施内容
1	实体施工质量	建设、施工、监理单位	楼板支撑体系的设计应考虑各种工况的受力情况	《混凝土结构通用规范》(GB 55008-2021)5.2.1	模板及支架应根据施工过程中的各种控制工况进行设计，并应满足承载力、刚度和整体稳固性要求。
				《混凝土结构工程施工规范》(GB 50666-2011)4.3.2～4.3.4	1. 模板及支架设计应包括以下内容： (1)模板及支架的选型及构造设计； (2)模板及支架上的荷载及其效应计算； (3)模板及支架的承载力、刚度验算； (4)模板及支架的抗倾覆验算； (5)绘制模板及支架施工图。 2. 模板及支架的设计应符合下列规定： (1)模板及支架的结构设计宜采用以分项系数表达的极限状态设计方法； (2)模板及支架的结构分析中所采用的计算假定和分析模型，应有理论或试验依据，或经工程验证可行； (3)模板及支架应根据施工过程中各种受力工况进行结构分析，并确定其最不利的作用效应组合； (4)承载力计算应采用荷载基本组合，变形验算可仅采用永久荷载标准值。 3. 模板及支架设计时，应根据实际情况计算不同工况下的各项荷载及其组合。

（续表）

<table>
<tr><th>编号</th><th>类别</th><th>实施对象</th><th>实施条款</th><th>实施依据</th><th>实施内容</th></tr>
<tr><td rowspan="3">2</td><td rowspan="3">实体施工质量</td><td rowspan="3">建设、施工、监理单位</td><td rowspan="3">模板板面的平整度应符合要求</td><td>《混凝土结构通用规范》(GB 55008-2021)5.2.1、5.2.2</td><td>1. 模板及支架应根据施工过程中的各种控制工况进行设计，并应满足承载力、刚度和整体稳固性要求。
2. 模板及支架应保证混凝土结构和构件各部分形状、尺寸和位置准确。</td></tr>
<tr><td>《混凝土结构工程施工规范》(GB 50666-2011)4.2.3、4.4.5、4.6.1</td><td>1. 接触混凝土的模板表面应平整，并应具有良好的耐磨性和硬度；清水混凝土模板的面板材料应能保证脱模后所需的饰面效果。
2. 安装模板时，应进行测量放线，并应采取保证模板位置准确的定位措施。对竖向构件的模板及支架，应根据混凝土一次浇筑高度和浇筑速度，采取竖向模板抗侧移、抗浮和抗倾覆措施。对水平构件的模板及支架，应结合不同的支架和模板面板形式，采取支架间、模板间及模板与支架间的有效拉结措施。对可能承受较大风荷载的模板，应采取防风措施。
3. 模板、支架杆件和连接件的进场检查，应符合下列规定：
(1)模板表面应平整，胶合板模板的胶合层不应脱胶翘角，支架杆件应平直并无严重变形和锈蚀，连接件应无严重变形和锈蚀并不应有裂纹；
(2)模板的规格和尺寸，支架杆件的直径和壁厚及连接件的质量，应符合设计要求；
(3)施工现场组装的模板，其组成部分的外观和尺寸，应符合设计要求；
(4)必要时，应对模板、支架杆件和连接件的力学性能进行抽样检查；
(5)应在进场时和周转使用前全数检查外观质量。</td></tr>
<tr><td>《混凝土结构工程施工质量验收规范》(GB 50204-2015)4.2.10</td><td>现浇结构模板安装的尺寸偏差及检验方法应符合《混凝土结构工程施工质量验收规范》表 4.2.10 的规定。检验时，在同一检验批内，对梁、柱和独立基础，应抽查构件数量的 10%，且不应少于 3 件；对墙和板，应按有代表性的自然间抽查 10%，且不应少于 3 间；对大空间结构，墙可按相邻轴线间高度 5 m 左右划分检查面，板可按纵、横轴线划分检查面，抽查 10%，且均不应少于 3 面。</td></tr>
</table>

（续表）

编号	类别	实施对象	实施条款	实施依据	实施内容
3	实体施工质量	建设、施工、监理单位	模板的各连接部位位置正确并连接紧密	《混凝土结构通用规范》(GB 55008-2021)5.2.2	模板及支架应保证混凝土结构和构件各部分形状、尺寸和位置准确。
				《混凝土结构工程施工规范》(GB 50666-2011)4.4.13	模板安装应保证混凝土结构构件各部分形状、尺寸和相对位置准确，并应防止漏浆。
				《混凝土结构工程施工质量验收规范》(GB 50204-2015)4.2.5	模板安装质量应符合下列规定：①模板的接缝应严密，避免漏浆；②构件的连接应尽量紧密，以减小支架变形；③用作模板的地坪、胎模等应平整、清洁，不应有影响构件质量的下沉、裂缝、起砂或起鼓；④对清水混凝土及装饰混凝土构件，应使用能达到设计效果的模板。
4	实体施工质量	建设、施工、监理单位	模板板面应清理干净并涂刷脱模剂	《混凝土结构工程施工规范》(GB 50666-2011)4.2.3、4.2.4、4.4.15	1. 接触混凝土的模板表面应平整，并应具有良好的耐磨性和硬度；清水混凝土模板的面板材料应能保证脱模后所需的饰面效果。 2. 脱模剂应能有效减小混凝土与模板间的吸附力，并应有一定的成膜强度，且不应影响脱模后混凝土表面的后期装饰。 3. 模板与混凝土接触面应清理干净并涂刷脱模剂，脱模剂不得污染钢筋和混凝土接槎处。
				《混凝土结构工程施工质量验收规范》(GB 50204-2015)4.2.5	1. 模板内不应有杂物、积水或冰雪等。 2. 模板与混凝土的接触面应平整、清洁。 3. 用作模板的地坪、胎膜等应平整、清洁，不应有影响构件质量的下沉、裂缝、起砂或起鼓。 4. 对清水混凝土及装饰混凝土构件，应使用能达到设计效果的模板。
5	实体施工质量	建设、施工、监理单位	竹木模板面不得翘曲、变形、破损	《混凝土结构工程施工规范》(GB 50666-2011)4.6.1	1. 模板表面应平整；胶合板模板的胶合层不应脱胶翘角；支架杆件应平直，应无严重变形和锈蚀；连接件应无严重变形和锈蚀，并不应有裂纹。 2. 模板的规格和尺寸，支架杆件的直径和壁厚及连接件的质量，应符合设计要求。 3. 施工现场组装的模板，其组成部分的外观和尺寸，应符合设计要求。 4. 必要时，应对模板、支架杆件和连接件的力学性能进行抽样检查。 5. 应在进场时和周转使用前全数检查外观质量。

（续表）

编号	类别	实施对象	实施条款	实施依据	实施内容
6	实体施工质量	建设、施工、监理单位	铝合金模板应根据模板布置图和施工要求进行设计和进场验收	《组合铝合金模板工程技术规程》(JGJ 386-2016)4.1.1、5.1.4、5.1.5	1. 模板工程设计应包括下列内容： (1)根据结构、建筑、机电等专业施工图，绘制模板施工布置图及各部位剖面详图； (2)根据模板施工布置图，选用标准模板，设计非标准模板，绘制配板设计图和支撑系统布置图； (3)根据工程结构形式、荷载和施工设备等条件进行计算，并应采取相应的构造措施； (4)编制模板及配件的规格、品种与数量明细表和周转使用计划； (5)编制模板施工方案和计算书。 2. 模板进场时应按下列规定进行模板、支撑的材料验收： (1)应检查铝合金模板出厂合格证； (2)应按模板及配件规格、品种与数量明细表、支撑系统明细表核对进场产品的数量； (3)模板使用前应进行外观质量检查，模板表面应平整，无油污、破损和变形，焊缝应无明显缺陷。 3. 模板安装前表面应涂刷脱模剂，且不得使用影响现浇混凝土结构性能或妨碍装饰工程施工的脱模剂。
7	实体施工质量	建设、施工、监理单位	框架梁的支模顺序不得影响梁筋绑扎	《混凝土结构工程施工规范》(GB 50666-2011)4.4.14	模板安装应与钢筋安装配合进行，梁柱节点的模板宜在钢筋安装后安装。
8	实体施工质量	建设、施工、监理单位	早拆模板支撑系统应具有足够的承载力、刚度和稳定性。竖向支撑拆模时间应通过计算确定，且应保留有不少于两层的支撑	《混凝土结构工程施工规范》(GB 50666-2011)4.5.5	快拆支架体系的支架立杆间距不应大于 2 m。拆模时，应保留立杆并顶托支承楼板，拆模时的混凝土强度可按本规范表 4.5.2 中构件跨度为 2 m 的规定确定。

（续表）

编号	类别	实施对象	实施条款	实施依据	实施内容
8	实体施工质量	建设、施工、监理单位	早拆模板支撑系统应具有足够的承载力、刚度和稳定性。竖向支撑拆模时间应通过计算确定，且应保留有不少于两层的支撑	《组合铝合金模板工程技术规程》（JGJ 386-2016）4.5.3～4.5.6	1. 早拆模板支撑系统应具有足够的承载力、刚度和稳定性。 2. 在可调钢支撑承载力满足要求的前提下，当梁宽不大于 350 mm 时，梁底早拆头可由一根可调钢支撑支承；当梁宽为 350～700 mm 时，梁底早拆头应由不少于两根可调钢支撑支承；当梁宽大于 1 000 mm 时，梁底早拆头应由不少于三根可调钢支撑支承。 3. 拆除楼板模板时，应对混凝土楼板进行抗冲切、抗剪切、抗弯承载力验算和挠度验算，验算时可按混凝土板计算。 4. 竖向支撑拆模时间应通过计算确定，且应保留有不少于两层的支撑。
				《高层建筑混凝土结构技术规程》（JGJ 3-2010）13.6.4	现浇楼板模板宜采用早拆模板体系。后浇带应与其两侧梁、板结构的模板及支架分开设置。
9	实体施工质量	建设、施工、监理单位	楼板后浇带的模板支撑体系按规定单独设置	《混凝土结构工程施工规范》（GB 50666-2011）4.4.16 及条文解释	1. 后浇带的模板及支架应独立设置。 2. 后浇带部位的模板及支架需保留到设计允许封闭后浇带的时间。该部分模板及支架应独立设置，便于两侧的模板及支架及时拆除，加快模板及支架的周转使用。
				《混凝土结构工程施工质量验收规范》（GB 50204-2015）4.2.3	后浇带处的模板及支架应独立设置。
10	实体施工质量	建设、施工、监理单位	混凝土结构层标高及预埋件、预留孔洞的标高应符合设计要求	《混凝土结构工程施工规范》（GB 50666-2011）4.6.2	模板安装后应检查尺寸偏差。固定在模板上的预埋件、预留孔和预留洞，应检查其数量和尺寸。

(续表)

编号	类别	实施对象	实施条款	实施依据	实施内容
10	实体施工质量	建设、施工、监理单位	混凝土结构层标高及预埋件、预留孔洞的标高应符合设计要求	《混凝土结构工程施工质量验收规范》(GB 50204-2015)4.2.9	固定在模板上的预埋件和预留孔洞不得遗漏,且应安装牢固。有抗渗要求的混凝土结构中的预埋件,应按设计及施工方案的要求采取防渗措施。预埋件和预留孔洞的位置应满足设计和施工方案的要求。当设计无具体要求时,其位置偏差应符合表 4.2.9 的规定。
11	实体施工质量	建设、施工、监理单位	对跨度不小于 4 m 的梁、板,其模板施工起拱高度宜为梁、板跨度的 1/1 000～3/1 000。起拱不得减少构件的截面高度	《混凝土结构工程施工规范》(GB 50666-2011)4.4.6	对跨度不小于 4 m 的梁、板,其模板施工起拱高度宜为梁、板跨度的 1/1 000～3/1 000。起拱不得减少构件的截面高度。

第三章 钢筋工程

一、概述

钢筋工程包括钢筋原材料、钢筋的冷加工、钢筋连接与安装、钢筋的配料与代换等质量控制项。

二、主要控制项及相关标准规范

编号	类别	实施对象	实施条款	实施依据	实施内容
1	实体施工质量	建设、施工、监理单位	钢筋的牌号、规格和数量符合设计和规范要求	《混凝土结构通用规范》(GB 55008-2021)5.1.2	材料、构配件、器具和半成品应进行进场验收,合格后方可使用。
				《混凝土结构工程施工规范》(GB 50666-2011)5.1.3	当需要进行钢筋代换时,应办理设计变更文件。不宜用光圆钢筋代替带肋钢筋。
				《混凝土结构工程施工质量验收规范》(GB 50204-2015)5.5.1	钢筋安装时,受力钢筋的牌号、规格和数量符合设计要求。
2	实体施工质量	建设、施工、监理单位	严禁“瘦身”钢筋等违法行为	《混凝土结构工程施工质量验收规范》(GB 50204-2015)5.2.2	成型钢筋进场时,应抽取试件做屈服强度、抗拉强度、伸长率和重量偏差检验,检验结果应符合国家现行相关标准的规定。对由热轧钢筋制成的成型钢筋,当有施工单位或监理单位的代表驻厂监督生产过程,并提供原材钢筋力学性能第三方检验报告时,可仅进行重量偏差检验。检验时,同一厂家、同一类型、同一钢筋来源的成型钢筋,不超过 30 t 为一批,每批中每种钢筋牌号、规格均应至少抽取 1 个钢筋试件,总数不应少于 3 个。

（续表）

编号	类别	实施对象	实施条款	实施依据	实施内容
3	实体施工质量	建设、施工、监理单位	盘卷钢筋调直后应进行力学性能和重量偏差检验，无延伸功能的调直机械设备应经验证	《混凝土结构工程施工规范》(GB 50666-2011)5.3.3	钢筋宜采用机械设备进行调直，也可采用冷拉方法调直。当采用机械设备调直时，调直设备不应具有延伸功能。当采用冷拉方法调直时，HPB300 光圆钢筋的冷拉率不宜大于 4%；HRB335、HRB400、HRB500、HRBF335、HRBF400、HRBF500 及 RRB400 带肋钢筋的冷拉率，不宜大于 1%。钢筋调直过程中不应损伤带肋钢筋的横肋。调直后的钢筋应平直，不应有局部弯折。
				《混凝土结构工程施工质量验收规范》(GB 50204-2015)5.3.4	盘卷钢筋调直后应进行力学性能和重量偏差检验，其强度应符合国家现行有关标准的规定，其断后伸长率、重量偏差应符合《混凝土结构工程施工质量验收规范》表 5.3.4 的规定。检验时，同一设备加工的同一牌号、同一规格的调直钢筋，重量不大于 30 t 为一批，每批见证抽取 3 个试件。采用无延伸功能的机械设备调直的钢筋，可不进行本条规定的检验。
4	实体施工质量	建设、施工、监理单位	应按设计和规范规定采用抗震钢筋	《混凝土结构通用规范》(GB 55008-2021)3.2.3	对按一、二、三级抗震等级设计的房屋建筑框架和斜撑构件，其纵向受力普通钢筋性能应符合下列规定： (1)抗拉强度实测值与屈服强度实测值的比值不应小于 1.25； (2)屈服强度实测值与屈服强度标准值的比值不应大于 1.30； (3)最大力总延伸率实测值不应小于 9%。
5	实体施工质量	建设、施工、监理单位	确定钢筋工程细部做法并在技术交底中明确	《混凝土结构工程施工规范》(GB 50666-2011)3.1.3	施工前，应由建设单位组织设计、施工、监理等单位对设计文件进行交底和会审。由施工单位完成的深化设计文件应经原设计单位确认。
				《建筑施工组织设计规范》(GB/T 50502-2009)3.0.6	项目施工前，应进行施工组织设计逐级交底。

（续表）

编号	类别	实施对象	实施条款	实施依据	实施内容
6	实体施工质量	建设、施工、监理单位	清除钢筋上的污染物和施工缝处的浮浆	《混凝土结构工程施工规范》(GB 50666-2011) 8.3.10	1. 结合面应为粗糙面，并应清除浮浆、松动石子、软弱混凝土层； 2. 结合面处应洒水湿润，但不得有积水； 3. 施工缝处已浇筑混凝土的强度不应小于 1.2 MPa； 4. 柱、墙水平施工缝水泥砂浆接浆层厚度不应大于 30 mm，接浆层水泥砂浆应与混凝土浆液成分相同； 5. 后浇带混凝土强度等级及性能应符合设计要求；当设计无具体要求时，后浇带混凝土强度等级宜比两侧混凝土提高一级，并宜采用减少收缩的技术措施。
				《混凝土结构工程施工质量验收规范》(GB 50204-2015)5.2.4	钢筋应平直、无损伤，表面不得有裂纹、油污、颗粒状或片状老锈。
7	实体施工质量	建设、施工、监理单位	对预留钢筋进行纠偏	《混凝土结构工程施工规范》(GB 50666-2011) 5.4.9	钢筋安装应采用定位件固定钢筋的位置，并宜采用专用定位件。
				《混凝土结构工程施工质量验收规范》(GB 50204-2015)5.5.2	钢筋应安装牢固。受力钢筋的安装位置、锚固方式应符合设计要求。
8	实体施工质量	建设、施工、监理单位	钢筋加工符合设计和规范要求	《混凝土结构工程施工规范》(GB 50666-2011) 5.3.2～5.3.4	1. 钢筋加工宜在常温状态下进行，加工过程中不应对钢筋进行加热，钢筋应一次弯折到位。 2. 钢筋宜采用机械设备进行调直，也可采用冷拉方法调直。当采用机械设备调直时，调直设备不应具有延伸功能。当采用冷拉方法调直时，HPB300 光圆钢筋的冷拉率不宜大于 4%；HRB335、HRB400、HRB500、HRBF335、HRBF400、HRBF500 及 RRB400 带肋钢筋的冷拉率，不宜大于 1%。钢筋调直过程中不应损伤带肋钢筋的横肋。调直后的钢筋应平直，不应有局部弯折。 3. 钢筋弯折的弯弧内直径应符合下列规定： (1)光圆钢筋，不应小于钢筋直径的 2.5 倍；

（续表）

编号	类别	实施对象	实施条款	实施依据	实施内容
8	实体施工质量	建设、施工、监理单位	钢筋加工符合设计和规范要求	《混凝土结构工程施工规范》(GB 50666-2011) 5.3.2～5.3.4	(2)335 MPa级、400 MPa级带肋钢筋，不应小于钢筋直径的4倍； (3)500 MPa级带肋钢筋，当直径为28 mm以下时不应小于钢筋直径的6倍，当直径为28 mm及以上时不应小于钢筋直径的7倍； (4)位于框架结构顶层端节点处的梁上部纵向钢筋和柱外侧纵向钢筋，在节点角部弯折处，当钢筋直径为28 mm以下时不宜小于钢筋直径的12倍，当钢筋直径为28 mm及以上时不宜小于钢筋直径的16倍； (5)箍筋弯折处尚不应小于纵向受力钢筋直径；箍筋弯折处纵向受力钢筋为搭接钢筋或并筋时，应按钢筋实际排布情况确定箍筋弯弧内直径。
9	实体施工质量	建设、施工、监理单位	钢筋应安装牢固、位置准确	《混凝土结构通用规范》(GB 55008-2021)5.3.3	钢筋和预应力筋应安装牢固、位置准确。
10	实体施工质量	建设、施工、监理单位	钢筋的安装位置符合设计和规范要求	《混凝土结构工程施工规范》(GB 50666-2011) 5.4.7、5.4.8	1. 钢筋的绑扎应符合下列规定： (1)钢筋的绑扎搭接接头应在接头中心和两端用铁丝扎牢； (2)墙、柱、梁钢筋骨架中各竖向面钢筋网交叉点应全数绑扎；板上部钢筋网的交叉点应全数绑扎，底部钢筋网除边缘部分外可交错绑扎； (3)梁、柱的箍筋弯钩及焊接封闭箍筋的焊点应沿纵向受力钢筋方向错开设置； (4)构造柱纵向钢筋宜与承重结构同步绑扎； (5)梁及柱中箍筋、墙中水平分布筋、板中钢筋距构件边缘的起始距离宜为50 mm。 2. 构件交接处的钢筋位置应符合设计要求。当设计无具体要求时，应保证主要受力构件和构件中主要受力方向的钢筋位置。框架节点处梁纵向受力钢筋宜放在柱纵向钢筋内侧；当主次梁底部标高相同时，次梁下部钢筋应放在主梁下部钢筋之上；剪力墙中水平分布钢筋宜放在外侧，并宜在墙端弯折锚固。
11	实体施工质量	建设、施工、监理单位	保证钢筋位置的措施到位	《混凝土结构工程施工规范》(GB 50666-2011) 5.4.9	钢筋安装应采用定位件固定钢筋的位置，并宜采用专用定位件。定位件应具有足够的承载力、刚度、稳定性和耐久性。定位件的数量、间距和固定方式，应能保证钢筋的位置偏差符合国家现行有关标准的规定。混凝土框架梁、柱保护层内，不宜采用金属定位件。

（续表）

编号	类别	实施对象	实施条款	实施依据	实施内容
12	实体施工质量	建设、施工、监理单位	钢筋连接与安装符合设计和规范要求	《混凝土结构通用规范》(GB 55008-2021) 3.3.3、5.3.1	1. 钢筋套筒灌浆连接接头的实测极限抗拉强度不应小于连接钢筋的抗拉强度标准值，且接头破坏应位于套筒外的连接钢筋。 2. 钢筋机械连接或焊接连接接头试件应从完成的实体中截取，并应按规范规定进行性能检验。
				《钢筋焊接及验收规程》(JGJ 18-2012)4.1.3、5.6.2	1. 在钢筋工程焊接开工之前，参与该项工程施焊的焊工必须进行现场条件下的焊接工艺试验，应经试验合格后，方准于焊接生产。 2. 电渣压力焊接头外观质量检查结果，应符合下列规定： (1)四周焊包凸出钢筋表面的高度，当钢筋直径为 25 mm 及以下时，不得小于 4 mm，当钢筋直径为 28 mm 及以上时，不得小于 6 mm； (2)钢筋与电极接触处，应无烧伤缺陷； (3)接头处的弯折角度不得大于 2°； (4)接头处的轴线偏移不得大于 1 mm。
				《混凝土结构设计规范》GB 50010-2010(2015 年版)8.4.1、8.4.2、8.4.3、8.4.7	1. 钢筋连接可采用绑扎搭接、机械连接或焊接。机械连接接头及焊接接头的类型及质量应符合国家现行有关标准的规定。混凝土结构中受力钢筋的连接接头宜设置在受力较小处。在同一根受力钢筋上宜少设接头。在结构的重要构件和关键传力部位，纵向受力钢筋不宜设置连接接头。 2. 轴心受拉及小偏心受拉杆件的纵向受力钢筋不得采用绑扎搭接，其他构件中的钢筋采用绑扎搭接时，受拉钢筋直径不宜大于 25 mm，受压钢筋直径不宜大于 28 mm。 3. 同一构件中相邻纵向受力钢筋的绑扎搭接接头宜互相错开。钢筋绑扎搭接接头连接区段的长度为 1.3 倍搭接长度，凡搭接接头中点位于该连接区段长度内的搭接接头均属于同一连接区段。位于同一连接区段内的受拉钢筋搭接接头面积百分率：对梁类、板类及墙类构件，不宜大于 25%；对柱类构件，不宜大于 50%。当工程中确有必要增大受拉钢筋搭接接头面积百分率时，对梁类构件，不宜大于50%；对板、墙、柱及预制构件的拼接处，可根据实际情况放宽。

(续表)

编号	类别	实施对象	实施条款	实施依据	实施内容
12	实体施工质量	建设、施工、监理单位	钢筋连接与安装符合设计和规范要求	《混凝土结构设计规范》GB 50010-2010(2015年版)8.4.1、8.4.2、8.4.3、8.4.7	并筋采用绑扎搭接连接时，应按每根单筋错开搭接的方式连接。接头面积百分率应按同一连接区段内所有的单根钢筋计算。并筋中钢筋的搭接长度应按单筋分别计算。 4. 纵向受力钢筋的机械连接接头宜相互错开。钢筋机械连接区段的长度为35 d,d为连接钢筋的较小直径。凡接头中点位于该连接区段长度内的机械连接接头均属于同一连接区段。位于同一连接区段内的纵向受拉钢筋接头面积百分率不宜大于50%;但对板、墙、柱及预制构件的拼接处，可根据实际情况放宽。纵向受压钢筋的接头百分率可不受限制。机械连接套筒的保护层厚度宜满足有关钢筋最小保护层厚度的规定。机械连接套筒的横向净间距不宜小于25 mm;套筒处箍筋的间距仍应满足相应的构造要求。直接承受动力荷载结构构件中的机械连接接头，除应满足设计要求的抗疲劳性能外，位于同一连接区段内的纵向受力钢筋接头面积百分率不应大于50%。
				《混凝土结构工程施工规范》(GB 50666-2011)5.4.1、5.4.4、5.4.5	1. 钢筋接头宜设置在受力较小处;有抗震设防要求的结构中，梁端、柱端箍筋加密区范围内不宜设置钢筋接头，且不应进行钢筋搭接。同一纵向受力钢筋不宜设置两个或两个以上接头。接头末端至钢筋弯起点的距离，不应小于钢筋直径的10倍。 2. 当纵向受力钢筋采用机械连接接头或焊接接头时，接头的设置应符合下列规定: (1)同一构件内的接头宜分批错开。 (2)接头连接区段的长度为35 d,且不应小于500 mm,凡接头中点位于该连接区段长度内的接头均应属于同一连接区段;其中d为相互连接两根钢筋中较小直径。 (3)同一连接区段内，纵向受力钢筋接头面积百分率为该区段内有接头的纵向受力钢筋截面面积与全部纵向受力钢筋截面面积的比值;纵向受力钢筋的接头面积百分率应符合下列规定: 1)受拉接头，不宜大于50%;受压接头，可不受限制。

（续表）

编号	类别	实施对象	实施条款	实施依据	实施内容
12	实体施工质量	建设、施工、监理单位	钢筋连接与安装符合设计和规范要求	《混凝土结构工程施工规范》(GB 50666-2011) 5.4.1、5.4.4、5.4.5	2)板、墙、柱中受拉机械连接接头，可根据实际情况放宽；装配式混凝土结构构件连接处受拉接头，可根据实际情况放宽。 3)直接承受动力荷载的结构构件中，不宜采用焊接；当采用机械连接时，不应超过 50%。 3. 当纵向受力钢筋采用绑扎搭接接头时，接头的设置应符合下列规定： (1)同一构件内的接头宜分批错开。各接头的横向净间距 s 不应小于钢筋直径，且不应小于 25 mm。 (2)接头连接区段的长度为 1.3 倍搭接长度，凡接头中点位于该连接区段长度内的接头均应属于同一连接区段；搭接长度可取相互连接两根钢筋中较小直径计算。纵向受力钢筋的最小搭接长度应符合《混凝土结构工程施工规范》GB 50666 附录 C 的规定。 (3)同一连接区段内，纵向受力钢筋接头面积百分率为该区段内有接头的纵向受力钢筋截面面积与全部纵向受力钢筋截面面积的比值；纵向受压钢筋的接头面积百分率可不受限值；纵向受拉钢筋的接头面积百分率应符合下列规定： 1)梁类、板类及墙类构件，不宜超过 25%；基础筏板，不宜超过 50%。 2)柱类构件，不宜超过 50%。 3)当工程中确有必要增大接头面积百分率时，对梁类构件，不应大于 50%；对其他构件，可根据实际情况适当放宽。
				《混凝土结构工程施工质量验收规范》(GB 50204-2015)5.5.1	钢筋安装时，受力钢筋的牌号、规格和数量必须符合设计要求。
13	实体施工质量	建设、施工、监理单位	钢筋锚固符合设计和规范要求	《混凝土结构工程施工质量验收规范》(GB 50204-2015)5.5.2、5.5.3	1. 钢筋应安装牢固。受力钢筋的安装位置、锚固方式应符合设计要求。 2. 钢筋安装偏差及检验方法应符合《混凝土结构工程施工质量验收规范》GB 50204 表 5.5.3 的规定，受力钢筋保护层厚度的合格点率应达到 90%及以上，且不得有超过表中数值 1.5 倍的尺寸偏差。

(续表)

编号	类别	实施对象	实施条款	实施依据	实施内容
14	实体施工质量	建设、施工、监理单位	箍筋、拉筋弯钩符合设计和规范要求	《混凝土结构工程施工规范》(GB 50666-2011)5.3.6	1. 对一般结构构件,箍筋弯钩的弯折角度不应小于90°,弯折后平直段长度不应小于箍筋直径的5倍;对有抗震设防要求或设计有专门要求的结构构件,箍筋弯钩的弯折角度不应小于135°,弯折后平直段长度不应小于箍筋直径的10倍和75 mm两者之中的较大值。 2. 圆形箍筋的搭接长度不应小于其受拉锚固长度,且两末端均应作不小于135°的弯钩,弯折后平直段长度对一般结构构件不应小于箍筋直径的5倍,对有抗震设防要求的结构构件不应小于箍筋直径的10倍和75 mm的较大值。 3. 拉筋用作梁、柱复合箍筋中单肢箍筋或梁腰筋间拉结筋时,两端弯钩的弯折角度均不应小于135°,弯折后平直段长度应符合本条第1款对箍筋的有关规定;拉筋用作剪力墙、楼板等构件中拉结筋时,两端弯钩可采用一端135°另一端90°,弯折后平直段长度不应小于拉筋直径的5倍。
15	实体施工质量	建设、施工、监理单位	悬挑梁、板的钢筋绑扎符合设计和规范要求	《混凝土结构设计规范》(GB 50010-2010)(2015年版)9.2.4	在钢筋混凝土悬臂梁中,应有不少于2根上部钢筋伸至悬臂梁外端,并向下弯折不小于12 d;其余钢筋不应在梁的上部截断,而应按本规范第9.2.8条规定的弯起点位置向下弯折,并按本规范第9.2.7条的规定在梁的下边锚固。
				《混凝土结构工程施工质量验收规范》(GB 50204-2015)5.5.1~5.5.3	1. 钢筋安装时,受力钢筋的牌号、规格和数量必须符合设计要求。 2. 钢筋应安装牢固。受力钢筋的安装位置、锚固方式应符合设计要求。 3. 钢筋安装偏差及检验方法应符合《混凝土结构工程施工质量验收规范》GB 50204表5.5.3的规定,受力钢筋保护层厚度的合格点率应达到90%及以上,且不得有超过表中数值1.5倍的尺寸偏差。

（续表）

编号	类别	实施对象	实施条款	实施依据	实施内容
16	实体施工质量	建设、施工、监理单位	后浇带预留钢筋的绑扎符合设计和规范要求	《混凝土结构工程施工质量验收规范》（GB 50204-2015）5.5.1～5.5.3	1. 后浇带留置位置应符合设计要求。 2. 后浇带预留钢筋的牌号、规格、数量应符合设计要求。 3. 后浇带两侧应采用钢筋支架和钢丝网隔断，保持带内的清洁。防止钢筋锈蚀或被压弯、踩弯。 4. 后浇带两侧钢筋采用贯通构造时后浇带处钢筋应≥800 mm。 5. 后浇带两侧钢筋采用断开构造时，钢筋采用100％搭接接头，搭接长度为l_l+60且≥800（当构件抗震等级为一级～四级时，l_l应改为l_{le}），梁钢筋可不断开。 6. 钢筋安装偏差及检验方法应符合《混凝土结构工程施工质量验收规范》GB 50204表5.5.3的规定，受力钢筋保护层厚度的合格点率应达到90％及以上，且不得有超过表中数值1.5倍的尺寸偏差。
17	实体施工质量	建设、设计、施工、监理单位	钢筋保护层厚度符合设计和规范要求	《混凝土结构通用规范》（GB 55008-2021）2.0.10	混凝土结构中的普通钢筋、预应力筋应设置混凝土保护层，混凝土保护层厚度应符合下列规定： （1）满足普通钢筋、有粘结预应力筋与混凝土共同工作性能要求； （2）满足混凝土构件的耐久性能及防火性能要求； （3）不应小于普通钢筋公称直径，且不应小于15 mm。
				《混凝土结构设计规范》（GB 50010-2010）8.2.1～8.2.3	1. 构件中普通钢筋及预应力筋的混凝土保护层厚度应满足下列要求： （1）构件中受力钢筋的保护层厚度不应小于钢筋的公称直径d。 （2）设计使用年限为50年的混凝土结构，最外层钢筋的保护层厚度应符合《混凝土结构设计规范》GB 50010表8.2.1的规定；设计使用年限为100年的混凝土结构，最外层钢筋的保护层厚度不应小于以下数值的1.4倍。环境类别为一、二a、二b、三a、三b，板、墙、壳的混凝土保护层的最小厚度C(mm)依次为：15、20、25、30、40，梁、柱、杆的混凝土保护层的最小厚度C(mm)依次为：20、25、35、40、50。 注：①混凝土强度等级不大于C25时，表中保护层厚度数值应增加5 mm；②钢筋混凝土基础宜设置混凝土垫层，基础中钢筋的混凝土保护层厚度应从垫层顶面算起，且不应小于40 mm。

（续表）

编号	类别	实施对象	实施条款	实施依据	实施内容
17	实体施工质量	建设、设计、施工、监理单位	钢筋保护层厚度符合设计和规范要求	《混凝土结构设计规范》(GB 50010-2010)8.2.1～8.2.3	2. 当有充分依据并采取下列措施时，可适当减小混凝土保护层的厚度： (1)构件表面有可靠的防护层； (2)采用工厂化生产的预制构件； (3)在混凝土中掺加阻锈剂或采用阴极保护处理等防锈措施； (4)当对地下室墙体采取可靠的建筑防水做法或防护措施时，与土层接触一侧钢筋的保护层厚度可适当减少，但不应小于 25 mm。 3. 当梁、柱、墙中纵向受力钢筋的保护层厚度大于 50 mm 时，宜对保护层采取有效的构造措施。当在保护层内配置防裂、防剥落的钢筋网片时，网片钢筋的保护层厚度不应小于 25 mm。
				《混凝土结构工程施工质量验收规范》(GB 50204-2015)E.0.4、E.0.5	1. 钢筋保护层厚度检验时，纵向受力钢筋保护层厚度的允许偏差应符合《混凝土结构工程施工质量验收规范》表 E.0.4 的规定。 2. 梁类、板类构件纵向受力钢筋的保护层厚度应分别进行验收，并应符合下列规定： (1)当全部钢筋保护层厚度检验的合格率为 90%及以上时，可判为合格。 (2)当全部钢筋保护层厚度检验的合格率小于 90%但不小于 80%时，可再抽取相同数量的构件进行检验；当按两次抽样总和计算的合格率为 90%及以上时，仍可判为合格。 (3)每次抽样检验结果中不合格点的最大偏差均不应大于 E.0.4 条规定允许偏差的 1.5 倍。

第四章　混凝土工程

一、概述

混凝土工程包括配料、搅拌、运输、浇捣、养护等过程。在整个工艺过程中，各工序紧密联系又相互影响，若对其中任一工序处理不当，都会影响混凝土最终质量。对混凝土的质量要求不但要有正确的外形尺寸，而且要满足设计强度及耐久性。

二、主要控制项及相关标准规范

编号	类别	实施对象	实施条款	实施依据	实施内容
1	实体施工质量	建设、施工、监理单位	混凝土运输、输送、浇筑过程中严禁加水，散落的混凝土严禁用于结构浇筑	《混凝土结构通用规范》(GB 55008-2021)5.4.1	混凝土运输、输送、浇筑过程中严禁加水；运输、输送、浇筑过程中散落的混凝土严禁用于结构浇筑。
2	实体施工质量	建设、施工、监理单位	各部位混凝土强度符合设计和规范要求	《建设工程质量管理条例》(2000 年国务院令第 279 号；2019 年第二次修订)	第二十八条：施工单位必须按照工程设计图纸和施工技术标准施工，不得擅自修改工程设计，不得偷工减料。
				《混凝土结构通用规范》(GB 55008-2021)2.0.2	结构混凝土强度等级的选用应满足工程结构的承载力、刚度及耐久性需求。对设计工作年限为 50 年的混凝土结构，结构混凝土的强度等级尚应符合下列规定；对设计工作年限大于 50 年的混凝土结构，结构混凝土的最低强度等级应比下列规定提高。 (1)素混凝土结构构件的混凝土强度等级不应低于 C20；钢筋混凝土结构构件的混凝土强度等级不应低于 C25；预应力混凝土楼板结构的混凝土强度等级不应低于 C30，其他预应力混凝土结构构件的混凝土强度等级不应低于 C40；钢-混凝土组合结构构件的混凝土强度等级不应低于 C30。

（续表）

编号	类别	实施对象	实施条款	实施依据	实施内容
2	实体施工质量	建设、施工、监理单位	各部位混凝土强度符合设计和规范要求	《混凝土结构通用规范》(GB 55008-2021)2.0.2	(2)承受重复荷载作用的钢筋混凝土结构构件，混凝土强度等级不应低于C30。 (3)抗震等级不低于二级的钢筋混凝土结构构件，混凝土强度等级不应低于C30。 (4)采用500 MPa及以上等级钢筋的钢筋混凝土结构构件，混凝土强度等级不应低于C30。
				《混凝土结构工程施工质量验收规范》(GB 50204-2015)7.1.1、7.1.3	1. 混凝土强度应按现行国家标准《混凝土强度检验评定标准》GB/T 50107的规定分批检验评定。划入同一检验批的混凝土，其施工持续时间不宜超过3个月。检验评定混凝土强度时，应采用28 d或设计规定龄期的标准养护试件。试件成型方法及标准养护条件应符合现行国家标准《普通混凝土力学性能试验方法标准》GB/T 50081的规定。采用蒸汽养护的构件，其试件应先随构件同条件养护，然后再置入标准养护条件下继续养护至28 d或设计规定龄期。 2. 当混凝土试件强度评定不合格时，应委托具有资质的检测机构按国家现行有关标准的规定对结构构件中的混凝土强度进行推定，并应按《混凝土结构工程施工质量验收规范》第10.2.2条的规定进行处理。
3	实体施工质量	建设、施工、监理单位	墙和板、梁和柱连接部位的混凝土强度符合设计和规范要求	《混凝土结构工程施工规范》(GB 50666-2011)8.3.8	1. 柱、墙混凝土设计强度比梁、板混凝土设计强度高一个等级时，柱、墙位置梁、板高度范围内的混凝土经设计单位确认，可采用与梁、板混凝土设计强度等级相同的混凝土进行浇筑。 2. 柱、墙混凝土设计强度比梁、板混凝土设计强度高两个等级及以上时，应在交界区域采取分隔措施；分隔位置应在低强度等级的构件中，且距高强度等级构件边缘不应小于500 mm。 3. 宜先浇筑强度等级高的混凝土，后浇筑强度等级低的混凝土。

（续表）

编号	类别	实施对象	实施条款	实施依据	实施内容
4	实体施工质量	建设、施工、监理单位	混凝土构件的外观质量符合设计和规范要求	《混凝土结构工程施工质量验收规范》(GB 50204-2015)8.1.2、8.2.1、8.2.2	1. 现浇结构的外观质量缺陷应由监理单位、施工单位等各方根据其对结构性能和使用功能影响的严重程度按表 8.1.2 确定。 2. 现浇结构的外观质量不应有严重缺陷。对已经出现的严重缺陷，应由施工单位提出技术处理方案，并经监理单位认可后进行处理；对裂缝或连接部位的严重缺陷及其他影响结构安全的严重缺陷，技术处理方案尚应经设计单位认可。对经处理的部位应重新验收。 3. 现浇结构的外观质量不应有一般缺陷。对已经出现的一般缺陷，应由施工单位按技术处理方案进行处理。对经处理的部位应重新验收。
5	实体施工质量	建设、施工、监理单位	混凝土构件的尺寸符合设计和规范要求	《混凝土结构工程施工质量验收规范》(GB 50204-2015)8.3.1、8.3.2	1. 现浇结构不应有影响结构性能或使用功能的尺寸偏差；混凝土设备基础不应有影响结构性能和设备安装的尺寸偏差。对超过尺寸允许偏差且影响结构性能和安装、使用功能的部位，应由施工单位提出技术处理方案，经监理、设计单位认可后进行处理。对经处理的部位应重新验收。 2. 现浇结构的位置和尺寸偏差及检验方法应符合《混凝土结构工程施工质量验收规范》GB 50204 表 8.3.2 的规定。
6	实体施工质量	建设、施工、监理单位	混凝土施工缝与后浇带	《混凝土结构工程施工规范》(GB 50666-2011)8.6.1～8.6.3、8.6.6、8.6.8	1. 施工缝和后浇带的留设位置应在混凝土浇筑前确定，施工缝和后浇带宜留设在结构受剪力较小且便于施工的位置。受力复杂的结构构件或有防水抗渗要求的结构构件，施工缝留设位置应经设计单位确认。 2. 水平施工缝的留设位置应符合下列规定： (1)柱、墙施工缝可留设在基础、楼层结构顶面，柱施工缝与结构上表面的距离宜为 0～100 mm，墙施工缝与结构上表面的距离宜为 0～300 mm； (2)柱、墙施工缝也可留设在楼层结构底面，施工缝与结构下表面的距离宜为 0～50 mm，当板下有梁托时，可留设在梁托下 0～20 mm； (3)高度较大的柱、墙、梁以及厚度较大的基础，可根据施工需要在其中部留设水平施工缝；当因施工缝留设改变受力状态而需要调整构件配筋时，应经设计单位确认。

(续表)

编号	类别	实施对象	实施条款	实施依据	实施内容
6	实体施工质量	建设、施工、监理单位	混凝土施工缝与后浇带	《混凝土结构工程施工规范》(GB 50666-2011) 8.6.1～8.6.3、8.6.6、8.6.8	3. 竖向施工缝和后浇带的留设位置应符合下列规定： (1)有主次梁的楼板施工缝应留设在次梁跨度中间 1/3 范围内； (2)单向板施工缝应留设在与跨度方向平行的任何位置； (3)楼梯梯段施工缝宜设计在梯段板跨度端部 1/3 范围内； (4)墙的施工缝宜设置在门洞口过梁跨中 1/3 范围内,也可留设在纵横墙交接处； (5)后浇带留设位置应符合设计要求； (6)特殊结构部位留设竖向施工缝应经设计单位确认。 4. 施工缝、后浇带留设界面,应垂直于结构构件和纵向受力钢筋。结构构件厚度或高度较大时,施工缝或后浇带界面宜采用专用材料封挡。 5. 施工和后浇带应采取钢筋防锈或阻锈等保护措施。
7	实体施工质量	建设、施工、监理单位	后浇带、施工缝的接茬处应处理到位	《混凝土结构工程施工规范》(GB 50666-2011) 8.3.10	1. 结合面应为粗糙面,并应清除浮浆、松动石子、软弱混凝土层。 2. 结合面处应洒水湿润,但不得有积水。 3. 施工缝处已浇筑混凝土的强度不应小于 1.2 MPa。 4. 柱、墙水平施工缝水泥砂浆接浆层厚度不应大于 30 mm,接浆层水泥砂浆应与混凝土浆液成分相同。 5. 后浇带混凝土强度等级及性能应符合设计要求；当设计无具体要求时,后浇带混凝土强度等级宜比两侧混凝土提高一级,并宜采用减少收缩的技术措施。
8	实体施工质量	建设、施工、监理单位	后浇带的混凝土按设计和规范要求的时间进行浇筑	《混凝土结构工程施工规范》(GB 50666-2011) 8.6.1～8.6.4、8.3.11	1. 施工缝和后浇带的留设位置应在混凝土浇筑前确定。施工缝和后浇带宜留设在结构受剪力较小且便于施工的位置。受力复杂的结构构件或有防水抗渗要求的结构构件,施工缝留设位置应经设计单位确认。 2. 水平施工缝的留设位置应符合下列规定： (1)柱、墙施工缝可留设在基础、楼层结构顶面,柱施工缝与结构上表面的距离宜为 0～100 mm,墙施工缝与结构上表面的距离宜为 0～300 mm； (2)柱、墙施工缝也可留设在楼层结构底面,施工缝与结构下表面的距离宜为 0～50 mm,当板下有梁托时,可留设在梁托下 0～20 mm；

（续表）

编号	类别	实施对象	实施条款	实施依据	实施内容
8	实体施工质量	建设、施工、监理单位	后浇带的混凝土按设计和规范要求的时间进行浇筑	《混凝土结构工程施工规范》(GB 50666-2011)8.6.1～8.6.4、8.3.11	(3)高度较大的柱、墙、梁以及厚度较大的基础，可根据施工需要在其中部留设水平施工缝，当因施工缝留设改变受力状态而需要调整构件配筋时，应经设计单位确认； (4)特殊结构部位留设水平施工缝应经设计单位确认。 3. 竖向施工缝和后浇带的留设位置应符合下列规定： (1)有主次梁的楼板施工缝应留设在次梁跨度中间 1/3 范围内； (2)单向板施工缝应留设在与跨度方向平行的任何位置； (3)楼梯梯段施工缝宜设置在梯段板跨度端部 1/3 范围内； (4)墙的施工缝宜设置在门洞口过梁跨中 1/3 范围内，也可留设在纵横墙交接处； (5)后浇带留设位置应符合设计要求； (6)特殊结构部位留设竖向施工缝应经设计单位。 4. 超长结构混凝土浇筑应符合下列规定： (1)可留设施工缝分仓浇筑，分仓浇筑间隔时间不应少于 7 d； (2)当留设后浇带时，后浇带封闭时间不得少于 14 d； (3)超长整体基础中调节沉降的后浇带，混凝土封闭时间应通过监测确定，应在差异沉降稳定后封闭后浇带； (4)后浇带的封闭时间尚应经设计单位确认。 5. 设备基础施工缝留设位置应符合下列规定： (1)水平施工缝应低于地脚螺栓底端，与地脚螺栓底端的距离应大于 150 mm；当地脚螺栓直径小于 30 mm 时，水平施工缝可留设在深度不小于地脚螺栓埋入混凝土部分总长度的 3/4 处。 (2)竖向施工缝与地脚螺栓中心线的距离不应小于 250 mm，且不应小于螺栓直径的 5 倍。
				《混凝土结构工程施工质量验收规范》(GB 50204-2015)7.4.2	后浇带的留设位置应符合设计要求。后浇带和施工缝的留设及处理方法应符合施工方案要求。

（续表）

编号	类别	实施对象	实施条款	实施依据	实施内容
9	实体施工质量	建设、施工、监理单位	按规定设置施工现场标养室(箱)	《混凝土结构工程施工规范》(GB 50666-2011)8.5.10	施工现场应具备混凝土标准试件制作条件，并应设置标准试件养护室或养护箱。标准试件养护应符合国家现行有关标准的规定。
				《混凝土物理力学性能试验方法标准》(GB/T 50081-2019)4.2.2、4.2.3、4.4.1、4.4.2	1. 每组试件所用的拌合物应从同一盘混凝土或同一车混凝土中取样。 2. 取样或实验室拌制的混凝土应尽快成型。 3. 试件的标准养护应符合下列规定： (1)试件成型抹面后应立即用塑料薄膜覆盖表面，或采取其他保持试件表面湿度的方法。 (2)试件成型后应在温度为20℃±5℃、相对湿度大于50%的室内静置1～2 d，试件静置期间应避免受到振动和冲击，静置后编号标记、拆模，当试件有严重缺陷时，应按废弃处理。 (3)试件拆模后应立即放入温度为20℃±2℃、相对湿度为95%以上的标准养护室中养护，或在温度为20℃±2℃的不流动氢氧化钙饱和溶液中养护。标准养护室内的试件应放在支架上，彼此间隔10～20 mm，试件表面应保持潮湿，但不得用水直接冲淋试件。 (4)试件的养护龄期可分为1 d、3 d、7 d、28 d、56 d或60 d、84 d或90 d、180 d等，也可根据设计龄期或需要进行确定，龄期应从搅拌加水开始计时，养护龄期的允许偏差宜符合表4.4.1的规定。 4. 结构实体混凝土同条件养护试件的拆模时间可与实际构件的拆模时间相同，结构实体混凝土试件同条件养护应符合现行国家标准《混凝土结构工程施工质量验收规范》GB 50204的有关规定。
10	实体施工质量	建设、施工、监理单位	混凝土试块留置及标识	《混凝土结构通用规范》(GB 55008-2021)5.4.2	应对结构混凝土强度等级进行检验评定，试件应在浇筑地点随机抽取。
				《混凝土物理力学性能试验方法标准》(GB/T 50081-2019)4.3.5	制作的试件应有明显和持久的标记，且不破坏试件。

（续表）

编号	类别	实施对象	实施条款	实施依据	实施内容
10	实体施工质量	建设、施工、监理单位	混凝土试块留置及标识	《混凝土结构工程施工规范》（GB 50666-2011）3.3.8	1. 试件均应及时进行唯一性标识。 2. 混凝土试件的抽样方法、抽样地点、抽样数量、养护条件、试验龄期应符合现行国家标准《混凝土结构工程施工质量验收规范》GB 50204、《混凝土强度检验评定标准》GB/T 50107 等的有关规定。 3. 混凝土试件的制作要求、试验方法应符合现行国家标准《普通混凝土力学性能试验方法标准》GB/T 50081 等的有关规定。
				《混凝土结构工程施工质量验收规范》（GB 50204-2015）7.4.1	混凝土的强度等级必须符合设计要求。用于检验混凝土强度的试件应在浇筑地点随机抽取。 对同一配合比混凝土，取样数量与试件留置应符合下列规定： 1. 每拌制 100 盘且不超过 100 m^3 时，取样不得少于一次； 2. 每工作班拌制不足 100 盘时，取样不得少于一次； 3. 连续浇筑超过 1 000 m^3 时，第 200 m^3 取样不得少于一次； 4. 每一楼层取样不得少于一次； 5. 每次取样应至少留置一组试件。
11	实体施工质量	建设、施工、监理单位	同条件试块应按规定在施工现场养护	《建筑工程冬期施工规程》（JGJ/T 104-2011）6.9.7	混凝土抗压强度试件的留置除应按现行国家标准《混凝土结构工程施工质量验收规范》GB 50204 规定进行外，尚应增设不少于 2 组同条件养护试件。
				《混凝土结构工程施工规范》（GB 50666-2011）8.5.9	同条件养护试件的养护条件应与实体结构部位养护条件相同，并应妥善保管。
				《混凝土结构工程施工质量验收规范》（GB 50204-2015）C.0.1	同条件养护试件的取样和留置应符合下列规定： （1）同条件养护试件所对应的结构构件或结构部位，应由施工、监理等各方共同选定，且同条件养护试件的取样宜均匀分布于工程施工周期内。 （2）同条件养护试件应在混凝土浇筑入模处见证取样。 （3）同条件养护试件应留置在靠近相应结构构件的适当位置，并应采取相同的养护方法。 （4）同一强度等级的同条件养护试件不宜少于 10 组，且不应少于 3 组。每连续两层楼取样不应少于 1 组；每 2 000 m^3 取样不得少于一组。

（续表）

编号	类别	实施对象	实施条款	实施依据	实施内容
12	实体施工质量	建设、施工、监理单位	楼板上的堆载不得超过楼板结构设计承载能力	《建筑结构荷载规范》(GB 50009-2012)3.2.1	建筑结构设计应根据使用过程中在结构上可能同时出现的荷载，按承载能力极限状态和正常使用极限状态分别进行荷载组合，并应取各自的最不利的组合进行设计。
				《混凝土结构工程施工规范》(GB 50666-2011) 4.3.13、4.3.14、4.4.12、4.5.4	1. 多层楼板连续支模时，应分析多层楼板间荷载传递对支架和楼板结构的影响。 2. 支架立柱或竖向模板支承在土层上时，应按现行国家标准《建筑地基基础设计规范》GB 50007 的有关规定对土层进行验算；支架立柱或竖向模板支承在混凝土结构构件上时，应按现行国家标准《混凝土结构设计规范》GB 50010 的有关规定对混凝土结构构件进行验算。 3. 对现浇多层、高层混凝土结构，上、下楼层模板支架的立杆宜对准。模板及支架杆件等应分散堆放。 4. 多个楼层间连续支模的底层支架拆除时间，应根据连续支模的楼层间荷载分配和混凝土强度的增长情况确定。
				《砌体结构工程施工质量验收规范》(GB 50203-2011)3.0.18	砌体施工时，楼面和屋面堆载不得超过楼板的允许荷载值。当施工层进料口处施工荷载较大时，楼板下宜采取临时支撑措施。
13	实体施工质量	建设、施工、监理单位	混凝土结构的外观质量不应有严重缺陷及影响结构性能和使用功能的尺寸偏差	《混凝土结构通用规范》(GB 55008-2021)5.1.5	混凝土结构的外观质量不应有严重缺陷及影响结构性能和使用功能的尺寸偏差。
				《混凝土结构工程施工规范》(GB 50666-2011) 8.3.1、8.9.1～8.9.6	1. 混凝土结构缺陷可分为尺寸偏差缺陷和外观缺陷。尺寸偏差缺陷和外观缺陷可分为一般缺陷和严重缺陷。混凝土结构尺寸偏差超出规范规定，但尺寸偏差对结构性能和使用功能未构成影响时，应属于一般缺陷；而尺寸偏差对结构性能和使用功能构成影响时，应属于严重缺陷。 2. 施工过程中发现混凝土结构缺陷时，应认真分析缺陷产生的原因。对严重缺陷施工单位应制定专项修整方案，方案应经论证审批后再实施，不得擅自处理。

（续表）

编号	类别	实施对象	实施条款	实施依据	实施内容
13	实体施工质量	建设、施工、监理单位	混凝土结构的外观质量不应有严重缺陷及影响结构性能和使用功能的尺寸偏差。	《混凝土结构工程施工规范》(GB 50666-2011) 8.3.1、8.9.1～8.9.6	3. 混凝土结构外观严重缺陷修整应符合下列规定： (1)露筋、蜂窝、孔洞、夹渣、疏松、外表缺陷，应凿除胶结不牢固部分的混凝土至密实部位，清理表面，支设模板，洒水湿润，涂抹混凝土界面剂，应采用比原混凝土强度等级高一级的细石混凝土浇筑密实，养护时间不应少于 7 d。 (2)开裂缺陷修整应符合下列规定： 1)民用建筑的地下室、卫生间、屋面等接触水介质的构件，均应注浆封闭处理。民用建筑不接触水介质的构件，可采用注浆封闭、聚合物砂浆粉刷或其他表面封闭材料进行封闭。 2)无腐蚀介质工业建筑的地下室、屋面、卫生间等接触水介质的构件，以及有腐蚀介质的所有构件，均应注浆封闭处理。无腐蚀介质工业建筑不接触水介质的构件，可采用注浆封闭、聚合物砂浆粉刷或其他表面封闭材料进行封闭。 (3)清水混凝土的外形和外表严重缺陷，宜在水泥砂浆或细石混凝土修补后用磨光机械磨平。 4. 现浇结构不应有影响结构性能或使用功能的尺寸偏差；混凝土设备基础不应有影响结构性能和设备安装的尺寸偏差。对超过尺寸允许偏差且影响结构性能和安装、使用功能的部位，应由施工单位提出技术处理方案，经监理、设计单位认可后进行处理。对经处理的部位应重新验收。 5. 混凝土结构尺寸偏差严重缺陷，应会同设计单位共同制定专项修整方案，结构修整后应重新检查验收。
				《混凝土结构工程施工质量验收规范》(GB 50204-2015) 8.1.2、8.2.1	1. 现浇结构的外观质量缺陷应由监理单位、施工单位等各方根据其对结构性能和使用功能影响的严重程度按表 8.1.2 确定。 2. 现浇结构的外观质量不应有严重缺陷。对已经出现的严重缺陷，应由施工单位提出技术处理方案，并经监理单位认可后进行处理；对裂缝或连接部位的严重缺陷及其他影响结构安全的严重缺陷，技术处理方案尚应经设计单位认可。对经处理的部位应重新验收。

第五章　钢结构工程

一、概述

钢结构工程是以钢材制作为主的结构，是主要的建筑结构类型之一。钢材作为建筑核心的受力结构，其质量的好坏直接影响建筑物的安全性、耐久性，施工过程中需加强对构件拼装、焊接、防腐、防火，以及构件安装等重点环节的质量把控，有效保证钢结构施工质量。

二、主要控制项及相关标准规范

编号	类别	实施对象	实施条款	实施依据	实施内容
1	实体施工质量	建设、施工、监理单位	焊工应当持证上岗，在其合格证规定的范围内施焊	《钢结构工程施工质量验收标准》(GB 50205-2020)5.2.2	持证焊工必须在其焊工合格证书规定的认可范围内施焊，严禁无证焊工施焊。
2	实体施工质量	建设、施工、监理单位	正式施焊前应编制焊接工艺规程	《钢结构工程施工质量验收标准》(GB 50205-2020)5.2.3	施工单位应按现行国家标准《钢结构焊接规范》GB 50661 的规定进行焊接工艺评定，根据评定报告确定焊接工艺，编写焊接工艺规程并进行全过程质量控制。
3	实体施工质量	建设、施工、监理单位	一、二级焊缝应进行焊缝内部缺陷检验	《钢结构通用规范》(GB 55006-2021)7.2.3、7.2.4	1. 全部焊缝应进行外观检查。要求全焊透的一级、二级焊缝应进行内部缺陷无损检测，一级焊缝探伤比例应为100%，二级焊缝探伤比例应不低于20%。 2. 焊接质量抽样检验结果判定应符合以下规定： (1)除裂纹缺陷外，抽样检验的焊缝数不合格率小于2%时，该批验收合格；抽样检验的焊缝数不合格率大于5%时，该批验收不合格；抽样检验的焊缝数不合格率为2%～5%时，应按不少于2%探伤比例对其他未检焊缝进行抽检，且必须在原不合格部位两侧的焊缝延长线各增加一处，在所有抽检焊缝中不合格率不大于3%时，该批验收合格，大于3%时，该批验收不合格。 (2)当检验有1处裂纹缺陷时，应加倍抽查，在加倍抽检焊缝中未再检查出裂纹缺陷时，该批验收合格；检验发现多处裂纹缺陷或加倍抽查又发现裂纹缺陷时，该批验收不合格，应对该批余下焊缝的全数进行检验。 (3)批量验收不合格时，应对该批余下的全部焊缝进行检验。

(续表)

编号	类别	实施对象	实施条款	实施依据	实施内容
3	实体施工质量	建设、施工、监理单位	一、二级焊缝应进行焊缝内部缺陷检验	《钢结构焊接规范》(GB 50661-2011)8.1.3、8.1.4	1. 焊接检验前应根据结构所承受的荷载特性、施工详图及技术文件规定的焊缝质量等级要求编制检验和试验计划,由技术负责人批准并报监理工程师备案。检验方案应包括检验批的划分、抽样检验的抽样方法、检验项目、检验方法、检验时机及相应的验收标准等内容。 2. 焊缝检验抽样方法应符合下列规定: (1)焊缝处数的计数方法:工厂制作焊缝长度不大于1 000 mm时,每条焊缝应为1处;长度大于1 000 mm时,以1 000 mm为基准,每增加300 mm焊缝数量应增加1处;现场安装焊缝每条焊缝应为1处。 (2)可按下列方法确定检验批: 1)制作焊缝以同一工区(车间)按300～600处的焊缝数量组成检验批;多层框架结构可以每节柱的所有构件组成检验批。 2)安装焊缝以区段组成检验批;多层框架结构以每层(节)的焊缝组成检验批。 3)抽样检验除设计指定焊缝外应采用随机取样方式取样,且取样中应覆盖到该批焊缝中所包含的所有钢材类别、焊接位置和焊接方法。
4	实体施工质量	建设、施工、监理单位	栓钉焊瓷环保存时应有防潮措施	《钢结构工程施工质量验收标准》(GB 50205-2020)5.3.1	栓钉焊瓷环保存时应有防潮措施,受潮的焊瓷环使用前应在120℃～150℃范围内烘焙1～2 h。
5	实体施工质量	建设、施工、监理单位	永久性普通螺栓外露丝扣应符合规范要求	《钢结构工程施工质量验收标准》(GB 50205-2020)6.2.4	永久性普通螺栓紧固应牢固、可靠,外露丝扣不应少于2扣。
6	实体施工质量	建设、施工、监理单位	高强度螺栓连接副的安装符合设计和规范要求	《钢结构通用规范》(GB 55006-2021)7.1.2、7.1.3	1. 高强度大六角头螺栓连接副和扭剪型高强度螺栓连接副出厂时应分别随箱带有扭矩系数和紧固轴力(预拉力)的检验报告,并应附有出厂质量保证书。高强度螺栓连接副应按批配套进场并在同批内配套使用。 2. 高强度螺栓连接处的钢板表面处理方法与除锈等级应符合设计文件要求。摩擦型高强度螺栓连接摩擦面处理后应分别进行抗滑移系数试验和复验,其结果应达到设计文件中关于抗滑移系数的指标要求。

(续表)

编号	类别	实施对象	实施条款	实施依据	实施内容
6	实体施工质量	建设、施工、监理单位	高强度螺栓连接副的安装符合设计和规范要求	《钢结构工程施工质量验收标准》(GB 50205-2020)6.3.3～6.3.6、6.3.8	1. 高强度螺栓连接副应在终拧完成1 h后、48 h内进行终拧质量检查,检查数量应按节点数抽查10%,且不少于10个,每个被抽查到的节点,按螺栓数抽查10%,且不少于2个。 2. 对于扭剪型高强度螺栓连接副,除因构造原因无法使用专用扳手拧掉梅花头者外,螺栓尾部梅花头拧断为终拧结束。未在终拧中拧掉梅花头的螺栓数不应大于该节点螺栓数的5%,对所有梅花头未拧掉的扭剪型高强度螺栓连接副应采用扭矩法或转角法进行终拧并做标记,且按本标准有关规定进行终拧质量检查。 3. 高强度螺栓连接副的施拧顺序和初拧、终拧扭矩应满足设计要求并符合现行行业标准《钢结构高强度螺栓连接技术规程》JGJ 82的规定。 4. 高强度螺栓连接副终拧后,螺栓丝扣外露应为2～3扣,其中允许有10%的螺栓丝扣外露1扣或4扣。 5. 高强度螺栓应能自由穿入螺栓孔,当不能自由穿入时,应用铰刀修正。修孔数量不应超过该节点螺栓数量的25%,扩孔后的孔径不应超过1.2 d(d为螺栓直径)。
7	实体施工质量	建设、施工、监理单位	低温环境下严禁进行钢材冷矫正和冷弯曲	《钢结构工程施工质量验收标准》(GB 50205-2020)7.3.1	碳素结构钢在环境温度低于-16℃,低合金结构钢在环境温度低于-12℃时,不应进行冷矫正和冷弯曲。
8	实体施工质量	建设、施工、监理单位	球节点加工质量应符合设计和规范要求	《钢结构工程施工质量验收标准》(GB 50205-2020)7.5.1～7.5.5	1. 螺栓球成型后,表面不应有裂纹、褶皱和过烧。 2. 封板、锥头、套筒表面不得有裂纹、过烧及氧化皮。 3. 封板、锥头与杆件连接焊缝质量应满足设计要求,当设计无要求时应符合本标准第5章规定的二级焊缝质量等级标准。 4. 焊接球的半球由钢板压制而成,钢板压成半球后,表面不应有裂纹、褶皱,焊接球的两半球对接处坡口宜采用机械加工,对接焊缝表面应打磨平整。 5. 焊接球的焊缝质量应满足设计要求,当设计无要求时应符合二级焊缝质量等级标准。

编号	类别	实施对象	实施条款	实施依据	实施内容
9	实体施工质量	建设、施工、监理单位	钢结构防火涂料的粘结强度、抗压强度应符合设计和规范要求	《钢结构工程施工质量验收标准》(GB 50205-2020)3.0.4、13.4.2	1. 采用的原材料及成品应进行进场验收,凡涉及安全、功能的原材料及成品应进行复验,并应经监理工程师(建设单位技术负责人)见证取样送样。 2. 防火涂料粘结强度、抗压强度应符合现行国家标准《钢结构防火涂料》GB 14907 的规定。每使用 100 t 或不足 100 t 薄涂型防火涂料应抽检一次粘结强度;每使用 500 t 或不足 500 t 厚涂型防火涂料应抽检一次粘结强度和抗压强度。
10	实体施工质量	建设、施工、监理单位	钢结构薄涂型、厚涂型防火涂料的涂层厚度符合设计要求	《钢结构通用规范》(GB 55006-2021)7.3.2	膨胀型防火涂料的涂层厚度应符合耐火极限的设计要求。非膨胀型防火涂料的涂层厚度,80%及以上面积应符合耐火极限的设计要求,且最薄处厚度不应低于设计要求的 85%。
				《钢结构工程施工质量验收标准》(GB 50205-2020)3.4.4	超薄型防火涂料涂层表面不应出现裂纹;薄涂型防火涂料涂层表面裂纹宽度不应大于 0.5 mm;厚涂型防火涂料涂层表面裂纹宽度不应大于 1.0 mm。检查时,按同类构件数抽查 10%,且均不应少于 3 件。
11	实体施工质量	建设、施工、监理单位	钢结构防腐涂料涂装的涂料、涂装遍数、涂层厚度均符合设计要求	《钢结构通用规范》(GB 55006-2021)7.3.1	钢结构防腐涂料、涂装遍数、涂层厚度均应符合设计和涂料产品说明书要求。当设计对涂层厚度无要求时,涂层干漆膜总厚度:室外应为 150 μm,室内应为 125 μm,其允许偏差为−25 μm。检验时,按构件数抽查 10%,且同类构件不应少于 3 件;每个构件检测 5 处,每处数值为 3 个相距 50 mm 测点涂层干漆膜厚度的平均值。
				《钢结构工程施工质量验收标准》(GB 50205-2020)13.1.4、13.2.1、13.2.2、13.2.6	1. 采用涂料防腐时,表面除锈处理后宜在 4 h 内进行涂装,采用金属热喷涂防腐时,钢结构表面处理与热喷涂施工的间隔时间,晴天或湿度不大的气候条件下不应超过 12 h,雨天、潮湿、有盐雾的气候条件下不应超过 2 h。 2. 涂装前钢材表面除锈等级应满足设计要求并符合国家现行标准的规定。处理后的钢材表面不应有焊渣、焊疤、灰尘、油污、水和毛刺等。检验时,按构件数抽查 10%,且同类构件不应少于 3 件。 3. 当设计要求或施工单位首次采用某涂料和涂装工艺时,应进行涂装工艺评定,评定结果应满足设计要求并符合国家现行标准的要求。 4. 当钢结构处于有腐蚀介质环境、外露或设计有要求时,应进行涂层附着力测试。检查时,按构件数抽查 1%,且不应少于 3 件,每件测 3 处。在检测范围内,当涂层完整程度为 70%以上时,涂层附着力可认定为质量合格。

编号	类别	实施对象	实施条款	实施依据	实施内容
12	实体施工质量	建设、施工、监理单位	钢结构连接部位的除锈等级应符合设计和规范要求	《钢结构工程施工质量验收标准》(GB 50205-2020)13.3.2、13.3.3	1. 钢结构工程连接焊缝或临时焊缝、补焊部位，涂装前应清理焊渣、焊疤等污垢，钢材表面处理应满足设计要求。当设计无要求时，宜采用人工打磨处理，除锈等级不低于 St3。 2. 高强度螺栓连接部位，涂装前应按设计要求除锈、清理。当设计无要求时，宜采用人工除锈、清理，除锈等级不低于 St3。
13	实体施工质量	建设、施工、监理单位	钢结构安装时的活动荷载应符合规范设计要求	《钢结构工程施工质量验收标准》(GB 50205-2020)10.1.6	钢结构安装时，施工荷载和冰雪荷载等严禁超过梁、桁架、楼面板、屋面板、平台铺板等的承载能力。
14	实体施工质量	建设、施工、监理单位	主体钢结构整体立面偏移和整体平面弯曲的允许偏差符合设计和规范要求	《钢结构工程施工质量验收标准》(GB 50205-2020)10.9.1、10.9.2	1. 主体钢结构整体立面偏移应符合下列规定： (1)单层钢结构允许偏差 H/1 000，且不大于 25 mm； (2)高度 60 m 以下的多高层钢结构允许偏差 H/2 500+10，且不大于 30 mm； (3)高度 60 m 至 100 m 的高层钢结构允许偏差 H/2 500+10，且不大于 50 mm； (4)高度 100 m 以上的高层钢结构允许偏差 H/2 500+10，且不大于 80 mm。 2. 整体平面弯曲的允许偏差 1/1 500，且不大于 50 mm。
15	实体施工质量	建设、施工、监理单位	钢吊车梁不允许有下挠	《钢结构工程施工质量验收标准》(GB 50205-2020)8.3.1	钢吊车梁的下翼缘不得焊接工装夹具、定位板、连接板等临时工件。钢吊车梁和吊车桁架组装、焊接完成后在自重荷载下不允许有下挠。
16	实体施工质量	建设、施工、监理单位	钢网架结构总拼完成后及屋面工程完成后，所测挠度值符合设计和规范要求	《钢结构工程施工质量验收标准》(GB 50205-2020)11.3.1	钢网架、网壳结构总拼完成后及屋面工程完成后应分别测量其挠度值，且所测的挠度值不应超过相应荷载条件下挠度计算值的 1.15 倍。

编号	类别	实施对象	实施条款	实施依据	实施内容
17	实体施工质量	建设、施工、监理单位	屋面、墙面压型金属板的搭接长度应符合设计和规范要求	《钢结构工程施工质量验收标准》(GB 50205-2020)12.3.4	1. 屋面及墙面压型金属板的长度方向连接采用搭接连接时，搭接端应设置在支承构件(如檩条、墙梁等)上，并应与支承构件有可靠连接。 2. 当采用螺钉或铆钉固定搭接时，搭接部位应设置防水密封胶带。 3. 压型金属板长度方向的搭接长度应满足设计要求，且当采用焊接搭接时，压型金属板搭接长度不宜小于 50 mm；当采用直接搭接时，压型金属板搭接长度应满足以下规定： (1)屋面、墙面内层板搭接长度不小于 80 mm； (2)屋面坡度不大于 10%时，屋面外层板搭接长度不小于 250 mm，屋面坡度大于 10%时，屋面外层板搭接长度不小于 200 mm； (3)墙面外层板搭接长度不小于 120 mm。
18	实体施工质量	建设、施工、监理单位	组合楼板中压型钢板的锚固支承长度应符合设计和规范要求	《钢结构工程施工质量验收标准》(GB 50205-2020)12.3.5、12.3.6	1. 组合楼板中压型钢板与支承结构的锚固支承长度应满足设计要求，且在钢梁上的支承长度不应小于 50 mm，在混凝土梁上的支承长度不应小于 75 mm，端部锚固件连接应可靠，设置位置应满足设计要求。 2. 组合楼板中压型钢板侧向在钢梁上的搭接长度不应小于 25 mm，在设有预埋件的混凝土梁或砌体墙上的搭接长度不应小于 50 mm；压型钢板铺设末端距钢梁上翼缘或预埋件边不大于 200 mm 时，可用收边板收头。

第六章 组合结构工程

一、概述

组合结构工程是建筑工程主体结构子分部工程中的一个重要子分部工程，其工程质量涉及主体结构安全，因此必须加强该分部工程的质量控制。本章主要内容包括组合楼板、型钢混凝土结构、型钢混凝土组合梁、钢管混凝土、叠合柱等分项工程中材料质量控制和施工质量控制、验收标准、检验方法等规范要求。

二、主要控制项及相关标准规范

编号	类别	实施对象	实施条款	实施依据	实施内容
1	实体施工质量	建设、施工、监理单位	组合楼板符合设计和规范要求	《组合结构设计规范》(JGJ 138-2016) 13.1.1、13.1.2、13.1.3、13.1.4、13.4.1、13.4.2、13.4.4、13.4.5、13.4.6、13.4.7	1. 组合楼板用压型钢板应根据腐蚀环境选择镀锌量，可选择两面镀锌量为 275 g/m² 的基板。组合楼板不宜采用钢板表面无压痕的光面开口型压型钢板，且基板净厚度不应小于 0.75 mm。作为永久模板使用的压型钢板基板的净厚度不宜小于 0.5 mm。 2. 压型钢板浇筑混凝土面的槽口宽度，开口型压型钢板凹槽重心轴处宽度、缩口型压型钢板和闭口型压型钢板槽口最小浇筑宽度不应小于 50 mm。当槽内放置栓钉时，压型钢板总高不宜大于 80 mm。 3. 组合楼板总厚度不应小于 90 mm，压型钢板肋顶部以上混凝土厚度不应小于 50 mm。 4. 组合楼板中的压型钢板肋顶以上混凝土厚度为 50～100 mm 时，组合楼板可沿强边(顺肋)方向按单向板计算。 5. 组合楼板正截面承载力不足时，可在板底沿顺肋方向配置纵向抗拉钢筋，钢筋保护层净厚度不应小于 15 mm，板底纵向钢筋与上部纵向钢筋间应设置拉筋。 6. 组合楼板在有较大集中(线)荷载作用部位应设置横向钢筋，其截面面积不应小于压型钢板肋以上混凝土截面面积的 0.2%，延伸宽度不应小于集中(线)荷载分布的有效宽度。钢筋间距不宜大于 150 mm，直径不宜小于 6 mm。

（续表）

编号	类别	实施对象	实施条款	实施依据	实施内容
1	实体施工质量	建设、施工、监理单位	组合楼板符合设计和规范要求	《组合结构设计规范》（JGJ 138-2016）13.1.1、13.1.2、13.1.3、13.1.4、13.4.1、13.4.2、13.4.4、13.4.5、13.4.6、13.4.7	7. 组合楼板支承于钢梁上时，其支承长度对边梁不应小于 75 mm；对中间梁，当压型钢板不连续时不应小于 50 mm；当压型钢板连续时不应小于 75 mm。 8. 组合楼板支承于混凝土梁上时，应在混凝土梁上设置预埋件，预埋件设计应符合现行国家标准《混凝土结构设计规范》GB 50010 的规定，不得采用膨胀螺栓固定预埋件。组合楼板在混凝土梁上的支承长度，对边梁不应小于 100 mm；对中间梁，当压型钢板不连续时不应小于 75 mm；当压型钢板连续时不应小于 100 mm。 9. 组合楼板支承于砌体墙上时，应在砌体墙上设混凝土圈梁，并在圈梁上设置预埋件，组合楼板应支承于预埋件上。 10. 组合楼板支承于剪力墙侧面时，宜支承在剪力墙侧面设置的预埋件上，剪力墙内宜预留钢筋并与组合楼板负弯矩钢筋连接，埋件设置以及预留钢筋的锚固长度应符合现行国家标准《混凝土结构设计规范》GB 50010 的规定。
				《钢-混凝土组合结构施工规范》（GB 50901-2013）9.2.1～9.2.8	1. 压型钢板或钢筋桁架板的加工与运输，应符合下列规定： （1）压型钢板批量加工前，应根据设计要求的外形尺寸、波宽、波高等进行试制； （2）钢筋桁架板加工时钢筋桁架节点与底模接触点，均应采用电阻焊，根据试验确定焊接工艺； （3）压型钢板运输过程中，应采取保护措施。 2. 压型钢板或钢筋桁架板 的安装，应符合下列规定： （1）安装前，应根据工程特征编制垂直运输、安装施工专项方案； （2）安装前，应先按排版图在梁顶测量、划分压型钢板或钢筋桁架板安装线； （3）铺设前，应割除影响安装的钢梁吊耳，清扫支承面杂物、锈皮及油污； （4）压型钢板或钢筋桁架板与混凝土墙（柱）应采用预埋件的方式进行连接，不得采用膨胀螺栓固定；当遗漏预埋件时，应采用化学锚栓或植筋的方法进行处理；

(续表)

编号	类别	实施对象	实施条款	实施依据	实施内容
1	实体施工质量	建设、施工、监理单位	组合楼板符合设计和规范要求	《钢-混凝土组合结构施工规范》(GB 50901-2013)9.2.1～9.2.8	(5)宜先安装、焊接柱梁节点处的支托构件,再安装压型钢板或钢筋桁架板; (6)预留孔洞应在压型钢板或钢筋桁架板锚固后进行切割开孔。 3. 压型钢板或钢筋桁架板的锚固与连接,应符合下列规定: (1)穿透压型钢板或钢筋桁架板的栓钉与钢梁或混凝土梁上预埋件应采用焊接锚固,压型钢板或钢筋桁架板之间、其端部和边缘与钢梁之间均应采用间断焊或塞焊进行连接固定; (2)钢筋桁架板侧向可采用扣接方式,板侧边应设连接拉钩,搭接宽度不应小于 10 mm。 4. 栓钉施工应符合下列规定: (1)栓钉中心至钢梁上翼缘侧边或预埋件的距离不应小于 35 mm,至设有预埋件的混凝土梁上翼缘侧边的距离不应小于 60 mm; (2)栓钉顶面混凝土保护层厚度不应小于 15 mm,栓钉钉头下表面高出压型钢板底部钢筋顶面不应小于 30 mm; (3)栓钉应设置在压型钢板凹肋处,穿透压型钢板并将栓钉焊牢于钢梁或混凝土预埋件上; (4)栓钉的焊接宜使用独立的电源,电源变压器的容量应在 100～250 kVA; (5)栓钉施焊应在压型钢板焊接固定后进行; (6)环境温度在 0℃以下时不宜进行栓钉焊接。 5. 压型钢板预留孔洞开孔处、组合楼面集中荷载作用处,应按深化设计要求采取措施进行补强。 6. 桁架板的钢筋施工应符合下列规定: (1)钢筋桁架板的同一方向的两块压型钢板或钢筋桁架板连接处,应设置上下弦连接钢筋;上部钢筋按计算确定,下部钢筋按构造配置。 (2)钢筋桁架板的下弦钢筋伸入梁内的锚固长度不应小于钢筋直径的 5 倍,且不应小于 50 mm。

（续表）

编号	类别	实施对象	实施条款	实施依据	实施内容
1	实体施工质量	建设、施工、监理单位	组合楼板符合设计和规范要求	《钢-混凝土组合结构施工规范》（GB 50901-2013）9.2.1～9.2.8	7. 临时支撑应符合下列规定： (1)应验算压型钢板在工程施工阶段的强度和挠度；当不满足要求时，应增设临时支撑，并应对临时支撑体系再进行安全性验算；临时支撑应按施工方案进行搭设。 (2)临时支撑底部、顶部应设置宽度不小于 100 mm 的水平带状支撑。 8. 混凝土施工应符合下列规定： (1)混凝土浇筑应均匀布料，不得过于集中； (2)混凝土不宜在 0℃以下浇筑，当需施工时应采取综合措施。
2	实体施工质量	建设、施工、监理单位	型钢混凝土结构符合设计和规范要求	《组合结构设计规范》（JGJ 138-2016）6.4.1、6.4.2、6.5.9～6.5.12	1. 对于型钢混凝土框架柱，为保证柱端塑性铰区有足够的箍筋约束混凝土，使框架柱有一定的变形能力，为此，柱上下端以及受力较大部位，必须从构造上设置箍筋加密区。箍筋加密区除符合箍筋间距和直径规定外，还应符合箍筋体积配筋率的规定。 2. 型钢混凝土柱的埋入式柱脚的埋入范围及上一层型钢应按构造规定设置栓钉，以保证型钢与混凝土共同工作； 3. 对型钢混凝土埋入式柱脚，伸入基础内型钢外侧混凝土应具有一定厚度，才能保证对型钢提供侧向压力作用，为此，规范对型钢外侧混凝土保护层厚度提出了规定。对埋入式柱脚，顶面位置应设置水平加劲肋以助于传递弯矩和剪力，柱脚底板处底板应设置锚栓。为保证埋入式柱脚底板有效固定，柱脚底板处设置的锚栓和柱内纵筋在底板下锚固深度应符合相关规范规定，锚入基础底板的纵向钢筋周围应设置构造箍筋，以有效地约束混凝土。
				《钢-混凝土组合结构施工规范》（GB 50901-2013）6.1.2～6.1.4、6.2.1～6.2.13	1. 柱内型钢的混凝土距离混凝土表面厚度不宜小于 150 mm。 2. 柱内竖向钢筋的净距不宜小于 50 mm，且不宜大于 200 mm；竖向钢筋与型钢的最小净距不应小于 30 mm。 3. 普通截面型钢混凝土柱工艺流程宜为：钢柱加工制作→钢柱安装→柱钢筋绑扎→柱模板支设→柱混凝土浇筑→混凝土养护。

(续表)

编号	类别	实施对象	实施条款	实施依据	实施内容
2	实体施工质量	建设、施工、监理单位	型钢混凝土结构符合设计和规范要求	《钢-混凝土组合结构施工规范》(GB 50901-2013)6.1.2～6.1.4、6.2.1～6.2.13	4. 对首次使用的钢筋连接套筒、钢材、焊接材料、焊接方法、焊后热处理等应进行焊接工艺评定,并应根据评定报告确定焊接工艺。 5. 对埋入式柱脚,其型钢外侧混凝土保护层厚度不宜小于 180 mm,埋入部分型钢翼缘应设置栓钉;柱脚顶面的加劲肋应设置混凝土灌浆孔和排气孔,灌浆孔孔径不宜小于 150 mm,排气孔孔径不宜小于 20 mm。 6. 对非埋入式柱脚,型钢外侧竖向钢筋锚人基础的长度不应小于受拉钢筋锚固长度,锚入部分应设置箍筋。 7. 柱钢筋绑扎前应根据型钢形式、钢筋间距和位置、栓钉位置等确定绑扎顺序。 8. 当柱内竖向钢筋与梁内型钢采用钢筋绕开法或连接件法连接时,应符合下列规定: (1)当采用钢筋绕开法时,钢筋应按不小于 1∶6 角度折弯绕过型钢; (2)当采用连接件法时,钢筋下端宜采用钢筋连接套筒连接,上端宜采用连接板连接,并应在梁内型钢相应位置设置加劲肋; (3)当竖向钢筋较密时,部分可代换成架立钢筋,伸至梁内型钢后断开,两侧钢筋相应加大,代换钢筋应满足设计要求。 9. 当钢筋与型钢采用钢筋连接套筒连接时,应符合下列规定: (1)连接接头抗拉强度应等于被连接钢筋的实际拉断强度或不小于 1.10 倍钢筋抗拉强度标准值,残余变形小,并应具有高延性及反复拉压性能。同一区段内焊接于钢构件上的钢筋面积率不宜超过 30%。 (2)连接套筒接头应在构件制作期间完成焊接,焊缝连接强度不应低于对应钢筋的抗拉强度。 (3)钢筋连接套筒与型钢的焊接应采用贴角焊缝,焊缝高度应按计算确定。 (4)当钢筋垂直于钢板时,可将钢筋连接套筒直接焊接于钢板表面;当钢筋与钢板成一定角度时,可加工成一定角度的连接板辅助连接。 (5)焊接于型钢上的钢筋连接套筒,应在对应于钢筋接头位置的型钢内设置加劲肋,加劲肋应正对连接套筒,并应按现行国家标准《钢结构设计规范》GB

（续表）

编号	类别	实施对象	实施条款	实施依据	实施内容
2	实体施工质量	建设、施工、监理单位	型钢混凝土结构符合设计和规范要求	《钢-混凝土组合结构施工规范》(GB 50901-2013) 6.1.2～6.1.4、6.2.1～6.2.13	50017 的相关规定验算加劲肋、腹板及焊缝的承载力。 (6)当在型钢上焊接多个钢筋连接套筒时，套筒间净距不应小于 30 mm，且不应小于套筒外直径。 10. 当钢筋与型钢采用连接板焊接连接时，应符合下列规定： (1)钢筋与钢板焊接时，宜采用双面焊。当不能进行双面焊时，方可采用单面焊，双面焊时，钢筋与钢板的搭接长度不应小于 5 d(d 为钢筋直径)，单面焊时，搭接长度不应小于 10 d。 (2)钢筋与钢板的焊缝宽度不得小于钢筋直径的 0.60 倍，焊缝厚度不得小于钢筋直径的 0.35 倍。 11. 型钢柱的水平加劲板和短钢梁上下翼缘处应设置排气孔，排气孔孔径不宜小于 10 mm。 12. 内灌或外包混凝土施工前，应完成柱内型钢的焊缝、螺栓和栓钉的质量验收。 13. 安装完成的箱形或圆形截面钢柱顶部应采取相应措施进行临时覆盖封闭。 14. 支设型钢混凝土柱模板，应符合下列规定： (1)宜设置对拉螺栓，螺杆可在型钢腹板开孔穿过或焊接连接套筒； (2)当采用焊接对拉螺栓固定模板时，宜采用 T 形对拉螺杆，焊接长度不宜小于 10 d，焊缝高度不宜小于 d/2； (3)对拉螺栓的变形值不应超过模板的允许偏差； (4)当无法设置对拉螺杆时，可采用刚度较大的整体式套框固定，模板支撑体系应进行强度、刚度、变形等验算。 15. 混凝土浇筑前，型钢柱的稳定性应满足要求。 16. 混凝土浇筑完毕后，可采取浇水、覆膜或涂刷养护剂的方式进行养护。

(续表)

编号	类别	实施对象	实施条款	实施依据	实施内容
3	实体施工质量	建设、施工、监理单位	型钢混凝土组合梁符合设计和规范要求	《组合结构设计规范》(JGJ 138-2016)5.5.1～5.5.4、5.5.6～5.5.7、5.5.9～5.5.13	1. 型钢混凝土框架梁截面宽度不宜小于 300 mm;型钢混凝土托柱转换梁截面宽度,不应小于其所托柱在梁宽度方向截面宽度。托墙转换梁截面宽度不宜大于转换柱相应方向的截面宽度,且不宜小于其上墙体截面厚度的 2 倍和 400 mm 的较大值。 2. 型钢混凝土框架梁和转换梁中纵向受拉钢筋不宜超过二排,其配筋率不宜小于 0.3%,直径宜取 16～25 mm,净距不宜小于 30 mm 和 1.5 d,d 为纵筋最大直径。 3. 型钢混凝土框架梁和转换梁的腹板高度大于或等于 450 mm 时,在梁的两侧沿高度方向每隔 200 mm 应设置一根纵向腰筋,且每侧腰筋截面面积不宜小于梁腹板截面面积的 0.1%。 4. 考虑地震作用组合的型钢混凝土框架梁和转换梁应采用封闭箍筋,其末端应有 135°弯钩,弯钩端头平直段长度不应小于 10 倍箍筋直径。 5. 非抗震设计时,型钢混凝土框架梁应采用封闭箍筋,其箍筋直径不应小于 8 mm,箍筋间距不应大于 250 mm。 6. 梁端设置的第一个箍筋距节点边缘不应大于 50 mm。 7. 型钢混凝土托柱转换梁,在离柱边 1.5 倍梁截面高度范围内应设置箍筋加密区,其箍筋直径不应小于 12 mm,间距不应大于 100 mm。 8. 型钢混凝土托柱转换梁与托柱截面中线宜重合,在托柱位置宜设置正交方向楼面梁或框架梁,且在托柱位置的型钢腹板两侧应对称设置支承加劲肋。 9. 当转换梁处于偏心受拉时,其支座上部纵向钢筋应至少有 50%沿梁全长贯通,下部纵向钢筋应全部直通到柱内;沿梁高应配置间距不大于 200 mm、直径不小于 16 mm 的腰筋。 10. 配置桁架式型钢的型钢混凝土框架梁,其压杆的长细比不宜大于 120。
				《钢-混凝土组合结构施工规范》7.2.1～7.2.4	1. 钢筋加工和安装应符合下列规定: (1)梁与柱节点处钢筋的锚固长度应满足设计要求;不能满足设计要求时,应采用绕开法、穿孔法、连接件法处理。

（续表）

编号	类别	实施对象	实施条款	实施依据	实施内容
3	实体施工质量	建设、施工、监理单位	型钢混凝土组合梁符合设计和规范要求	《钢-混凝土组合结构施工规范》7.2.1～7.2.4	(2)箍筋套入主梁后绑扎固定，其弯钩锚固长度不能满足要求时，应进行焊接；梁顶多排纵向钢筋之间可采用短钢筋支垫来控制排距。 (3)梁主筋与型钢柱相交时，应有不小于50%的主筋通长设置；其余主筋宜采用下列方式连接： 1)水平锚固长度满足0.4 Lae时，弯锚在柱头内； 2)水平锚固长度不满足0.4 Lae时，应在弯起端头处双面焊接不少于5 d长度、与主筋直径相同的短钢筋；也可采用经设计认可的其他连接方式。 (4)当箍筋在型钢梁翼缘截面尺寸和两侧主纵筋定位调整时，箍筋弯钩应满足135°的要求，当因特殊情况应做成90°弯钩焊接10 d，应满足现行国家标准《混凝土结构工程施工质量验收规范》GB 50204的相关规定和结构抗震设计要求。 2. 模板支撑应符合下列规定： (1)梁支撑系统的荷载可计入型钢结构重量；侧模板可采用穿孔对拉螺栓，也可在型钢梁腹板上设置耳板对拉固定。 (2)耳板设置或腹板开孔应经设计单位认可，并应在加工厂制作完成； (3)当利用型钢梁作为模板的悬挂支撑时，应经设计单位同意。 3. 混凝土浇筑应符合下列规定： (1)大跨度型钢混凝土组合梁应分层连续浇筑混凝土，分层投料高度控制在500 mm以内；对钢筋密集部位，宜采用小直径振捣器浇筑混凝土或选用自密实混凝土进行浇筑。 (2)在型钢组合转换梁的上部立柱处，宜采用分层赶浆和间歇法浇筑混凝土。 4. 型钢混凝土转换桁架混凝土浇筑应符合下列规定： (1)型钢混凝土转换桁架混凝土宜采用自密实混凝土浇筑法。 (2)采用常规混凝土浇筑时，先浇捣柱混凝土，后浇捣梁混凝土；柱混凝土浇筑应从型钢柱四周均匀下料，分层投料高度不应超过500 mm，采用振捣器对称振捣。 (3)型钢翼缘板处应预留排气孔，在型钢梁柱节点处应预留混凝土浇筑孔。 (4)浇筑型钢梁混凝土时，工字钢梁下翼缘板以下混凝土应从钢梁一侧下料；待混凝土高度超过钢梁下翼缘板100 mm以上时，改为从梁的两侧同时下料、振捣，待浇至距上翼缘板100 mm时再从梁跨中开始下料浇筑，从梁的中部开始振捣，逐渐向两端延伸浇筑。

(续表)

编号	类别	实施对象	实施条款	实施依据	实施内容
4	实体施工质量	建设、施工、监理单位	钢管混凝土符合设计和规范要求	《组合结构设计规范》8.1.1、8.3.1～8.3.3	1. 圆形钢管混凝土框架柱和转换柱的钢管外直径不宜小于 400 mm,壁厚不宜小于 8 mm。 2. 圆形钢管混凝土柱与钢梁、型钢混凝土梁或钢筋混凝土梁的连接宜采用刚性连接,圆形钢管混凝土柱与钢梁也可采用铰接连接。对于刚性连接,柱内或柱外应设置与梁上、下翼缘位置对应的水平加劲肋,设置在柱内的水平加劲肋应留有混凝土浇筑孔;设置在柱外的水平加劲肋应形成加劲环肋。加劲肋的厚度与钢梁翼缘等厚,且不宜小于 12 mm。 3. 圆形钢管混凝土柱的直径大于或等于 2 000 mm 时,宜采取在钢管内设置纵向钢筋和构造箍筋形成芯柱等有效构造措施,减少钢管内混凝土收缩对其受力性能的影响。 4. 焊接圆形钢管的焊缝应采用坡口全熔透焊缝。
				《钢-混凝土组合结构施工规范》5.2.1～5.2.6	1. 钢管混凝土柱的钢管制作应符合下列规定: (1)圆钢管可采用直焊缝钢管或者螺旋焊缝钢管;当管径较小无法卷制时,可采用无缝钢管,并应满足设计要求。 (2)采用常温卷管时,Q235 的最小卷管内径不应小于钢板厚度的 35 倍,Q345 的最小卷管内径不应小于钢板厚度的 40 倍,Q390 或以上的最小卷管内径不应小于钢板厚度的 45 倍。 (3)直缝焊接钢管应在卷板机上进行弯管,在弯曲前钢板两端应先进行压头处理;螺旋焊钢管应由专业生产厂加工制造。 (4)钢板宜选择定尺采购,每节圆管不宜超过一条纵向焊缝。 (5)焊接成型的矩形钢管纵向焊缝应设在角部,焊缝数量不宜超过 4 条。 (6)钢管混凝土柱加工时应根据不同的混凝土浇筑方法留置浇灌孔、排气孔及观察孔。 2. 钢管柱拼装应符合下列规定: (1)对由若干管段组成的焊接钢管柱,应先组对、矫正、焊接纵向焊缝形成单元管段,然后焊接钢管内的加强环肋板,最后组对、矫正、焊接环向焊缝形成钢管柱安装的单元柱段;相邻两管段的纵缝应相互错开 300 mm 以上。

(续表)

编号	类别	实施对象	实施条款	实施依据	实施内容
4	实体施工质量	建设、施工、监理单位	钢管混凝土符合设计和规范要求	《钢-混凝土组合结构施工规范》5.2.1～5.2.6	(2)钢管柱单元柱段的管口处,应有加强环板或者法兰等零件,没有法兰或加强环板的管口应加临时支撑。 (3)钢管柱单元柱段在出厂前宜进行工厂预拼装,预拼装检查合格后,宜标注中心线、控制基准线等标记,必要时应设置定位器。 3. 钢管柱焊接应符合下列规定: (1)钢管构件的焊缝均应采用全熔透对接焊缝。 (2)圆钢管构件纵向直焊缝应选择全熔透一级焊缝,横向环焊缝可选择全熔透一级或二级焊缝。矩形钢管构件纵向的角部组装焊缝应采用全熔透一级焊缝。横向焊缝可选择全熔透一级或二级焊缝。圆钢管的内外加强环板与钢管壁应采用全熔透一级或二级焊缝。 4. 钢管柱安装应符合下列规定: (1)钢管柱吊装时,管上口应临时加盖或包封。钢管柱吊装就位后,应进行校正,并应采取固定措施。 (2)由钢管混凝土柱-钢框架梁构成的多层和高层框架结构,应在一个竖向安装段的全部构件安装、校正和固定完毕,并应经测量检验合格后,方可浇筑管芯混凝土。 (3)由钢管混凝土柱-钢筋混凝土框架梁构成的多层或高层框架结构,竖向安装柱段不宜超过3层。在钢管柱安装、校正并完成上下柱段的焊接后,方可浇筑管芯混凝土和施工楼层的钢筋混凝土梁板。 5. 钢管柱与钢筋混凝土梁连接时,可采用下列连接方式: (1)在钢管上直接钻孔,将钢筋直接穿过钢管。 (2)在钢管外侧设环板,将钢筋直接焊在环板上,在钢管内侧对应位置设置内加劲环板。 (3)在钢管外侧焊接钢筋连接器,钢筋通过连接器与钢管柱相连接。 6. 混凝土施工应符合下列规定: (1)钢管安装前应对柱芯混凝土施工缝进行处理,安装完成后应对钢柱顶部采取相应措施进行临时覆盖封闭。

（续表）

编号	类别	实施对象	实施条款	实施依据	实施内容
4	实体施工质量	建设、施工、监理单位	钢管混凝土符合设计和规范要求	《钢-混凝土组合结构施工规范》5.2.1～5.2.6	(2)钢管内混凝土运输、浇筑及间歇的全部时间不应超过混凝土的初凝时间，同一施工段钢管内混凝土应连续浇筑。 (3)钢管混凝土柱内的水平加劲板均应设置直径不小于150 mm的混凝土浇灌孔和直径不小于20 mm的排气孔；当采用泵送顶升法浇筑混凝土时，钢管壁应设置直径为10 mm的观察排气孔。 (4)管内混凝土可采用常规浇捣法、泵送顶升浇筑法或自密实免振捣法施工；当采用泵送顶升浇筑法或自密实免振捣法浇筑混凝土时，宜加强浇筑过程管理，确保混凝土浇筑质量。 (5)当采用泵送顶升浇筑法或自密实免振捣法浇筑混凝土时，浇筑前应进行混凝土的试配和编制混凝土浇筑工艺，并经过1∶1的模拟试验，进行浇筑质量检验，形成浇筑工艺标准后，方可在工程中应用。 (6)管内混凝土浇筑后，应对管壁上的浇灌孔进行等强封补，表面应平整，并应进行防腐处理。 (7)钢管混凝土柱可采用敲击钢管或超声波的方法来检验混凝土浇筑后的密实度；对有疑问的部位可采取钻取芯样混凝土进行检测，对混凝土不密实的部位应采取措施进行处理。 (8)钢管混凝土宜采用管口封水养护。
5	实体施工质量	建设、施工、监理单位	叠合柱施工一般规定符合设计和规范要求	《钢管混凝土叠合柱结构技术规程》7.1.4～7.1.5	1. 叠合柱及钢管混凝土剪力墙的施工应符合下列规定： (1)安装钢管时，应分别根据柱、墙连接节点构造、吊装能力及施工条件，可一次吊装1层或数层钢管；在浇捣管内混凝土、绑扎管外钢筋之前，应按设计和现行国家有关标准的要求检查焊缝质量、钢管的平面、垂直度偏差，校正之后，应采取临时固定措施。 (2)利用空钢管临时承重时，钢管壁的竖向压应力不宜大于100 N/mm^2，应避免空钢管受弯或受压产生不易矫正的变形。 (3)叠合柱管外混凝土不宜和楼盖梁板混凝土同期施工，管外混凝土施工缝宜留设于楼盖梁底或板底处。

（续表）

编号	类别	实施对象	实施条款	实施依据	实施内容
5	实体施工质量	建设、施工、监理单位	叠合柱施工一般规定符合设计和规范要求	《钢管混凝土叠合柱结构技术规程》7.1.4～7.1.5	(4)先施工叠合柱钢管混凝土部分及楼盖梁板时，宜沿叠合柱周边预留边长或直径不小于 200 mm 的混凝土浇筑口，混凝土浇筑口数量不宜少于 4 个。在确认管内混凝土的质量满足设计要求后，再绑扎叠合柱钢管外钢筋，进行管外混凝土施工。 (5)叠合柱或钢管混凝土剪力墙钢管内、外混凝土不同期浇筑时，宜先浇筑管内混凝土。在确认管内混凝土的质量满足设计要求之后，再绑扎柱或剪力墙钢管外钢筋，进行管外混凝土施工。 (6)采用爬模等工艺施工的钢管混凝土剪力墙，管内、管外的混凝土强度等级宜相同，宜预埋钢筋、钢板或预留接驳器以便剪力墙与楼盖梁板的连接。 (7)应采取有效措施确保有穿心钢筋的钢管内混凝土的浇捣质量。钢筋的净距不宜小于 60 mm，以便于振捣棒穿过。钢管设置内加强环板时，环板应设置出气孔，出气孔的直径不宜小于 25 mm。 (8)钢管内、外表面应保持清洁，宜涂刷纯水泥浆 2～3 遍。 2. 利用叠合柱及钢管混凝土剪力墙的钢管进行主体结构地下部分逆作或半逆作施工时，应综合结构施工图纸要求、工程地质条件、周边环境保护要求、现场场地及交通条件，确定合适的地下室基坑支护形式，做好逆作法施工组织设计，并应符合下列规定： (1)钢管混凝土柱下的桩基础施工宜在地面进行。地质条件合适时，可采用人工挖孔桩。安装钢管前，应进行桩的竖向承载力验收。 (2)应采取有效措施确保钢管准确定位并固定。采用人工挖孔桩时，可在桩端安装钢管柱脚和限位钢板或导向装置。采用机械成孔混凝土灌注桩时，钢管宜与灌注桩钢筋笼焊接牢固并同时安装。钢管安装完成后，施工管外桩混凝土至桩顶设计标高并超灌不少于 400 mm。钢管埋入混凝土桩的深度不宜小于 1.5 倍钢管直径。钢管外桩混凝土终凝后，应用砂或石粉回填桩孔。 (3)可采用高抛法、常规方法浇捣管内混凝土。吊装能力许可时，管内混凝土可部分或全部在地面浇筑。

（续表）

编号	类别	实施对象	实施条款	实施依据	实施内容
5	实体施工质量	建设、施工、监理单位	叠合柱施工一般规定符合设计和规范要求	《钢管混凝土叠合柱结构技术规程》7.1.4～7.1.5	(4)应控制坑内地下水位在工作面以下不小于 1 m。楼盖梁、板的施工质量控制标准应满足永久结构的要求。楼层板底地基承载力较高时，可在原状土上做地模；否则应支模施工楼盖梁板。当地基土为流塑淤泥等高压缩性土时，宜采用砖碴、石粉换填，必要时可用水泥搅拌桩加固。 (5)地下室楼盖施工时，应预留叠合柱、钢管混凝土剪力墙的竖向钢筋，并沿叠合柱、钢管混凝土剪力墙周边留出混凝土浇筑口，混凝土浇筑口边长或直径不宜小于 200 mm。 (6)地下室楼盖梁板的混凝土强度等级不宜小于叠合柱、钢管混凝土剪力墙管外混凝土 2 个强度等级，否则应进行承载力验算，或采取增加叠合柱、钢管混凝土剪力墙管外混凝土竖向钢筋，或采取提高叠合柱、钢管混凝土剪力墙范围内地下室楼盖梁板混凝土强度等级等加强措施。 (7)向下逆作的土方开挖深度应满足挖掘机施工高度的要求。地下室层高较低时，可向下超挖，可采用支模的方法施工地下室楼盖梁板。 (8)土方应分层，且宜均匀开挖。可视土质情况确定每层土的开挖深度。在钢管柱周围挖土时，宜减小钢管周边土台高差。 (9)地下室底板垫层混凝土厚度不应小于 150 mm，混凝土强度等级不应低于 C15，并应与基坑支护结构密接。 (10)地下室底板形成整体刚度前，应监测逆作竖向构件的水平及竖向变形。 (11)当采用钢管与灌注桩钢筋笼焊接并同时安装，整体浇筑桩及钢管内混凝土的施工工艺时，应采取有效措施监测底部钢管与桩连接处的混凝土浇筑质量。
6	实体施工质量	建设、施工、监理单位	叠合柱钢管制作与安装符合设计和规范要求	《钢管混凝土叠合柱结构技术规程》7.2.1～7.2.12	1. 钢管制作前，应根据已批准的技术设计文件，结合吊装机械设备的吨位大小、设备定点位置等因素编制施工详图并制定制作工艺。施工详图应取得工程设计单位认可。 2. 卷制钢管所采用的板材应平直，表面未受冲击、未锈蚀，当表面有轻微锈蚀、麻点、划痕等缺陷时，其深度不应大于钢板厚度负偏差值的 1/2。钢管壁厚的允许负偏差应符合国家现行有关标准的规定。

(续表)

编号	类别	实施对象	实施条款	实施依据	实施内容
6	实体施工质量	建设、施工、监理单位	叠合柱钢管制作与安装符合设计和规范要求	《钢管混凝土叠合柱结构技术规程》7.2.1～7.2.12	3. 钢管制作长度可根据运输和吊装条件确定。 4. 叠合柱及钢管混凝土剪力墙的钢管可采用直缝焊接钢管、螺旋缝焊接钢管或热轧无缝钢管,不宜采用输送流体用的螺旋焊管；钢管的直焊缝或螺旋焊缝应为对接熔透焊缝,焊缝强度不应低于管材强度,工厂焊接时焊缝质量等级应为一级。钢管现场接长时应采用对接熔透焊缝,焊缝质量等级不应低于二级。 5. 钢管拼接、开孔、开槽和节点组装,宜在专业钢结构工厂或工地的钢结构车间内进行,经质量检验合格后方可使用。 6. 钢管运输及现场安装时应避免钢管变形。 7. 钢管现场拼接加长时,宜分段反向施焊,并保持对称,管肢对接间隙宜为0.5～2.0 mm,具体取值可经试焊确定。应采取有效措施避免或减少焊接残余变形,焊后管肢应保持平直。水平对接焊缝应满足二级焊缝的质量要求。当管壁厚不小于30 mm时,施焊前宜均匀加热焊缝附近部位,以减少焊接残余应力。 8. 小直径钢管现场对接焊接前可采用点焊定位,大直径钢管现场对接焊接前可采用附加钢筋焊于钢管外壁作临时固定,固定点的间距可取300 mm,且不应少于3点；直径大于1 m的钢管现场对接焊接时应采取更稳妥有效的方法定位固定。 9. 现场吊装钢管前,应对其外表面和内壁除锈和清理,应无可见油污,无附着不牢的氧化皮、铁锈或污染物。 10. 钢管吊点的位置应根据吊装方法、钢管的受力状况经验算确定。应注意减少吊装荷载作用下的钢管变形,必要时可采取临时加固措施。 11. 现场吊装钢管时,应将其上口包封,防止异物落入管内。 12. 钢管吊装就位后应立即进行校正,并应采取临时固定措施保持钢管稳定。经检查合格后,应立即进行焊接固定。

(续表)

编号	类别	实施对象	实施条款	实施依据	实施内容
7	实体施工质量	建设、施工、监理单位	叠合柱钢管内混凝土施工符合设计和规范要求	《钢管混凝土叠合柱结构技术规程》7.3.1～7.3.13	1. 钢管内浇筑的混凝土除应满足强度、弹性模量、低收缩、低徐变、早强、后期强度有一定增长等力学性能要求外,还应具有良好的和易性。 2. 当采用高强混凝土时,应在施工前进行配合比设计,通过充分试配并经包括现场试验在内的混凝土性能试验,确认满足要求后方可使用。所采用外加剂和掺合料的性能和组成应具有相容性。混凝土生产单位应掌握所生产的高强混凝土的配合比,可根据具体情况及时调整。 3. 钢管内混凝土宜分楼层浇筑,且宜与钢管安装高度相一致,可单楼层一次浇筑,也可多楼层一次浇筑。 4. 钢管内混凝土可采用高位抛落免振捣法、人工浇捣法或泵送顶升浇筑法进行浇筑,应根据工程的具体施工条件确定管内混凝土的浇筑方法。 5. 采用高位抛落免振捣法时,料斗的下口直径应比钢管内径小 100～200 mm,混凝土下落时管内空气应能顺利排出。在抛落混凝土的同时,宜用粗钢筋棒插捣,特别是上部 2 m 范围内应仔细插捣,使混凝土充填密实。抛落高度不足 4 m 时,应辅以插入式振捣器振实。 6. 采用人工浇捣法时,应采用振捣器振实混凝土。管径小于 400 mm 时,可采用附着在钢管壁上的外部振捣器进行振捣,振捣器位置应随管内混凝土面的升高而调整,每次升高宜为 1～1.5 m,每次振捣时间不应少于 1 min;振捣器的工作范围,以钢管横向振幅不小于 0.3 mm 为有效,振幅可采用百分表实测。管径不小于 400 mm 时,可采用插入式振捣器振捣,插点应均匀,每点振捣时间 15～30 s,一次浇筑高度不宜大于 2 m。管径不小于 900 mm 时,工人可进入管内按常规方法用振捣棒振捣。 7. 多楼层一次浇筑钢管内混凝土时,可采用泵送顶升浇筑法,钢管直径不宜小于泵径的 2 倍。 8. 钢管内的混凝土宜连续浇筑完成,间歇时间不应超过混凝土的初凝时间。需留施工缝时,应封闭钢管,防止水、油和异物落入。 9. 钢管内混凝土的浇筑质量,可通过敲击钢管进行初步检查,且可在钢管壁上钻小孔进行复查,如有异常,可进行超声波检测。对不密实的部位,应采用钻

（续表）

编号	类别	实施对象	实施条款	实施依据	实施内容
7	实体施工质量	建设、施工、监理单位	叠合柱钢管内混凝土施工符合设计和规范要求	《钢管混凝土叠合柱结构技术规程》7.3.1～7.3.13	孔压浆法进行补强，然后将钻孔补焊封固。 10. 钢管内混凝土浇筑后，应覆盖上部外露部分并浇水养护。 11. 在冬期浇筑钢管内混凝土时，入管混凝土的温度应高于15℃。当室外气温低于5℃、高于−10℃时，浇筑混凝土前应加热钢管并包裹覆盖；当室外气温低于−10℃时，钢管外应包裹电热毯保温或在混凝土浇筑时掺入无氯盐防冻剂。 12. 梁柱节点核心区与梁交界面处不应留施工缝。宜采用钢丝网或其他方法做好不同强度等级混凝土交界面的隔挡措施。
8	实体施工质量	建设、施工、监理单位	叠合柱钢管内混凝土施工符合设计和规范要求	《钢管混凝土叠合柱结构技术规程》7.4.1～7.4.5	1. 对不同期施工的叠合柱，应根据设计采用的叠合比确定浇筑钢管外混凝土楼层的间隔层数。 2. 对不同期施工的叠合柱，不宜过早架设钢管外的钢筋笼。架设钢筋笼前应对钢管外壁进行除锈处理。 3. 钢管外混凝土可采用免振自密实混凝土或普通混凝土，采用免振自密实混凝土时，应采用粗钢棒进行插捣。 4. 钢管外混凝土的浇筑及养护可采用与普通钢筋混凝土柱相同的方法。 5. 钢管外混凝土施工应选择适用的工具式模板及其支撑架；当需要清水混凝土时，模板应满足不抹灰的装饰效果要求。
9	实体施工质量	建设、施工、监理单位	钢-混凝土组合构件中钢筋与钢构件的连接构造应符合设计要求	《组合结构通用规范》(GB 55004-2021)6.2.5	钢-混凝土组合构件中钢筋与钢构件的连接质量验收应符合下列规定： (1)采用绕开法连接时，应检验钢筋锚固长度； (2)采用开孔法连接时，应检验钢构件上孔洞质量和钢筋锚固长度； (3)采用套筒或连接件时，应检验钢筋与套筒或连接件的连接质量； (4)钢筋与钢构件直接焊接时，应检验焊接质量。

（续表）

编号	类别	实施对象	实施条款	实施依据	实施内容
10	实体施工质量	建设、施工、监理单位	钢管内混凝土的强度等级应符合设计要求	《组合结构通用规范》(GB 55004-2021)6.2.4	钢管混凝土应进行浇灌混凝土的施工工艺评定，主体结构管内混凝土的浇灌质量应全数检测。
				《钢管混凝土工程施工质量验收规范》(GB 50628-2010)4.7.2、4.7.3、4.7.4及条文解释	1. 钢管内混凝土的工作性能和收缩性应符合设计要求和国家现行有关标准的规定。钢管内混凝土应采用无收缩混凝土或加微膨胀剂来补偿混凝土的自身收缩。混凝土的坍落度和可泵性能应与管内混凝土的浇筑方法相一致，采用顶升工艺浇筑时应注意选择可泵性能，其坍落度应大于160 mm。混凝土施工应符合《混凝土结构工程施工质量验收规范》GB 50204规定，并按要求留置标准养护试块。 2. 钢管内混凝土运输、浇筑及间歇的全部时间不应超过混凝土的初凝时间，同一施工段钢管内混凝土应连续浇筑。当需要留置施工缝时应按专项施工方案留置。 3. 钢管内混凝土浇筑的密实应达到设计要求，并应无脱粘、无离析现象。

第七章 装配式混凝土工程

一、概述

装配式混凝土结构是一种新型的建筑工程应用式，具有环保、提高建筑安全水平、化解过剩产能等一举多得之效。装配式混凝土工程涉及预制构件加工、运输、安装、灌浆连接、后浇混凝土等多项工序，各方需加强装配式施工全过程的质量把控，才能确保装配式混凝上工程结构的安全性。

二、主要控制项及相关标准规范

编号	类别	实施对象	实施条款	实施依据	实施内容
1	实体施工质量	建设、施工、监理单位	预制构件的质量、标识符合设计和规范要求	《混凝土结构工程施工规范》(GB 50666-2011) 9.1.4	预制构件经检查合格后，应在构件上设置可靠标识。在装配式结构的施工全过程中，应采取防止预制构件损伤或污染的措施。
				《混凝土结构工程施工质量验收规范》(GB 50204-2015)9.2.1、9.2.5	1. 预制构件的质量应符合国家现行相关标准的规定和设计的要求。 2. 预制构件应有标识。预制构件表面的标识应清晰、可靠，以确保能够识别预制构件的“身份”，并在施工全过程中对发生的质量问题可追溯。预制构件表面的标识内容一般包括生产单位、构件型号、生产日期、质量验收标志等，如有必要，尚需通过约定标识表示构件在结构中安装的位置和方向、吊运过程中的朝向等。
2	实体施工质量	建设、施工、监理单位	预制构件的外观质量、尺寸偏差和预留孔、预留洞、预埋件、预留插筋、键槽的位置符合设计和规范要求	《混凝土结构工程施工质量验收规范》(GB 50204-2015)9.2.3、9.2.4、9.2.6、9.2.7	1. 预制构件的外观质量不应有严重缺陷，且不应有影响结构性能和安装、使用功能的尺寸偏差。 2. 预制构件上的预埋件、预留插筋、预埋管线等的规格和数量以及预留孔、预留洞的数量应符合设计要求。 3. 预制构件的外观质量不应有一般缺陷。 4. 预制构件的尺寸偏差及检验方法应符合《混凝土结构工程施工质量验收规范》GB 50204 表 9.2.7 的规定；设计有专门规定时，尚应符合设计要求。施工过程中临时使用的预埋件，其中心线位置允许偏差可取《混凝土结构工程施工质量验收规范》GB 50204 表 9.2.7 中规定数值的 2 倍。

（续表）

编号	类别	实施对象	实施条款	实施依据	实施内容
2	实体施工质量	建设、施工、监理单位	预制构件的外观质量、尺寸偏差和预留孔、预留洞、预埋件、预留插筋、键槽的位置符合设计和规范要求	《装配式混凝土建筑技术标准》(GB/T 51231-2016)9.7.1～9.7.5	1. 预制构件生产时应采取措施避免出现外观质量缺陷。外观质量缺陷根据其影响结构性能、安装和使用功能的严重程度，可按《装配式混凝土建筑技术标准》GB/T 51231 表 9.7.1 规定划分为严重缺陷和一般缺陷。 2. 预制构件出模后应及时对其外观质量进行全数目测检查。预制构件外观质量不应有缺陷，对已经出现的严重缺陷应制定技术处理方案进行处理并重新检验，对出现的一般缺陷应进行修整并达到合格。 3. 预制构件不应有影响结构性能、安装和使用功能的尺寸偏差。对超过尺寸允许偏差且影响结构性能和安装、使用功能的部位应经原设计单位认可，制定技术处理方案进行处理，并重新检查验收。 4. 预制构件尺寸偏差及预留孔、预留洞、预埋件、预留插筋、键槽的位置和检验方法应符合《装配式混凝土建筑技术标准》GB/T 51231 表 9.7.4-1～表 9.7.4-4 的规定。预制构件有粗糙面时，与预制构件粗糙面相关的尺寸允许偏差可放宽 1.5 倍。 5. 预制构件的预埋件、插筋、预留孔的规格、数量应满足设计要求。
3	实体施工质量	建设、施工、监理单位	夹芯外墙板内外叶墙板之间的拉结件类别、数量、使用位置及性能符合设计要求	《装配式混凝土结构技术规程》(JGJ 1-2014)4.2.7、11.4.5	1. 金属及非金属材料拉结件均应具有规定的承载力、变形和耐久性能，并应经过试验验证。 2. 拉结件应满足夹心外墙板的节能设计要求。 3. 夹心外墙板的内外叶墙板之间的拉结件类别、数量及使用位置应符合设计要求。
4	实体施工质量	建设、施工、监理单位	预制构件表面预贴饰面砖、石材等饰面与混凝土的粘结性能符合设计和规范要求	《装配式混凝土建筑技术标准》(GB/T 51231-2016)9.6.5、9.7.7	1. 带面砖或石材饰面的预制构件宜采用反打一次成型工艺制作，并应符合下列规定： (1)应根据设计要求选择面砖的大小、图案、颜色，背面应设置燕尾槽或确保连接性能可靠的构造； (2)面砖入模铺设前，宜根据设计排板图将单块面砖制成面砖套件，套件的长度不宜大于 600 mm，宽度不宜大于 300 mm；

(续表)

编号	类别	实施对象	实施条款	实施依据	实施内容
4	实体施工质量	建设、施工、监理单位	预制构件表面预贴饰面砖、石材等饰面与混凝土的粘结性能符合设计和规范要求	《装配式混凝土建筑技术标准》(GB/T 51231-2016)9.6.5、9.7.7	(3)石材入模铺设前,宜根据设计排板图的要求进行配板和加工,并应提前在石材背面安装不锈钢锚固拉钩和涂刷防泛碱处理剂; (4)应使用柔韧性好、收缩小、具有抗裂性能且不污染饰面的材料嵌填面砖或石材间的接缝,并应采取防止面砖或石材在安装钢筋及浇筑混凝土等工序中出现位移的措施。 2. 面砖与混凝土的粘结强度应符合现行行业标准《建筑工程饰面砖粘结强度检验标准》JGJ 110 和《外墙饰面砖工程施工及验收规程》JGJ 126 的有关规定。
5	实体施工质量	建设、施工、监理单位	后浇混凝土中钢筋安装、钢筋连接、预埋件安装符合设计和规范要求	《装配式混凝土建筑技术标准》(GB/T 51231-2016)11.1.5	装配式混凝土结构连接节点及叠合构件浇筑混凝土前,应进行隐蔽工程验收。隐蔽工程验收应包括下列主要内容: 1. 混凝土粗糙面的质量,键槽的尺寸、数量、位置; 2. 钢筋的牌号、规格、数量、位置、间距,箍筋弯钩的弯折角度及平直段长度; 3. 钢筋的连接方式、接头位置、接头数量、接头面积百分率、搭接长度、锚固方式及锚固长度; 4. 预埋件、预留管线的规格、数量、位置; 5. 预制混凝土构件接缝处防水、防火等构造做法; 6. 保温及其节点施工; 7. 其他隐蔽项目。
6	实体施工质量	建设、施工、监理单位	预制构件的粗糙面或键槽符合设计要求	《混凝土结构工程施工规范》(GB 50666-2011)9.3.10	采用现浇混凝土或砂浆连接的预制构件结合面,制作时应按设计要求进行处理。设计无具体要求时,宜进行拉毛或凿毛处理,也可采用露骨料粗糙面。
				《混凝土结构工程施工质量验收规范》(GB 50204-2015)9.2.8	1. 预制构件的粗糙面的质量及键槽的数量应符合设计要求。 2. 装配整体式结构中预制构件与后浇混凝土结合的界面称为结合面,具体可为粗糙面或键槽两种形式。有需要时,还应在键槽、粗糙面上配置抗剪或抗拉钢筋等,以确保结构的整体性。

（续表）

编号	类别	实施对象	实施条款	实施依据	实施内容
6	实体施工质量	建设、施工、监理单位	预制构件的粗糙面或键槽符合设计要求	《装配式混凝土结构技术规程》(JGJ 1-2014)11.3.7	1. 采用后浇混凝土或砂浆、灌浆料连接的预制构件结合面，制作时应按设计要求进行粗糙面处理。设计无具体要求时，可采用化学处理、拉毛或凿毛等方法制作粗糙面。 2. 预制构件与后浇混凝土实现可靠连接可以采用连接钢筋、键槽及粗糙面等方法。粗糙面可采用拉毛或凿毛处理方法，也可采用化学处理方法。采用化学方法处理时可在模板上或需要露骨料的部位涂刷缓凝剂，脱模后用清水冲洗干净，避免残留物对混凝土及其结合面造成影响。为避免常用的缓凝剂中含有影响人体健康的成分，应严格控制缓凝剂，使其不含有氯离子和硫酸根离子、磷酸根离子，pH 应控制为 6～8；产品应附有使用说明书，注明药剂的类型、适用的露骨料深度、使用方法、储存条件、推荐用量、注意事项等内容。
7	实体施工质量	建设、施工、监理单位	预制构件与预制构件、预制构件与主体结构之间的连接符合设计要求	《装配式混凝土建筑技术标准》(GB/T 51231-2016)10.4.2	1. 现浇混凝土中伸出的钢筋应采用专用模具进行定位，并应采用可靠的固定措施控制连接钢筋的中心位置及外露长度满足设计要求。 2. 构件安装前应检查预制构件上套筒、预留孔的规格、位置、数量和深度；当套筒、预留孔内有杂物时，应清理干净。 3. 应检查被连接钢筋的规格、数量、位置和长度。当连接钢筋倾斜时，应进行校直；连接钢筋偏离套筒或孔洞中心线不宜超过 3 mm。连接钢筋中心位置存在严重偏差影响预制构件安装时，应会同设计单位制定专项处理方案，严禁随意切割、强行调整定位钢筋。
8	实体施工质量	建设、施工、监理单位	后浇筑混凝土强度符合设计要求	《装配式混凝土建筑技术标准》(GB/T 51231-2016)11.3.2	1. 装配式结构采用后浇混凝土连接时，构件连接处后浇混凝土的强度应符合设计要求。 2. 当后浇混凝土和现浇结构采用相同强度等级混凝土浇筑时，此时可以采用现浇结构的混凝土试块强度进行评定；对有特殊要求的后浇混凝土应单独制作试块进行检验评定。

(续表)

编号	类别	实施对象	实施条款	实施依据	实施内容
9	实体施工质量	建设、施工、监理单位	钢筋灌浆套筒、灌浆套筒接头符合设计和规范要求	《混凝土结构工程施工质量验收规范》(GB 50204-2015)9.3.2	钢筋采用套筒灌浆连接时，灌浆应饱满、密实，其材料及连接质量应符合国家现行行业标准《钢筋套筒灌浆连接应用技术规程》JGJ 355 的规定。
				《钢筋套筒灌浆连接应用技术规程》(JGJ 355-2015)3.1.2、3.1.3、6.1.1	1. 灌浆套筒应符合现行行业标准《钢筋连接用灌浆套筒》JG/T 398 的有关规定。灌浆套筒灌浆端最小内径与连接钢筋公称直径的差值不宜小于表 3.1.2 规定的数值，用于钢筋锚固的深度不宜小于插入钢筋公称直径的 8 倍。 2. 灌浆料性能及试验方法应符合现行行业标准《钢筋连接用套筒灌浆料》JG/T 408 的有关规定，并应符合下列规定： (1)灌浆料抗压强度应符合《钢筋套筒灌浆连接应用技术规程》JGJ 355 表 3.1.3-1 的要求，且不应低于接头设计要求的灌浆料抗压强度；灌浆料抗压强度试件尺寸应按 40 mm×40 mm×160 mm 尺寸制作，其加水量应按灌浆料产品说明书确定，试件应按标准方法制作、养护。 (2)灌浆料竖向膨胀率应符合表 3.1.3-2 的要求。 (3)灌浆料拌合物的工作性能应符合表 3.1.3-3 的要求，泌水率试验方法应符合现行国家标准《普通混凝土拌合物性能试验方法标准》GB/T 50080 的规定。 3. 套筒灌浆连接应采用由接头型式检验确定的相匹配的灌浆套筒、灌浆料。
10	实体施工质量	建设、施工、监理单位	钢筋连接套筒、浆锚搭接的灌浆应饱满	《装配式混凝土建筑技术标准》(GB/T 51231-2016)11.3.3	钢筋采用套筒灌浆连接、浆锚搭接连接时，灌浆应饱满、密实，所有出口均应出浆。
				《钢筋套筒灌浆连接应用技术规程》(JGJ 355-2015)12.3.4	钢筋套筒灌浆连接接头、钢筋浆锚搭接连接接头应按检验批划分要求及时灌浆，灌浆作业应符合国家现行有关标准及施工方案的要求，并应符合下列规定： (1)灌浆施工时，环境温度不应低于 5℃；当连接部位养护温度低于 10℃时，应采取加热保温措施。 (2)灌浆操作全过程应有专职检验人员负责旁站监督并及时形成施工质量检查记录。

(续表)

编号	类别	实施对象	实施条款	实施依据	实施内容
10	实体施工质量	建设、施工、监理单位	钢筋连接套筒、浆锚搭接的灌浆应饱满	《钢筋套筒灌浆连接应用技术规程》(JGJ 355-2015)12.3.4	(3)应按产品使用说明书的要求计量灌浆料和水的用量,并搅拌均匀;每次拌制的灌浆料拌合物应进行流动度的检测,且其流动度应满足本规程的规定。 (4)灌浆作业应采用压浆法从下口灌注,当浆料从上口流出后应及时封堵,必要时可设分仓进行灌浆。 (5)灌浆料拌合物应在制备后 30 min 内用完。
				《装配式混凝土结构现场检测技术标准》(DB37/T 5106-2018)7.2.1、7.2.5、7.2.6	1. 钢筋套筒灌浆连接接头宜采用灌浆饱满度振动传感器进行饱满度检测。 2. 钢筋套筒灌浆连接接头现场灌浆施工埋置灌浆饱满度传感器时,应抽取有代表性的部位对套筒灌浆的饱满程度进行控制和检测,每层灌浆饱满度埋置数量不应少于套筒总数的 5%,且不应少于 10 个。 3. 钢筋套筒灌浆连接接头现场灌浆施工采用埋置灌浆饱满度传感器进行检测时,应在灌浆料终凝后进行灌浆饱满度检测。
11	实体施工质量	建设、施工、监理单位	预制构件连接接缝处防水做法符合设计要求	《混凝土结构工程施工规范》(GB 50666-2011)9.5.11	当设计对构件连接处有防水要求时,材料性能及施工应符合设计要求及国家现行有关标准的规定。
				《混凝土结构工程施工质量验收规范》(GB 50204-2015)9.1.2	装配式结构的接缝施工质量及防水性能应符合设计要求和国家现行相关标准的要求。
				《装配式混凝土建筑技术标准》(GB/T 51231-2016)10.4.11、11.3.11	1. 外墙板接缝防水施工应符合下列规定: (1)防水施工前,应将板缝空腔清理干净; (2)应按设计要求填塞背衬材料; (3)密封材料嵌填应饱满、密实、均匀、顺直、表面平滑,其厚度应满足设计要求。 2. 外墙板接缝的防水性能应符合设计要求。

(续表)

编号	类别	实施对象	实施条款	实施依据	实施内容
11	实体施工质量	建设、施工、监理单位	预制构件连接接缝处防水做法符合设计要求	《装配式混凝土结构技术规程》(JGJ 1-2014)4.3.1、13.3.2	1. 外墙板接缝处的密封材料应符合下列规定: (1)密封胶应与混凝土具有相容性,以及规定的抗剪切和伸缩变形能力;密封胶尚应具有防霉、防水、防火、耐候等性能。 (2)硅酮、聚氨酯、聚硫建筑密封胶应分别符合国家现行标准《硅酮建筑密封胶》GB/T 14683、《聚氨酯建筑密封胶》JC/T 482、《聚硫建筑密封胶》JC/T 483的规定。 (3)夹心外墙板接缝处填充用保温材料的燃烧性能应满足国家标准《建筑材料及制品燃烧性能分级》GB 8624 中 A 级的要求。 2. 外墙板接缝的防水性能应符合设计要求。
12	实体施工质量	建设、施工、监理单位	预制构件的安装尺寸偏差符合设计和规范要求	《混凝土结构工程施工质量验收规范》(GB 50204-2015)9.3.9	装配式结构施工后,预制构件位置、尺寸偏差及检验方法应符合设计要求;当设计无具体要求时,应符合表 9.3.9 的规定。预制构件与现浇结构连接部位的表面平整度应符合《混凝土结构工程施工质量验收规范》GB 50204 表 9.3.9 的规定。
13	实体施工质量	建设、施工、监理单位	后浇混凝土的外观质量和尺寸偏差符合设计和规范要求	《装配式混凝土建筑技术标准》(GB/T 51231-2016)11.1.3	装配式混凝土结构工程应按混凝土结构子分部工程进行验收,混凝土结构子分部中其他分项工程应符合现行国家标准《混凝土结构工程施工质量验收规范》GB 50204 的有关规定。
				《混凝土结构工程施工质量验收规范》(GB 50204-2015)8.2.1、8.2.2、8.3.1、8.3.2	1. 现浇结构的外观质量不应有严重缺陷。 对已经出现的严重缺陷,应由施工单位提出技术处理方案,并经监理单位认可后进行处理;对裂缝或连接部位的严重缺陷及其他影响结构安全的严重缺陷,技术处理方案尚应经设计单位认可。对经处理的部位应重新验收。 2. 现浇结构的外观质量不应有一般缺陷。 对已经出现的一般缺陷,应由施工单位按技术处理方案进行处理。对经处理的部位应重新验收。 3. 现浇结构不应有影响结构性能或使用功能的尺寸偏差;混凝土设备基础不应有影响结构性能和设备安装的尺寸偏差。

（续表）

编号	类别	实施对象	实施条款	实施依据	实施内容
13	实体施工质量	建设、施工、监理单位	后浇混凝土的外观质量和尺寸偏差符合设计和规范要求	《混凝土结构工程施工质量验收规范》（GB 50204-2015）8.2.1、8.2.2、8.3.1、8.3.2	对超过尺寸允许偏差且影响结构性能和安装、使用功能的部位，应由施工单位提出技术处理方案，经监理、设计单位认可后进行处理。对经处理的部位应重新验收。 4. 现浇结构的位置和尺寸偏差及检验方法应符合《混凝土结构工程施工质量验收规范》GB 50204 表 8.3.2 的规定。

第八章 砌体工程

一、概述

砌体工程是指在建筑工程中使用普通黏土砖、承重黏土空心砖、蒸压灰砂砖、粉煤灰砖、各种中小型砌块和石材等材料进行砌筑的工程，包括砌砖、石、砌块及轻质墙板等内容。本章主要介绍了在砌筑施工时，对砌筑材料的要求以及在组砌工艺、构造等方面的质量标准和规范。

二、主要控制项及相关标准规范

编号	类别	实施对象	实施条款	实施依据	实施内容
1	实体施工质量	建设、施工、监理单位	砌块质量符合设计和规范要求	《砌体结构工程施工质量验收规范》（GB 50203-2011）3.0.1、5.1.2、5.1.3、6.1.3、7.1.2	1. 砌体结构工程所用的材料应有产品合格证书、产品性能型式检验报告，质量应符合国家现行有关标准的要求。块体、水泥、钢筋、外加剂尚应有材料主要性能的进场复验报告，并应符合设计要求。严禁使用国家明令淘汰的材料。 2. 用于清水墙、柱表面的砖，应边角整齐，色泽均匀。 3. 砌体砌筑时，混凝土多孔砖、混凝土实心砖、蒸压灰砂砖、蒸压粉煤灰砖、蒸压加气混凝土砌块等块体的产品龄期不应小于 28 d。 4. 施工采用的小砌块的产品龄期不应小于 28 d。 5. 石砌体采用的石材应质地坚实，无裂纹和明显风化剥落；用于清水墙、柱表面的石材，尚应色泽均匀，石材的放射性应经检验，其安全性应符合现行国家标准《建筑材料放射性核素限量》GB 6566 的有关规定。
2	实体施工质量	建设、施工、监理单位	砌筑砂浆的强度符合设计和规范要求	《预拌砂浆应用技术规程》（JGJ/T 223-2010）4.4.1、4.4.3、附录 A.0.1	1. 干混砂浆应按产品说明书的要求加水或其他配套组分拌和，不得添加其他成分。 2. 干混砂浆应采用机械搅拌，搅拌时间应符合产品说明书的要求。当采用手持式电动搅拌器搅拌时，应先在容器中加入规定量的水或配套液体，再加入干混砂浆搅拌，搅拌时间宜为 3～5 min，且应搅拌均匀。应按产品说明书的要求静停后再拌和均匀。 3. 预拌砂浆进场时，应按《预拌砂浆应用技术规程》JGJ/T 223 表 A.0.1 的规定进行进场检验。

(续表)

编号	类别	实施对象	实施条款	实施依据	实施内容
3	实体施工质量	建设、施工、监理单位	严格按规定留置砂浆试块,做好标识	《预拌砂浆应用技术规程》(JGJ/T 223-2010)5.4.1～5.4.4	1. 对同品种、同强度等级的砌筑砂浆、湿拌砌筑砂浆应以 50 m^3 为一个检验批,干混砌筑砂浆应以 100 t 为一个检验批;不足一个检验批的数量时,应按一个检验批计。 2. 每检验批应至少留置 1 组抗压强度试块。 3. 砌筑砂浆取样时,干混砌筑砂浆宜从搅拌机出料口、湿拌砌筑砂浆宜从运输车出料口或储存容器随机取样。砌筑砂浆抗压强度试块的制作、养护、试压等应符合现行行业标准《建筑砂浆基本性能试验方法标准》JGJ/T 70 的规定,龄期应为 28 d。 4. 砌筑砂浆抗压强度应按验收批进行评定,其合格条件应符合下列规定: (1)同一验收批砌筑砂浆试块抗压强度平均值应大于或等于设计强度等级所对应的立方体抗压强度的 1.10 倍,且最小值应大于或等于设计强度等级所对应的立方体抗压强度的 0.85 倍; (2)当同一验收批砌筑砂浆抗压强度试块少于 3 组时,每组试块抗压强度值应大于或等于设计强度等级所对应的立方体抗压强度的 1.10 倍。
4	实体施工质量	建设、施工、监理单位	墙体转角处、交接处必须同时砌筑,临时间断处留槎符合规范要求	《砌体结构通用规范》(GB 55007-2021)5.1.3	砌体砌筑时,墙体转角处和纵横交接处应同时咬槎砌筑;砖柱不得采用包心砌法;带壁柱墙的壁柱应与墙身同时咬槎砌筑;临时间断处应留样砌筑;块材应内外搭砌、上下错缝砌筑。
				《砌体结构工程施工质量验收规范》(GB 50203-2011)5.2.3、5.2.4、6.2.3	1. 砖砌体的转角处和交接处应同时砌筑,严禁无可靠措施的内外墙分砌施工。在抗震设防烈度为 8 度及 8 度以上地区,对不能同时砌筑而又必须留置的临时间断处应砌成斜槎,普通砌体斜槎水平投影长度不应小于高度的 2/3,多孔砖砌体的斜槎长高比不应小于 1/2,斜槎高度不得超过一步脚手架的高度。 2. 非抗震设防及抗震设防烈度为 6 度、7 度地区的临时间断处,当不能留斜槎时,除转角处外,可留直槎,但直槎必须做成凸槎,且应加设拉结钢筋,拉结钢筋应符合下列规定: (1)每 120 mm 墙厚放置 1Φ6 拉结钢筋(120 mm 厚墙应放置 2Φ6 拉结钢筋); (2)间距沿墙高不应超过 500 mm,且竖向间距偏差不应超过 100 mm;

（续表）

编号	类别	实施对象	实施条款	实施依据	实施内容
4	实体施工质量	建设、施工、监理单位	墙体转角处、交接处必须同时砌筑，临时间断处留槎符合规范要求	《砌体结构工程施工质量验收规范》（GB 50203-2011）5.2.3、5.2.4、6.2.3	(3)埋入长度从留槎处算起每边均不应小于 500 mm，对抗震设防烈度 6 度、7 度的地区，不应小于 1 000 mm； (4)末端应有 90°弯钩。 3. 小砌块墙体转角处和纵横交接处应同时砌筑，临时间断处应砌成斜槎，斜槎水平投影长度不应小于斜槎高度。施工洞口可预留直槎，但在洞口砌筑和补砌时，应在直槎上下搭砌的小砌块孔洞内用等级不低于 C20（或 Cb20）的混凝土灌实。
5	实体施工质量	建设、施工、监理单位	灰缝厚度及砂浆饱满度符合规范要求	《砌体结构工程施工质量验收规范》（GB 50203-2011）5.2.2、5.3.2、7.1.9、9.3.2、9.3.5	1. 砖砌体灰缝砂浆应密实饱满，砖墙水平灰缝的砂浆饱满度不得低于 80%；砖柱水平灰缝和竖向灰缝饱满度不得低于 90%。 2. 砖砌体的灰缝应横平竖直，厚薄均匀，水平灰缝厚度及竖向灰缝宽度宜为 10 mm，但不应小于 8 mm，也不应大于 12 mm。 3. 毛石、毛料石、粗料石、细料石砌体灰缝厚度应均匀，灰缝厚度应符合下列规定： (1)毛石砌体外露面的灰缝厚度不宜大于 40 mm； (2)毛料石和粗料石的灰缝厚度不宜大于 20 mm； (3)细料石的灰缝厚度不宜大于 5 mm。 4. 填充墙：烧结空心砖、轻骨料混凝土小型空心砌块砌体的灰缝应为 8～12 mm；蒸压加气混凝土砌块砌体当采用砌筑砂浆时，水平灰缝厚度和竖向灰缝宽度不应超过 15 mm；采用蒸压加气混凝土砌块粘结砂浆时，水平灰缝厚度和竖向灰缝宽度宜为 3～4 mm。 5. 填充墙砌体砂浆：空心砖水平灰缝砂浆饱满度≥80%，垂直灰缝应填满砂浆不得有透明缝、瞎缝、假缝；蒸压加气混凝土砌块、轻骨料混凝土小型空心砖砌块水平及垂直灰缝砂浆饱满度应≥80%。

（续表）

<table>
<tr><th>编号</th><th>类别</th><th>实施对象</th><th>实施条款</th><th>实施依据</th><th>实施内容</th></tr>
<tr><td rowspan="2">6</td><td rowspan="2">实体施工质量</td><td rowspan="2">建设、施工、监理单位</td><td rowspan="2">构造柱、圈梁符合设计和规范要求</td><td>《砌体结构通用规范》(GB 55007-2021)4.2.4～4.2.6</td><td>1. 对于多层砌体结构民用房屋，当层数为3层、4层时，应在底层和檐口标高处各设置一道圈梁。当层数超过4层时，除应在底层和檐口标高处各设置一道圈梁外，至少应在所有纵、横墙上隔层设置。多层砌体工业房屋，应每层设置圈梁。设置墙梁的多层砌体结构房屋，应在托梁、墙梁顶面和檐口标高处设置圈梁。
2. 厂房、仓库、食堂等空旷单层房屋应按下列规定设置圈梁：
(1)砖砌体结构房屋，檐口标高为5～8 m时，应在檐口标高处设置一道圈梁，檐口标高大于8 m时，应增加设置数量；
(2)砌块及料石砌体结构房屋，檐口标高为4～5 m时，应在檐口标高处设置一道圈梁，檐口标高大于5 m时，应增加设置数量；
(3)对有吊车或较大振动设备的单层工业房屋，当未采取有效的隔振措施时，除应在檐口或窗顶标高处设置现浇混凝土圈梁外，尚应增加设置数量。
3. 圈梁宽度不应小于190 mm，高度不应小于120 mm，配筋不应少于4Φ12，箍筋间距不应大于200 mm。</td></tr>
<tr><td>《砌体结构设计规范》(GB 50003-2011)7.1.5/7.1.6</td><td>1. 圈梁应符合下列构造要求：
(1)圈梁宜连续地设在同一水平面上，并形成封闭状；当圈梁被门窗洞口截断时，应在洞口上部增设相同截面的附加圈梁。附加圈梁与圈梁的搭接长度不应小于其中到中垂直间距的2倍，且不得小于1 m。
(2)纵、横墙交接处的圈梁应可靠连接。刚弹性和弹性方案房屋，圈梁应与屋架、大梁等构件可靠连接。
(3)混凝土圈梁的宽度宜与墙厚相同，当墙厚不小于240 mm时，其宽度不宜小于墙厚的2/3。圈梁高度不应小于120 mm。纵向钢筋数量不应少于4根，直径不应小于10 mm，绑扎接头的搭接长度按受拉钢筋考虑，箍筋间距不应大于300 mm。
(4)圈梁兼作过梁时，过梁部分的钢筋应按计算面积另行增配。</td></tr>
</table>

（续表）

编号	类别	实施对象	实施条款	实施依据	实施内容
6	实体施工质量	建设、施工、监理单位	构造柱、圈梁符合设计和规范要求	《砌体结构设计规范》(GB 50003-2011)7.1.5/7.1.6	2. 采用现浇混凝土楼(屋)盖的多层砌体结构房屋。当层数超过5层时，除应在檐口标高处设置一道圈梁外，可隔层设置圈梁，并应与楼(屋)面板一起现浇。未设置圈梁的楼面板嵌入墙内的长度不应小于120 mm，并沿墙长配置不少于2根直径为10 mm的纵向钢筋。
				《砌体结构设计规范》(GB 50003-2011)6.3.4、10.2.4	1. 填充墙与框架的连接，可根据设计要求采用不脱开方法。填充墙长度超过5 m或墙长大于2倍层高时，墙顶与梁宜有拉接措施，墙体中部应加设构造柱；墙高度超过4 m时宜在墙高中部设置与柱连接的水平系梁，墙高超过6 m时，宜沿墙高每2 m设置与柱连接的水平系梁，梁的截面高度不小于60 mm。 2. 各类砖砌体房屋的现浇钢筋混凝土构造柱(以下简称构造柱)，其设置应符合现行国家标准《建筑抗震设计规范》GB 50011的有关规定，并应符合下列规定： (1)构造柱设置部位应符合《砌体结构设计规范》表10.2.4的规定。 (2)外廊式和单面走廊式的房屋，应根据房屋增加一层的层数，按《砌体结构设计规范》表10.2.4的要求设置构造柱，且单面走廊两侧的纵墙均应按外墙处理。 (3)横墙较少的房屋，应根据房屋增加一层的层数，按《砌体结构设计规范》表10.2.4的要求设置构造柱。当横墙较少的房屋为外廊式或单面走廊式时，应按本条2款要求设置构造柱；但6度不超过四层、7度不超过三层和8度不超过二层时，应按增加二层的层数对待。 (4)各层横墙很少的房屋，应按增加二层的层数设置构造柱。 (5)采用蒸压灰砂普通砖和蒸压粉煤灰普通砖的砌体房屋，当砌体的抗剪强度仅达到普通黏土砖砌体的70%时(普通砂浆砌筑)，应根据增加一层的层数按本条1～4款要求设置构造柱；但6度不超过四层、7度不超过三层和8度不超过二层时，应按增加二层的层数对待。 (6)有错层的多层房屋，在错层部位应设置墙，其与其他墙交接处应设置构造柱；在错层部位的错层楼板位置应设置现浇钢筋混凝土圈梁；当房屋层数不低于四层时，底部1/4楼层处错层部位墙中部的构造柱间距不宜大于2 m。

第九章　防水工程

一、概述

防水工程是一项系统工程，它涉及防水材料、防水工程设计、施工技术、建筑物的管理等方面，包括屋面防水、地下室防水、卫生间防水、外墙防水等。选择符合要求的高性能防水材料，进行可靠、耐久、合理、经济的防水工程设计，认真组织，精心施工，完善维修、保养管理制度，以满足建筑物及构筑物的防水耐用年限，实现防水工程的高质量及良好的综合效益。

本章主要介绍了防水混凝土、防水砂浆的材料要求和施工标准规范，以及在地下室、屋面和外墙防水施工时，对防水材料的要求和构造要求等。

二、主要控制项及相关标准规范

编号	类别	实施对象	实施条款	实施依据	实施内容
1	实体施工质量	建设、施工、监理单位	严禁在防水混凝土拌合物中加水	《地下防水工程质量验收规范》(GB 50208-2011)4.1.9	当防水混凝土拌合物在运输后出现离析，必须进行二次搅拌。当坍落度损失后不能满足施工要求时，应加入原水胶比的水泥砂浆或掺加同品种的减水剂进行搅拌，严禁直接加水。
2	实体施工质量	建设、施工、监理单位	防水混凝土的节点构造符合设计和规范要求	《地下防水工程质量验收规范》(GB 50208-2011)4.1.16 及条文解释	1. 防水混凝土应连续浇筑，宜少留施工缝，以减少渗水隐患。墙体上的垂直施工缝宜与变形缝相结合。墙体最低水平施工缝应高出底板表面不小于 300 mm，距墙孔洞边缘不应小于 300 mm，并避免设在墙体承受剪力最大的部位。 2. 变形缝应考虑工程结构的沉降、伸缩的可变性，并保证其在变化中的密闭性，不产生渗漏水现象。变形缝处混凝土结构的厚度不应小于 300 mm，变形缝的宽度宜为 20～30 mm。全埋式地下防水工程的变形缝应为环状；半地下防水工程的变形缝应为 U 字形，U 字形变形缝的设计高度应超出室外地坪 500 mm 以上。 3. 后浇带采用补偿收缩混凝土、遇水膨胀止水条或止水胶等防水措施，补偿收缩混凝土的抗压强度和抗渗等级均不得低于两侧混凝土。

（续表）

编号	类别	实施对象	实施条款	实施依据	实施内容
2	实体施工质量	建设、施工、监理单位	防水混凝土的节点构造符合设计和规范要求	《地下防水工程质量验收规范》（GB 50208-2011）4.1.16 及条文解释	4. 穿墙管道应在浇筑混凝土前预埋。当结构变形或管道伸缩量较小时，穿墙管可采用主管直接埋入混凝土内的固定式防水法；当结构变形或管道伸缩量较大或有更换要求时，应采用套管式防水法。穿墙管线较多时宜相对集中，采用封口钢板式防水法。 5. 埋设件端部或预留孔、槽底部的混凝土厚度不得小于 250 mm；当厚度小于 250 mm 时，应采取局部加厚或加焊止水钢板的防水措施。
3	实体施工质量	建设、施工、监理单位	中埋式止水带埋设位置符合设计和规范要求	《地下防水工程质量验收规范》（GB 50208-2011）5.2.3～5.2.5	1. 中埋式止水带埋设位置应准确，其中间空心圆环与变形缝的中心线应重合。 2. 中埋式止水带的接缝应设在边墙较高位置上，不得设在结构转角处；接头宜采用热压焊接，接缝应平整、牢固，不得有裂口和脱胶现象。 3. 中埋式止水带在转弯处应做成圆弧形；顶板、底板内止水带应安装成盆状，并宜采用专用钢筋套或扁钢固定。
4	实体施工质量	建设、施工、监理单位	后浇带防水施工	《地下防水工程质量验收规范》（GB 50208-2011）5.3.8	后浇带混凝土应一次性浇筑，不得留设施工缝；混凝土浇筑后应及时进行养护，养护时间不得少于 28 d。
5	实体施工质量	建设、施工、监理单位	桩头防水构造必须符合设计要求	《地下防水工程质量验收规范》（GB 50208-2011）5.7.4、5.7.6	1. 桩头顶面和侧面裸露处应涂刷水泥基渗透结晶型防水涂料，并延伸到结构底板垫层 150 mm 处；桩头四周 300 mm 范围内应抹聚合物水泥防水砂浆过渡层。 2. 桩头的受力钢筋根部应采用遇水膨胀止水条或止水胶，并采取保护措施。
6	实体施工质量	建设、施工、监理单位	水泥砂浆防水层各层之间应结合牢固	《地下防水工程质量验收规范》（GB 50208-2011）4.2.5	1. 分层铺抹或喷涂，铺抹时应压实、抹平，最后一层表面应提浆压光。 2. 防水层各层应紧密粘合，每层宜连续施工；必须留设施工缝时，应采用阶梯坡形槎，但与阴阳角处的距离不得小于 200 mm。接槎要依层次顺序操作，层层搭接紧密。 3. 水泥砂浆终凝后 12～24 h 要及时进行养护，养护温度不宜低于 5℃，并应保持砂浆表面湿润，养护时间不得少于 14 d。

(续表)

编号	类别	实施对象	实施条款	实施依据	实施内容
7	实体施工质量	建设、施工、监理单位	地下室卷材防水层的细部做法符合设计要求	《地下防水工程质量验收规范》(GB 50208-2011)4.3.5、4.3.16	1. 基层阴阳角应做成圆弧或45°坡角，其尺寸应根据卷材品种确定；在转角处、变形缝、施工缝、穿墙管等部位应铺贴卷材加强层，加强层宽度不应小于500 mm。 2. 卷材防水层在转角处、变形缝、施工缝、穿墙管等部位做法必须符合设计要求。
8	实体施工质量	建设、施工、监理单位	地下室涂料防水层的厚度和细部做法符合设计要求	《地下防水工程质量验收规范》(GB 50208-2011)4.4.4、4.4.8	1. 涂料应分层涂刷或喷涂，涂层应均匀，涂刷应待前遍涂层干燥成膜后进行。每遍涂刷时应交替改变涂层的涂刷方向，同层涂膜的先后搭压宽度宜为30～50 mm。 2. 涂料防水层的甩槎处接缝宽度不应小于100 mm，接涂前应将甩槎表面处理干净。 3. 基层阴阳角处应做成圆弧；在转角处、变形缝、施工缝、穿墙管等部位应增加胎体增强材料和增涂防水涂料，宽度不应小于500 mm。 4. 胎体增强材料的搭接宽度不应小于100 mm。上下两层和相邻两幅胎体的接缝应错开1/3幅宽，且上下两层胎体不得相互垂直铺贴。 5. 涂料防水层的平均厚度应符合设计要求，最小厚度不得小于设计厚度的90%。
9	实体施工质量	建设、施工、监理单位	地面防水隔离层的厚度符合设计要求	《建筑地面工程施工质量验收规范》(GB 50209-2010)4.10.14及条文说明	1. 采用观察检查和用钢尺、卡尺检查。 2. 对于涂膜防水隔离层，其平均厚度应符合设计要求，最小厚度不得小于设计厚度的80%。可采取针刺法或割取20 mm×20 mm的实样用卡尺测量。
10	实体施工质量	建设、施工、监理单位	地面防水隔离层的排水坡度、坡向符合设计要求	《建筑地面工程施工质量验收规范》(GB 50209-2010)4.10.13	1. 防水隔离层严禁渗漏，排水的坡向正确、排水通畅。 2. 观察检查和蓄水、泼水检验、坡度尺检查及检查验收记录。

（续表）

编号	类别	实施对象	实施条款	实施依据	实施内容
11	实体施工质量	建设、施工、监理单位	地面防水隔离层的细部做法符合设计和规范要求	《建筑地面工程施工质量验收规范》（GB 50209-2010）4.10.5	1. 铺设隔离层时，在管道穿过楼板面四周，防水、防油渗材料应向上铺涂，并超过套管的上口。 2. 在靠近柱、墙处，应高出面层 200～300 mm 或按设计要求的高度铺涂。 3. 阴阳角和管道穿过楼板面的根部应增加铺涂附加防水、防油渗隔离层。
12	实体施工质量	建设、施工、监理单位	有淋浴设施的墙面的防水高度符合设计要求	《住宅工程质量常见问题防控技术标准》(DB37/T 5157-2020)9.5.1	淋浴喷头墙面的防水高层不宜低于 2 000 mm。
13	实体施工质量	建设、施工、监理单位	屋面防水层的厚度符合设计要求	《屋面工程质量验收规范》（GB 50207-2012）6.3.7	1. 屋面防水层的厚度应符合设计要求。 2. 涂膜防水层的平均厚度应符合设计要求，且最小厚度不得小于设计厚度的 80%。采用针测法或取样量测。
14	实体施工质量	建设、施工、监理单位	屋面防水层的排水坡度、坡向符合设计要求	《屋面工程质量验收规范》（GB 50207-2012）4.1.3	1. 屋面找坡应满足设计排水坡度要求，结构找坡不应小于 3%，材料找坡宜为 2%；檐沟、天沟纵向找坡不应小于 1%，沟底水落差不得超过 200 mm。 2. 找平层的排水坡度、坡向应满足设计要求。
15	实体施工质量	建设、施工、监理单位	屋面细部的防水构造符合设计和规范要求	《屋面工程质量验收规范》（GB 50207-2012）8.2.2～8.2.5、8.3.4、8.3.5、8.4.2～8.4.6、8.5.2～8.5.5、8.7.2～8.7.5	1. 檐口的排水坡度应符合设计要求；檐口部位不得有渗漏和积水现象。 2. 檐口 800 mm 范围内的卷材应满粘。 3. 卷材收头应在找平层的凹槽内用金属压条钉压固定，并应用密封材料封严。 4. 涂膜收头应用防水涂料多遍涂刷。 5. 檐沟防水层应由沟底翻上至外侧顶部，卷材收头应用金属压条钉压固定，并应用密封材料封严；涂膜收头应用防水涂料多遍涂刷。 6. 檐沟外侧顶部及侧面均应抹聚合物水泥砂浆，其下端应做成鹰嘴或滴水槽。 7. 女儿墙和山墙的压顶向内排水坡度不应小于 5%，压顶内侧下端应做成鹰嘴或滴水槽。 8. 女儿墙和山墙的根部不得有渗漏和积水现象。 9. 女儿墙和山墙的泛水高度及附加层铺设应符合设计要求。 10. 女儿墙和山墙的卷材应满粘，卷材收头应用金属压条钉压固定，并应用密封材料封严。

(续表)

编号	类别	实施对象	实施条款	实施依据	实施内容
15	实体施工质量	建设、施工、监理单位	屋面细部的防水构造符合设计和规范要求	《屋面工程质量验收规范》(GB 50207-2012)8.2.2～8.2.5、8.3.4、8.3.5、8.4.2～8.4.6、8.5.2～8.5.5、8.7.2～8.7.5	11. 女儿墙和山墙的涂膜应直接涂刷至压顶下,涂膜收头应用防水涂料多遍涂刷。 12. 水落口杯上口应设在沟底的最低处;水落口处不得有渗漏和积水现象。 13. 水落口的数量和位置应符合设计要求;水落口杯应安装牢固。 14. 水落口周围直径 500 mm 范围内坡度不应小于 5%,水落口周围的附加层铺设应符合设计要求。 15. 防水层及附加层伸入水落口杯内不应小于 50 mm,并应粘结牢固。 16. 伸出屋面管道根部不得有渗漏和积水现象。 17. 伸出屋面管道的泛水高度及附加层铺设,应符合设计要求。 18. 伸出屋面管道周围的找平层应抹出高度不小于 30 mm 的排水坡。 19. 卷材防水层收头应用金属箍固定,并应用密封材料封严;涂膜防水层收头应用防水涂料多遍涂刷。
16	实体施工质量	建设、施工、监理单位	外墙节点构造防水符合设计和规范要求	《建筑外墙防水工程技术规程》(JGJ/T 235-2011)5.3.1～5.3.7	1. 门窗框与墙体间的缝隙宜采用聚合物水泥防水砂浆或发泡聚氨酯填充;外墙防水层应延伸至门窗框,防水层与门窗框间应预留凹槽,并应嵌填密封材料;门窗上楣的外口应做滴水线;外窗台应设置不小于 5%的外排水坡度。 2. 雨篷应设置不应小于 1%的外排水坡度,外口下沿应做滴水线;雨篷与外墙交接处的防水层应连续;雨篷防水层应沿外口下翻至滴水线。 3. 阳台应向水落口设置不小于 1%的排水坡度,水落口周边应留槽嵌填密封材料。阳台外口下沿应做滴水线。 4. 变形缝部位应增设合成高分子防水卷材附加层,卷材两端应满粘于墙体,满粘的宽度不应小于 150 mm,并应钉压固定;卷材收头应用密封材料密封。 5. 穿过外墙的管道宜采用套管,套管应内高外低,坡度不应小于 5%,套管周边应作防水密封处理。 6. 女儿墙压顶宜采用现浇钢筋混凝土或金属压顶,压顶应向内找坡,坡度不应小于 2%。当采用混凝土压顶时,外墙防水层应延伸至压顶内侧的滴水线部位;当采用金属压顶时,外墙防水层应做到压顶的顶部,金属压顶应采用专用金属配件固定。 7. 外墙预埋件四周应用密封材料封闭严密,密封材料与防水层应连续。

(续表)

编号	类别	实施对象	实施条款	实施依据	实施内容
17	实体施工质量	建设、施工、监理单位	外窗与外墙的连接处做法符合设计和规范要求	《民用建筑设计统一标准》(GB 50352-2019)6.11.4	门窗与墙体应连接牢固,不同材料的门窗与墙体连接处应采用相应的密封材料及构造做法。
				《建筑外墙防水工程技术规程》(JGJ/T 235-2011)5.3.1	门窗框与墙体间的缝隙宜采用聚合物水泥防水砂浆或发泡聚氨酯填充;外墙防水层应延伸至门窗框,防水层与门窗框间应预留凹槽,并应嵌填密封材料;门窗上楣的外口应做滴水线;外窗台应设置不小于5%的外排水坡度。

第十章 装饰装修工程

一、概述

装饰装修工程涉及面广点多，也是老百姓看得到摸得着的一项工程，所以抓好装饰装修工程的施工，无论对企业还是对社会影响来说都显得尤为重要。本章主要介绍了对抹灰工程、门窗工程、地面工程、吊顶工程、饰面工程、涂饰工程、幕墙工程各分项工程的材料质量控制和施工质量控制，并着重对以上各分项工程的验收标准、检验方法等进行了全面论述。

二、主要控制项及相关标准规范

编号	类别	实施对象	实施条款	实施依据	实施内容
1	实体施工质量	建设、施工、监理单位	严禁使用国家明令淘汰的材料	《住宅装饰装修工程施工规范》(GB 50327-2001)3.2.2	严禁使用国家明令淘汰的材料
2	实体施工质量	建设、施工、监理单位	外墙外保温与墙体基层的粘结强度符合设计和规范要求	《建筑节能工程施工质量验收规范》(GB 50411-2019)4.2.7	保温板材与基层之间及各构造层之间的粘接或连接必须牢固。保温板材与基层的连接方式、拉伸粘接强度和粘接面积比应符合设计要求。保温板材与基层之间的拉伸粘接强度应进行现场拉拔试验，且不得在界面破坏。粘接面积比应进行剥离检验。
3	实体施工质量	建设、施工、监理单位	抹灰层与基层之间及各抹灰层之间应粘结牢固	《建筑装饰装修工程质量验收标准》(GB 50210-2018)4.2.2、4.2.3、4.2.4	1. 抹灰前基层表面的尘土、污垢和油渍等应清除干净，并应洒水润湿或进行界面处理。 2. 抹灰工程应分层进行。当抹灰总厚度大于或等于 35 mm 时，应采取加强措施。不同材料基体交接处表面的抹灰，应采取防止开裂的加强措施，当采用加强网时，加强网与各基体的搭接宽度不应小于 100 mm。 3. 抹灰层与基层之间及各抹灰层之间应粘结牢固，抹灰层应无脱层和空鼓，面层应无爆灰和裂缝。
				《住宅装饰装修工程施工规范》(GB 50327-2001)7.1.5	水泥砂浆抹灰层应在抹灰 24 h 后进行养护。抹灰层在凝结前，应防止快干、水冲、撞击和震动。

(续表)

编号	类别	实施对象	实施条款	实施依据	实施内容
4	实体施工质量	建设、施工、监理单位	外门窗安装牢固	《建筑装饰装修工程质量验收标准》(GB 50210-2018)6.1.11、6.3.2、6.4.2、6.4.8	1. 建筑外门窗必须安装牢固。在砌体上安装门窗严禁采用射钉固定。 2. 金属门窗框和副框的安装应牢固,预埋件及锚固件的数量、位置、埋设方式、与框的连接方式应符合设计和规范要求。 3. 塑料门窗固定片或膨胀螺栓的数量与位置应正确,连接方式应符合设计要求。固定点应距窗角、中横框、中竖框 150～200 mm,固定点间距不应大于 600 mm。 4. 塑料平开窗扇高度大于 900 mm 时,窗扇锁闭点不应少于 2 个。
5	实体施工质量	建设、施工、监理单位	推拉门窗扇安装牢固,并安装防脱落装置	《建筑装饰装修工程质量验收标准》(GB 50210-2018)6.1.12	推拉门窗扇必须牢固,必须安装防脱落装置。
6	实体施工质量	建设、施工、监理单位	幕墙的框架与主体结构连接、立柱与横梁的连接符合设计和规范要求	《建筑装饰装修工程质量验收标准》(GB 50210-2018) 11.1.7、11.1.12	1. 幕墙与主体结构连接的各种预埋件,其数量、规格、位置和防腐处理应符合设计要求。 2. 幕墙及其连接件应具有足够的承载力、刚度和相对于主体结构的位移能力。当幕墙构架立柱的连接金属角码与其他连接件采用螺栓连接时,应有防松动措施。
				《玻璃幕墙工程技术规范》(JGJ 102-2003)6.3.11	玻璃幕墙横梁可通过角码、螺钉或螺栓与立柱之间连接。角码应能承受横梁的剪力,其厚度不应小于 3 mm;角码与立柱之间的连接螺钉或螺栓应满足抗剪和抗扭承载力要求。
7	实体施工质量	建设、施工、监理单位	幕墙所采用的结构粘结材料符合设计和规范要求	《建筑装饰装修工程质量验收规范》(GB 50210-2018) 11.1.2、11.1.3、11.1.8、11.1.9	1. 幕墙工程所用硅酮结构胶应有:抽查合格证明;国家批准的检测机构出具的硅酮结构胶相容性和剥离粘结性检验报告。 2. 幕墙用结构胶应对邵氏硬度、标准条件拉伸粘接强度、相容性、剥离粘接性进行复验。 3. 硅酮结构密封胶应在有效期内使用。 4. 不同金属材料接触时应采用绝缘垫片分隔。

（续表）

编号	类别	实施对象	实施条款	实施依据	实施内容
7	实体施工质量	建设、施工、监理单位	幕墙所采用的结构粘结材料符合设计和规范要求	《玻璃幕墙工程技术规范》(JGJ 102-2003)3.1.4、3.6.2、3.6.3	1. 硅酮结构密封胶生产商应提供其结构胶的变位承受能力数据和质量保证书。 2. 进口硅酮结构密封胶应具有商检报告。 3. 隐框和半隐框玻璃幕墙，其玻璃与铝型材的粘结必须采用中性硅酮结构密封胶；全玻幕墙和点支承幕墙采用镀膜玻璃时，不应采用酸性硅酮结构密封胶粘结。
8	实体施工质量	建设、施工、监理单位	应按设计和规范要求使用安全玻璃	《建筑玻璃应用技术规程》(JGJ 113-2015)7.1.1～7.1.5、8.2.2、9.1.2、10.1.1、11.1.1	1. 活动门玻璃、固定门玻璃和落地窗玻璃的选用应符合下列规定： (1)有框玻璃应使用符合《建筑玻璃应用技术规程》JGJ 113 表 7.1.1-1 规定的安全玻璃； (2)无框玻璃应使用公称厚度不小于 12 mm 的钢化玻璃。 2. 室内隔断应使用安全玻璃，且最大使用面积应符合《建筑玻璃应用技术规程》JGJ 113 表 7.1.1-1 的规定。 3. 人群集中的公共场所和运动场所中装配的室内隔断玻璃应符合下列规定： (1)有框玻璃应使用符合《建筑玻璃应用技术规程》JGJ 113 表 7.1.1-1 的规定，且公称厚度不小于 5 mm 的钢化玻璃或公称厚度不小于 6.38 mm 的夹层玻璃； (2)无框玻璃应使用符合《建筑玻璃应用技术规程》JGJ 113 表 7.1.1-1 的规定，且公称厚度不小于 10 mm 的钢化玻璃。 4. 浴室用玻璃应符合下列规定： (1)浴室内有框玻璃应使用符合《建筑玻璃应用技术规程》JGJ 113 表 7.1.1-1 的规定，且公称厚度不小于 8 mm 的钢化玻璃； (2)浴室内无框玻璃应使用符合《建筑玻璃应用技术规程》JGJ 113 表 7.1.1-1 的规定，且公称厚度不小于 12 mm 的钢化玻璃。 5. 室内栏板用玻璃应符合下列规定： (1)设有立柱和扶手，栏板玻璃作为镶嵌面板安装在护栏系统中，栏板玻璃应使用符合《建筑玻璃应用技术规程》JGJ 113 表 7.1.1-1 规定的夹层玻璃。

(续表)

编号	类别	实施对象	实施条款	实施依据	实施内容
8	实体施工质量	建设、施工、监理单位	应按设计和规范要求使用安全玻璃	《建筑玻璃应用技术规程》(JGJ 113-2015)7.1.1～7.1.5、8.2.2、9.1.2、10.1.1、11.1.1	(2)栏板玻璃固定在结构上且直接承受人体荷载的护栏系统，其栏板玻璃应符合下列规定： 1)当栏板玻璃最低点离一侧楼地面高度不大于 5 m 时，应使用公称厚度不小于 16.76 mm 钢化夹层玻璃。 2)当栏板玻璃最低点离一侧楼地面高度大于 5 m 时，不得采用此类护栏系统。 6. 屋面玻璃或雨篷玻璃必须使用夹层玻璃或夹层中空玻璃，其胶片厚度不应小于 0.76 mm。 7. 地板玻璃必须采用夹层玻璃，点支承地板玻璃必须采用钢化夹层玻璃。钢化玻璃必须进行均质处理。 8. 水下用玻璃应选用夹层玻璃。 9. 用于建筑外围护结构的 U 形玻璃，其外观质量应符合现行行业标准《建筑用 U 型玻璃》JC/T 867 优等品的规定，且应进行钢化处理。
				《建筑安全玻璃管理规定》发改运行〔2003〕2116 号第六条	建筑物需要以玻璃作为建筑材料的下列部位必须使用安全玻璃： (1)7 层及 7 层以上建筑物外开窗； (2)面积大于 1.5 m^2 的窗玻璃或玻璃底边离最终装修面小于 500 mm 的落地窗； (3)幕墙(全玻幕除外)； (4)倾斜装配窗、各类天棚(含天窗、采光顶)、吊顶； (5)观光电梯及其外围护； (6)室内隔断、浴室围护和屏风； (7)楼梯、阳台、平台走廊的栏板和中庭内拦板； (8)用于承受行人行走的地面板； (9)水族馆和游泳池的观察窗、观察孔； (10)公共建筑物的出入口、门厅等部位； (11)易遭受撞击、冲击而造成人体伤害的其他部位。

(续表)

编号	类别	实施对象	实施条款	实施依据	实施内容
9	实体施工质量	施工单位	重型设备严禁安装在吊顶工程的龙骨上	《建筑装饰装修工程质量验收标准》(GB 50210-2018)7.1.12及条文说明	禁止将3 kg以上的灯具、投影仪等重型设备和电扇、音箱等有震动荷载的设备安装在吊顶工程的龙骨上。
10	实体施工质量	建设、施工、监理单位	饰面砖粘贴牢固	《建筑装饰装修工程质量验收标准》(GB 50210-2018) 10.1.3、10.1.7、10.2.4、10.3.4、10.3.5	1. 饰面砖材料及其性能指标复验应包含以下内容: (1)水泥基粘接材料与所用外墙饰面砖的拉伸粘结强度; (2)外墙陶瓷饰面砖的吸水率; (3)室内用花岗石和瓷质饰面砖的放射性; (4)严寒及寒冷地区外墙陶瓷饰面砖的抗冻性。 2. 满粘法施工的内墙饰面砖应无裂缝,大面和阳角应无空鼓。 3. 外墙饰面砖施工前,应在待施工基层做样板,并对样板的饰面砖粘接强度进行检验。 4. 外墙饰面砖粘贴应牢固(检查外墙饰面砖粘接强度检验报告和施工记录),外墙饰面砖应无空鼓、裂缝。
				《建筑工程冬期施工规程》(JGJT 104-2011) 8.1.2、8.1.8	1. 冬期粘贴面砖所用的砂浆应采取保温、防冻措施。 2. 外墙饰面砖采用湿贴法作业时,不宜进行冬期施工。
11	实体施工质量	建设、施工、监理单位	饰面板安装符合设计和规范要求	《建筑装饰装修工程质量验收标准》(GB 50210-2018)9.2.3、9.2.4、9.3.3、9.4.2、9.5.2	1. 饰面板安装工程的龙骨、连接件的材质、数量、规格、位置、连接方法和防腐处理应符合设计和规范要求。饰面板安装应牢固。 2. 石板、陶瓷板安装工程的预埋件(或后置埋件)应符合设计要求。后置埋件的现场拉拔力应符合设计要求。 3. 采用满粘法施工的石板、陶瓷板工程,石板与基层之间的粘结料应饱满、无空鼓,石板粘结应牢固。

（续表）

编号	类别	实施对象	实施条款	实施依据	实施内容
12	实体施工质量	建设、施工、监理单位	护栏安装符合设计和规范要求	《建筑装饰装修工程质量验收标准》（GB 50210-2018）14.5.1～14.5.5	1. 护栏和扶手安装预埋件的数量、规格、位置以及护栏与预埋件的连接节点应符合设计要求。 2. 护栏和扶手制作与安装所使用材料的材质、规格、数量和木材、塑料的燃烧性能等级应符合设计和规范要求。 3. 护栏高度、栏杆间距、护栏和扶手的造型、尺寸及安装位置应符合设计要求。 4. 当栏板玻璃最低点离一侧楼地面高度大于 5 m 时，不得采用栏板玻璃直接承受人体荷载的护栏系统。 5. 安装防护栏杆时，应充分考虑建筑地面（或屋面）初装饰及二次装修对其实际使用高度的影响，确保防护栏杆有效使用高度满足设计要求。
				《民用建筑设计统一标准》（GB 50352-2019）6.7.3、6.7.4、6.8.8	1. 阳台、外廊、室内回廊、内天井、上人屋面及室外楼梯等临空处应设置防护栏杆，并应符合下列规定： (1)栏杆应以坚固、耐久的材料制作，并应能承受现行国家标准《建筑结构荷载规范》GB 50009 及其他国家现行相关标准规定的水平荷载。 (2)当临空高度在 24.0 m 以下时，栏杆高度不应低于 1.05 m；当临空高度在 24.0 m 及以上时，栏杆高度不应低于 1.1 m。上人屋面和交通、商业、旅馆、医院、学校等建筑临开敞中庭的栏杆高度不应小于 1.2 m。 (3)栏杆高度应从所在楼地面或屋面至栏杆扶手顶面垂直高度计算，当底面有宽度大于或等于 0.22 m，且高度低于或等于 0.45 m 的可踏部位时，应从可踏部位顶面起算。 (4)公共场所栏杆离地面 0.1 m 高度范围内不宜留空。 2. 住宅、托儿所、幼儿园、中小学及其他少年儿童专用活动场所的栏杆必须采取防止攀爬的构造。当采用垂直杆件做栏杆时，其杆件净间距不应大于 0.11 m。 3. 室内楼梯扶手高度自踏步前缘线量起不宜小于 0.9 m。楼梯水平栏杆或栏板长度大于 0.5 m 时，其高度不应小于 1.05 m。

第十一章　给排水与采暖工程

一、概述

给排水与采暖工程是建筑工程单位工程中的一个重要分部工程，其工程质量涉及建筑使用功能，因此必须加强该分部工程的质量控制。本章主要内容包括室内外建筑给排水、消防及采暖工程管道施工、设备及卫生洁具安装等分项工程中材料质量控制和施工质量控制、验收标准、检验方法等规范要求。

二、主要控制项及相关标准规范

编号	类别	实施对象	实施条款	实施依据	实施内容
1	实体施工质量	建设、施工、监理单位	管道安装符合设计和规范要求	《建筑给水排水及采暖工程施工质量验收规范》(GB 50242-2002) 3.3.7、3.3.15、4.1.2、4.2.1、4.2.2、4.2.10、5.2.1、5.2.5、8.2.7、8.2.9、10.2.1	1. 所有管道管材进场时应对其品种、规格、外观等进行验收，连接方式应符合设计要求。生活给水系统所涉及的材料必须达到饮用水卫生标准。 2. 支架的选型及管卡符合规范要求，管道支、吊、托架的安装，应符合下列规定： (1)位置正确，埋设应平整牢固； (2)固定支架与管道接触应紧密，固定牢靠； (3)滑动支架应灵活，滑托与滑槽两侧间应留有 3～5 mm 的间隙，纵向移动量应符合设计要求； (4)无热伸长管道的吊架、吊杆应垂直安装； (5)有热伸长管道的吊架、吊杆应向热膨胀的反方向偏移； (6)固定在建筑结构上的管道支、吊架不得影响结构的安全。 3. 管道的接口应符合下列规定： (1)管道采用粘接接口，管端插入承口的深度不得小于《建筑给水排水及采暖工程施工质量验收规范》GB 50242 表 3.3.15 的规定。 (2)采用橡胶圈接口的管道，允许沿曲线敷设，每个接口的最大偏转角不得超过 2°。 (3)法兰连接时衬垫不得凸入管内，其外边缘接近螺栓孔为宜。不得安放双垫或偏垫。法兰连接的螺栓，直径和长度应符合标准，拧紧后，突出螺母的长度不应大于螺杆直径的 1/2。

(续表)

编号	类别	实施对象	实施条款	实施依据	实施内容
1	实体施工质量	建设、施工、监理单位	管道安装符合设计和规范要求	《建筑给水排水及采暖工程施工质量验收规范》(GB 50242-2002)3.3.7、3.3.15、4.1.2、4.2.1、4.2.2、4.2.10、5.2.1、5.2.5、8.2.7、8.2.9、10.2.1	(4)螺纹连接管道安装后管螺纹根部应有2～3扣的外露螺纹,多余的麻丝应清理干净并做防腐处理; (5)卡箍(套)式连接两管口端应平整、无缝隙,沟槽应均匀,卡紧螺栓后管道应平直,卡箍(套)安装方向应一致。 4. 室内给水管道必须进行水压试验,试验压力必须符合设计要求。当设计未注明时,各种材质的给水管道系统试验压力均为工作压力的1.5倍,但不得小于0.6 MPa。 5. 给水系统交付使用前必须进行通水试验并做好记录。 6. 隐蔽或埋地的排水管道在隐蔽前必须做灌水试验,其灌水高度不低于底层卫生器具的上边缘或底层地面高度。 7. 排水管坡度必须符合设计及规范要求,严禁无坡或倒坡。 8. 排水主立管及水平干管管道均应做通球试验,通球球径不小于排水管道管径的2/3,通球率必须达到100%。 9. 水表安装: (1)水表应安装在便于检修、不受曝晒、污染和冻结的地方。安装螺翼式水表,表前与阀门应有不小于8倍水表接口直径的直线管段;表外壳距墙表面净距为10～30 mm;水表进水口中心标高按设计要求,允许偏差为±10 mm。 (2)卧式水表前后设角钢支承;立式水表上下设管卡;分户水表安装以设计选用图集为准,如设计无指定,可参照《建筑给水塑料管道安装通用详图》11S405-4相关要求执行。 10. 热表安装: (1)热量表、疏水器、除污器、过滤器及阀门的型号、规格、公称压力及安装位置应符合设计要求。 (2)采暖系统入口装置及分户热计量系统入户装置,应符合设计要求,安装位置应便于检修、维护和观察。 (3)户用热量表一般水平安装,如因空间限制,需要立式安装时,必须选用可立式安装热量表;热量表应根据公称流量选择,公称流量可按照设计流量取值;户用热量表安装以设计选用图集为准,如设计无指定,可参照《供热计量系统设计与安装》15K502中P48要求。

（续表）

编号	类别	实施对象	实施条款	实施依据	实施内容
1	实体施工质量	建设、施工、监理单位	管道安装符合设计和规范要求	《建筑给水塑料管道工程技术规程》(CJJ/T98-2014)3.1.1、3.1.2、3.1.4	1. 建筑给水塑料管道系统所采用的管材、管件和各种辅助材料等，应由管材生产企业配套供应。 2. 管材的颜色应均匀一致，与管材配套的管件颜色宜与管材一致。 3. 管件应由管材生产单位配套供应。
				《辐射供暖供冷技术规程》(JGJ 142-2012)5.4.3、5.4.6 条	1. 加热管应按设计图纸标定的管间距和走向敷设，加热供冷管应保持平直，管间距的安装误差不应大于 10 mm。加热管敷设前，应对照施工图纸核定加热供冷管的选型、管径、壁厚，并应检查加热管外观质量，管内部不得有杂质。加热管安装完毕时，敞口处应随时封堵。 2. 加热管弯曲敷设时应符合《辐射供暖供冷技术规程》JGJ 142 第 5.4.3 条规定。 3. 埋设于填充层内的加热供冷管及输配管不应有接头。在铺设过程中管材出现损坏、渗漏等现象时，应当整根更换，不应拼接使用。施工验收后，发现加热管供冷或输配管损坏，需要增设接头时，应符合《辐射供暖供冷技术规程》JGJ 142 第 5.4.6 条规定。 4. 加热供冷管应设固定装置。加热供冷管弯头两端宜设固定卡；加热供冷管直管段固定点间距宜为 500～700 mm，弯曲管段固定点间距宜为 200～300 mm。 5. 加热供冷管或输配管穿墙时应设硬质套管。
				《建筑节能工程施工质量验收规范》(GB 50411-2019)9.2.6、9.2.9	1. 散热器恒温阀及其安装应符合下列规定： (1)恒温阀的规格、数量应符合设计要求； (2)明装散热器恒温阀不应安装在狭小和封闭空间，其恒温阀阀头应水平安装，且不应被散热器、窗帘或其他障碍物遮挡； (3)暗装散热器的恒温阀应采用外置式温度传感器，并应安装在空气流通且能正确反映房间温度的位置上。 2. 供暖管道保温层和防潮层的施工应符合下列规定： (1)保温材料的燃烧性能、材质及厚度等应符合设计要求；

（续表）

编号	类别	实施对象	实施条款	实施依据	实施内容
1	实体施工质量	建设、施工、监理单位	管道安装符合设计和规范要求	《建筑节能工程施工质量验收规范》（GB 50411-2019）9.2.6、9.2.9	(2)保温管壳的捆扎、粘贴应牢固，铺设应平整；硬质或半硬质的保温管壳每节至少应采用防腐金属丝、耐腐蚀织带或专用胶带捆扎2道，其间距为300～350 mm，且捆扎应紧密，无滑动、松弛及断裂现象。 (3)硬质或半硬质保温管壳的拼接缝隙不应大于5 mm，并应用粘结材料勾缝填满；纵缝应错开，外层的水平接缝应设在侧下方。 (4)松散或软质保温材料应按规定的密度压缩其体积，疏密应均匀，搭接处不应有空隙。 (5)防潮层应紧密粘贴在保温层上，封闭良好，不得有虚粘、气泡、褶皱、裂缝等缺陷；防潮层外表面搭接应顺水。 (6)立管的防潮层应由管道的低端向高端敷设，环向搭接缝应朝向低端；纵向搭接缝应位于管道的侧面，并顺水。 (7)卷材防潮层采用螺旋形缠绕的方式施工时，卷材的搭接宽度宜为30～50 mm。 (8)阀门及法兰部位的保温应严密，且能单独拆卸并不得影响其操作功能。
1	实体施工质量	建设、施工、监理单位	管道安装符合设计和规范要求	《建筑机电抗震技术规程》（DB37/T 5132-2019）4.1.4-3、5.1.4-4	1. 室内给水、热水以及消防管道管径大于或等于DN65的水平管道，应设置抗震支撑。 2. 锅炉房、制冷机房、热交换站内的管道应有可靠的侧向和纵向抗震支撑。多根管道共用支吊架或管径大于等于300 mm的单根管道支吊架，宜采用门型抗震支吊架。
2	实体施工质量	建设、施工、监理单位	地漏水封深度符合设计和规范要求	《建筑给排水设计标准》（GB 5015-2019）4.3.11	水封装置的水封深度不得小于50 mm，严禁采用活动机械活瓣替代水封，严禁采用钟式结构地漏。

（续表）

编号	类别	实施对象	实施条款	实施依据	实施内容
3	实体施工质量	建设、施工、监理单位	PVC管道的阻火圈、伸缩节等附件安装符合设计和规范要求	《建筑给水排水及采暖工程施工质量验收规范》（GB 50242-2002）5.2.4	1. 塑料排水管道应根据其管道的伸缩量设置伸缩节，伸缩节宜设置在汇合配件处。排水横管应设置专用伸缩节。如设计无要求时，伸缩节间距不得大于4 m。 2. 当建筑塑料排水管穿越楼层、防火墙、管道井井壁时，应根据建筑物性质、管径和设置条件以及穿越部位防火等级等要求设置阻火装置。
				《建筑排水塑料管道工程技术规程》（CJJ/T29-2010）4.1.3、4.1.4、4.1.11	1. 敷设在高层建筑室内的塑料排水管道，当管径大于等于110 mm时，应在下列位置设置阻火圈： (1)明敷立管穿越楼层的贯穿部位； (2)横管穿越防火分区的隔墙和防火墙的两侧； (3)横管穿越管道井井壁或管窿维护墙体的贯穿部位外侧。 2. 阻火圈应符合现行行业标准《硬聚氯乙烯建筑排水管道阻火圈》GA304的规定。 3. 建筑排水塑料管道应根据管道的纵向变形伸缩量设置伸缩节，伸缩节宜设置在管道的汇合管件处。排水横管应采用专用的承压式伸缩节。
4	实体施工质量	建设、施工、监理单位	管道穿越楼板、墙体时的处理符合设计和规范要求	《建筑给水排水及采暖工程施工质量验收规范》（GB 50242-2002）3.3.3、3.3.13	1. 地下室或地下构筑物外墙有管道穿过的，应采取防水措施。对有严格防水要求的建筑物，必须采用柔性防水套管。 2. 管道穿过墙壁和楼板，应设置金属或塑料套管。 3. 安装在楼板内的套管，其顶部应高出装饰地面20 mm；安装在卫生间及厨房内的套管，其顶部应高出装饰地面50 mm，底部应与楼板底面相平；安装在墙壁内的套管其两端与饰面相平。 4. 穿过楼板的套管与管道之间缝隙应用阻燃密实材料和防水油膏填实，端面光滑。穿墙套管与管道之间缝隙宜用阻燃密实材料填实，且端面应光滑。 5. 管道的接口不得设在套管内。

(续表)

编号	类别	实施对象	实施条款	实施依据	实施内容
5	实体施工质量	建设、施工、监理单位	室内外消火栓安装符合设计和规范要求	《建筑给水排水及采暖工程施工质量验收规范》(GB 50242-2002) 4.3.1、4.3.2、4.3.3、9.3.3、9.3.4、9.3.5	1. 室内消火栓系统安装完成后应取屋顶层(或水箱间内)试验消火栓和首层取二处消火栓做试射试验,达到设计要求为合格。试验用消火栓栓口处应设置压力表。 2. 安装消火栓水龙带,水龙带与水枪和快速接头绑扎好后,应根据箱内构造将水龙带挂放在箱内的挂钉、托盘或支架上。 3. 箱式消火栓的安装应符合下列规定: (1)栓口应朝外,并不应安装在门轴侧; (2)栓口中心距地面为 1.1 m,允许偏差±20 mm; (3)阀门中心距箱侧面为 140 mm,距箱后内表面为 100 mm,允许偏差±5 mm; (4)消火栓箱体安装的垂直度允许偏差为 3 mm; (5)消火栓箱门的开启不应小于 120°; (6)暗装的消火栓箱不应破坏隔墙的耐火性能。 4. 室外消火栓的位置标志应明显,栓口的位置应方便操作。室外消火栓当采用墙壁式时,如设计未要求,进、出水栓口的中心安装高度距地面应为 1.10 m,其上方应设有防坠落物打击的措施。 5. 室外消火栓的各项安装尺寸应符合设计要求,栓口安装设计允许偏差为±20 mm。 6. 地下式消防水泵接合器顶部进水口或地下式消火栓顶部出水口与消防井盖底面的距离不得大于 400 mm,井内应有足够的操作空间,并设爬梯。寒冷地区井内应做防冻保护。
				《消防给水及消火栓系统技术规范》(GB 50974-2014) 12. 2. 1-1、12.2.1-2、12.2.3	1. 消火栓系统施工前应对采用的主要设备、系统组件、管材管件及其他设备、材料进场进行检查,应符合国家现行相关产品标准的规定,并应具有出厂合格证或质量认证书;消火栓、消防水带、消防水枪、消防软管卷盘或轻便水龙等系统主要设备和组件,应经国家消防产品质量监督检验中心检测合格。 2. 消火栓的现场检验应符合《消防给水及消火栓系统技术规范》(GB 50974-2014)12.2.3 条规定。

（续表）

编号	类别	实施对象	实施条款	实施依据	实施内容
6	实体施工质量	建设、施工、监理单位	水泵安装牢固，平整度、垂直度等符合设计和规范要求	《建筑给水排水及采暖工程施工质量验收规范》（GB 50242-2002）4.4.1、4.4.2、4.4.6、4.4.7	1. 水泵就位前的基础混凝土强度、坐标、标高、尺寸和螺栓孔位置必须符合设计要求。 2. 立式水泵的减振装置不应采用弹簧减振器。 3. 离心式水泵安装的允许偏差应符合下列要求： (1)立式泵体垂直度允许偏差：0.1 mm； (2)卧式泵体水平度允许偏差：0.1 mm； (3)联轴器同心度轴向倾斜允许偏差：0.8 mm； (4)联轴器同心度径向位移允许偏差：0.1 mm； 4. 水泵运转应平稳，无异常噪声和振动。水泵运转的轴承温升必须符合设备说明书的规定。
				《消防给水及消火栓系统技术规范》（GB 50974-2014） 13.2.6、13.2.7	1. 消防水泵验收应符合下列要求： (1)消防水泵应运转平稳，应无不良噪声的震动。 (2)工作泵、备用泵、吸水管、出水管及出水管上的泄压阀、水锤消除设施、止回阀、信号阀等的规格、型号、数量，应符合设计要求；吸水管、出水管上的控制阀应锁定在常开位置，并应有明显标记。 2. 稳压泵验收应符合下列要求： (1)稳压泵的型号性能等应符合设计要求。 (2)稳压泵的控制应符合设计要求，并应有防治稳压泵频繁启动的技术措施。 (3)稳压泵在 1 h 内的启停次数应符合设计要求，并不宜大于 15 次/h。 (4)稳压泵供电应正常，自动手动启停应正常；关掉主电源，主、备电源应能正常切换。 (5)气压水罐的有效容积以及调节容积应符合设计要求，并应满足稳压泵的启停要求。

(续表)

编号	类别	实施对象	实施条款	实施依据	实施内容
7	实体施工质量	建设、施工、监理单位	仪表安装符合设计和规范要求	《建筑给水排水及采暖工程施工质量验收规范》(GB 50242-2002)6.2.5、8.2.7、13.4.2	1. 仪表的选型参数应当正确,供热锅炉系统压力表的刻度极限值,应大于或等于工作压力的1.5倍,表盘直径不得小于100 mm。 2. 热量表、疏水器、除污器、过滤器及阀门的型号、规格、公称压力及安装位置应符合设计要求。 3. 阀门应安装在便于观察和维护的位置。
				《自动化仪表工程施工及质量验收规范》(GB 50093-2013) 6. 1. 11、12.1.1	1. 仪表在安装和使用前应进行检查、校准和试验。 2. 仪表铭牌和仪表位号标识应齐全、牢固、清晰。
8	实体施工质量	建设、施工、监理单位	生活水箱安装符合设计和规范要求	《建筑给水排水及采暖工程施工质量验收规范》(GB 50242-2002)4.4.4、4.4.5、6.3.5	1. 水箱的选型和材料规格符合设计要求。 2. 水箱支架或底座安装,其尺寸及位置应符合设计规定,埋设平整牢固。 3. 敞口水箱的满水试验需静置24 h观察,不渗不漏;密闭水箱(罐)的水压试验在试验压力下10 min压力不降,不渗不漏。水箱在使用前应进行消毒。 4. 水箱溢流管和泄放管应设置在排水地点附近但不得与排水管直接连接,出口应设网罩。
9	实体施工质量	建设、施工、监理单位	气压给水或稳压系统应设置安全阀	《建筑给水排水设计标准》(GB 50015-2019)3.5.13	安全阀阀前、阀后不得设置阀门,泄压口应连接管道将泄压水(气)引至安全地点排放。

第十二章　通风与空调工程

一、概述

通风与空调工程是建筑工程单位工程中的分部工程，其工程质量涉及建筑使用功能，随着人民生活水平提高，大家对空气质量的要求也随之提高，因此对该分部工程的安装质量控制十分重要。本章主要内容包含空调工程空调制冷水管、空调通风及排烟风管施工、设备安装、调试等分项工程中材料质量控制和施工质量控制、验收标准、检验方法等规范要求。

二、主要控制项及相关标准规范

编号	类别	实施对象	实施条款	实施依据	实施内容
1	实体施工质量	建设、施工、监理单位	风管加工的强度和严密性符合设计和规范要求	《通风与空调工程施工质量验收规范》(GB 50243-2016)4.1.2、4.1.6、4.2.1、4.3.1	1. 风管材料应满足设计及标准规范要求。 2. 金属风管法兰的焊缝应熔合良好；铆接连接时，铆接应牢固，翻边应平整、宽度应一致，且不应小于6 mm，法兰平面度的允许偏差为2 mm，同批量加工的相同规格法兰的螺孔排列应一致，并具有互换性。 3. 风管加工质量应通过工艺性的检测或验证，强度和严密性要求应符合现行国家标准《通风与空调工程施工质量验收规范》GB 50243中的相关规定。 4. 风管制作所用的板材、型材以及其他主要材料进场时应进行验收，质量应符合设计要求及国家现行标准的有关规定，并应提供出厂检验合格证明。工程中所选用的成品风管，应提供产品合格证书或进行强度和严密性的现场复验。 5. 风管的密封应以板材连接的密封为主，也可采用密封胶嵌缝与其他方法。密封胶的性能应符合使用环境的要求，密封面宜设在风管的正压侧。

(续表)

编号	类别	实施对象	实施条款	实施依据	实施内容
2	实体施工质量	建设、施工、监理单位	防火风管和排烟风管使用的材料应为不燃材料	《通风与空调工程施工质量验收规范》(GB 50243-2016)4.2.2、4.2.5、5.2.7	1. 防火风管的本体、框架与固定材料、密封垫料等必须采用不燃材料，防火风管的耐火极限时间应符合系统防火设计的规定。 2. 复合材料风管的覆面材料必须采用不燃材料，内层的绝热材料应采用不燃或难燃且对人体无害的材料。 3. 防排烟系统的柔性短管必须采用不燃材料。
				《建筑防烟排烟系统技术标准》(GB 51251-2017)4.4.7	排烟管道应采用不燃材料制作且内壁应光滑。排烟管道的厚度应按现行国家标准《通风与空调工程施工质量验收规范》GB 50243 的有关规定执行。
3	实体施工质量	建设、施工、监理单位	风机盘管和管道的绝热材料进场时，应取样复试合格	《建筑节能工程施工质量验收标准》(GB 50411-2019)10.2.2	1. 风机盘管机组和绝热材料进场时，应对其下列技术性能参数进行复验，复验应为见证取样送检。 (1)风机盘管机组的供冷量、供热量、风量、水阻力、功率及噪声； (2)绝热材料的导热系数或热阻、密度、吸水率。 2. 现场随机抽样送检；核查复验报告。同厂家的风机盘管机组数量在 500 台及以下时，抽检 2 台；每增加 1 000 台时增加抽检 1 台。同厂家、同材质的绝热材料，复验次数不得少于 2 次。 3. 风机盘管机组的供冷量、供热量、风量、水阻力、功率及噪声复检结果应满足设计要求，绝热材料的导热系数、密度、吸水率复检结果应满足设计要求。
4	实体施工质量	建设、施工、监理单位	风管系统的支架、吊架、抗震支架的安装符合设计和规范要求	《通风与空调工程施工质量验收规范》(GB 50243-2016)6.2.1、6.3.1	1. 预埋件位置应正确、牢固可靠，埋入部分应去除油污，且不得涂漆。 2. 风管系统支、吊架的形式和规格应按工程实际情况选用。风管直径大于 2 000 mm 或边长大于 2 500 mm 风管的支、吊架的安装要求，应按设计要求执行。 3. 风管支、吊架的安装应符合下列规定： (1)金属风管水平安装，直径或边长小于或等于 400 mm 时，支、吊架间距不应大于 4 m；大于 400 mm 时，间距不应大于 3 m。螺旋风管的支、吊架的间距可为 5 m 与 3.75 m；薄钢板法兰风管的支、吊架间距不应大于 3 m。垂直安装时，应设置至少 2 个固定点，支架间距不应大于 4 m。

（续表）

编号	类别	实施对象	实施条款	实施依据	实施内容
4	实体施工质量	建设、施工、监理单位	风管系统的支架、吊架、抗震支架的安装符合设计和规范要求	《通风与空调工程施工质量验收规范》(GB 50243-2016)6.2.1、6.3.1	(2)支、吊架的设置不应影响阀门、自控机构的正常动作，且不应设置在风口、检查门处，离风口和分支管的距离不宜小于 200 mm。 (3)悬吊的水平主、干风管直线长度大于 20 m时，应设置防晃支架或防止摆动的固定点。 (4)矩形风管的抱箍支架，折角应平直，抱箍应紧贴风管。圆形风管的支架应设托座或抱箍，圆弧应均匀，且应与风管外径一致。 (5)风管或空调设备使用的可调节减振支、吊架，拉伸或压缩量应符合设计要求。 (6)不锈钢板、铝板风管与碳素钢支架的接触处，应采取隔绝或防腐绝缘措施。 (7)边长(直径)大于 1 250 mm 的弯头、三通等部位应设置单独的支、吊架。
				《建筑机电抗震技术规程》(DB37/T 5132-2019)8.1.4、5.1.5-3、5.1.6	1. 抗震支、吊架应和结构主体可靠连接，与钢筋混凝土结构应采用锚栓连接，与钢结构应采用焊接或螺栓连接。 2. 矩形截面面积大于等于 0.38 m^2 和圆形直径大于等于 0.7 m 的风管系统可采用抗震支吊架。 3. 防排烟风道、事故通风风道及相关设备应采用抗震支吊架，其设置应满足设计规范要求。
5	实体施工质量	建设、施工、监理单位	风管穿过墙体或楼板时，应按要求设置套管并封堵密实	《通风与空调工程施工质量验收规范》(GB 50243-2016)6.2.2、6.3.2-6、6.2.3	1. 当风管穿过需要封闭的防火、防爆的墙体或楼板时，必须设置厚度不小于 1.6 mm 的钢制防护套管；风管与保护套管之间应采用不燃柔性材料封堵严密。 2. 外保温风管必需穿越封闭的墙体时，应加设套管。 3. 输送含有易燃、易爆气体的风管系统通过生活区或其他辅助生产房间时不得设置接口。

（续表）

编号	类别	实施对象	实施条款	实施依据	实施内容
6	实体施工质量	建设、施工、监理单位	水泵、冷却塔的技术参数和产品性能符合设计和规范要求	《通风与空调工程施工质量验收规范》（GB 50243-2016）3.0.3、8.2.1、9.2.6、11.2.2-2、11.2.2-3	1. 通风与空调工程所使用的主要原材料、成品、半成品和设备的材质、规格及性能应符合设计文件和国家现行标准的规定，不得采用国家明令禁止使用或淘汰的材料与设备。主要原材料、成品、半成品和设备的进场验收应符合下列规定： (1)进场质量验收应经监理工程师或建设单位相关责任人确认，并应形成相应的书面记录。 (2)进口材料与设备应提供有效的商检合格证明、中文质量证明等文件。 2. 制冷(热)设备、制冷附属设备产品性能和技术参数应符合设计要求，并应具有产品合格证书、产品性能检验报告。 3. 水泵、冷却塔的技术参数和产品性能参数，如水泵流量、扬程、功率、效率、噪声等，冷却塔进出水温降、循环水量、噪声、存水容积、电机功率等应满足设计及规范要求。 4. 水泵、冷却塔本体安装及连接附属管道、部件及设备安装应满足设计及规范要求。管道与水泵的连接应采用柔性接管，且应为无应力状态，不得有强行扭曲、强制拉伸等现象。 5. 水泵叶轮旋转方向应正确，应无异常震动和声响，紧固连接部位应无松动，电机运行功率应符合设备技术文件要求。水泵连续运转 2 h 滑动轴承外壳最高温度不得超过 70℃，滚动轴承不得超过 75℃。 6. 冷却塔设备试运行不应小于 2 h，运行应无异常，调试结果应满足规范及设计要求。
7	实体施工质量	建设、施工、监理单位	空调水管道系统应进行强度和严密性试验	《通风与空调工程施工质量验收规范》（GB 50243-2016）9.2.3	1. 空调水管道系统安装完毕，外观检查合格后，应按设计要求进行水压试验。 2. 当设计无要求时，应符合下列规定： (1)冷(热)水、冷却水与蓄能(冷、热)系统的试验压力，当工作压力≤1.0 MPa 时，应为 1.5 倍工作压力，最低不应小于 0.6 MPa；当工作压力>1.0 MPa 时，应为工作压力加 0.5 MPa。

(续表)

编号	类别	实施对象	实施条款	实施依据	实施内容
7	实体施工质量	建设、施工、监理单位	空调水管道系统应进行强度和严密性试验	《通风与空调工程施工质量验收规范》(GB 50243-2016)9.2.3	(2)系统最低点压力升至试验压力后,应稳压 10 min,压力下降不应大于 0.02 MPa,然后应将系统压力降至工作压力,外观检查无渗漏为合格。对于大型、高层建筑等垂直位差较大的冷(热)水、冷却水管道系统,当采用分区、分层试压时,在该部位的试验压力下,应稳压 10 min,压力不得下降,再将系统压力降至该部位的工作压力,在 60 min 内压力不得下降,外观检查无渗漏为合格。 (3)各类耐压塑料管的强度试验压力(冷水)应为 1.5 倍工作压力,且不应小于 0.9 MPa;严密性试验压力应为 1.15 倍的设计工作压力。 (4)凝结水系统采用通水试验,应以不渗漏,排水畅通为合格。
8	实体施工质量	建设、施工、监理单位	空调制冷系统、空调水系统与空调风系统的联合试运转及调试符合设计和规范要求	《通风与空调工程施工质量验收规范》(GB 50243-2016) 11.1.4、11.2.1、11.2.3、11.2.7、11.3.3	1. 通风与空调工程系统非设计满负荷条件下的联合试运转及调试,应在制冷设备和通风与空调设备单机试运转合格后进行。 2. 各子系统调试结果应满足设计和规范要求。如制冷系统供回水温度、水量,空调水系统平衡测试,空调风系统风量及风平衡等。 3. 空调制冷系统、空调水系统与空调风系统的非设计满负荷条件下的联合试运转及调试,正常运转不应少于 8 h,除尘系统不少于 2 h。 4. 空调制冷系统、空调水系统与空调风系统的联合试运转及调试符合设计和规范要求。联合试运行与调试不在制冷期或采暖期时,仅做不带冷(热)源的试运行与调试,并应在第一个制冷期或采暖期内补做。 5. 通风与空调工程安装完毕后应进行系统调试。系统调试应包括下列内容: (1)设备单机试运转及调试。 (2)系统非设计满负荷条件下的联合试运转及调试。 6. 系统非设计满负荷条件下的联合试运转及调试应符合下列规定: (1)系统总风量调试结果与设计风量的允许偏差应为$-5\%\sim+10\%$,建筑内各区域的压差应符合设计要求。 (2)变风量空调系统联合调试应符合下列规定: 1)系统空气处理机组应在设计参数范围内对风机实现变频调速; 2)空气处理机组在设计机外余压条件下,系统总风量应满足本条文第 1 款的要求,新风量的允许偏差应为$0\sim+10\%$;

(续表)

编号	类别	实施对象	实施条款	实施依据	实施内容
8	实体施工质量	建设、施工、监理单位	空调制冷系统、空调水系统与空调风系统的联合试运转及调试符合设计和规范要求	《通风与空调工程施工质量验收规范》(GB 50243-2016) 11. 1. 4、11.2.1、11. 2. 3、11. 2. 7、11.3.3	③变风量末端装置的最大风量调试结果与设计风量的允许偏差应为0～+15%； ④改变各空调区域运行工况或室内温度设定参数时，该区域变风量末端装置的风阀(风机)动作(运行)应正确； ⑤改变室内温度设定参数或关闭部分房间空调末端装置时，空气处理机组应自动正确地改变风量； ⑥应正确显示系统的状态参数。 (3)空调冷(热)水系统、冷却水系统的总流量与设计流量的偏差不应大于10%。 (4)制冷(热泵)机组进出口处的水温应符合设计要求。 (5)地源(水源)热泵换热器的水温与流量应符合设计要求。 (6)舒适空调与恒温、恒湿空调室内的空气温度、相对湿度及波动范围应符合或优于设计要求。 7. 空调系统非设计满负荷条件下的联合试运转及调试应符合下列规定： (1)空调水系统应排除管道系统中的空气，系统连续运行应正常平稳，水泵的流量、压差和水泵电机的电流不应出现10%以上的波动。 (2)水系统平衡调整后，定流量系统的各空气处理机组的水流量应符合设计要求，允许偏差应为15%；变流量系统的各空气处理机组的水流量应符合设计要求，允许偏差应为10%。 (3)冷水机组的供回水温度和冷却塔的出水温度应符合设计要求；多台制冷机或冷却塔并联运行时，各台制冷机及冷却塔的水流量与设计流量的偏差不应大于10%。 (4)舒适性空调的室内温度应优于或等于设计要求，恒温恒湿和净化空调的室内温、湿度应符合设计要求。 (5)室内(包括净化区域)噪声应符合设计要求，测定结果可采用Nc或dB(A)的表达方式。

（续表）

编号	类别	实施对象	实施条款	实施依据	实施内容
8	实体施工质量	建设、施工、监理单位	空调制冷系统、空调水系统与空调风系统的联合试运转及调试符合设计和规范要求	《通风与空调工程施工质量验收规范》(GB 50243-2016) 11.1.4、11.2.1、11.2.3、11.2.7、11.3.3	(6)环境噪声有要求的场所，制冷、空调设备机组应按现行国家标准《采暖通风与空气调节设备噪声声功率级的测定工程法》GB 9068 的有关规定进行测定。 (7)压差有要求的房间、厅堂与其他相邻房间之间的气流流向应正确。
				《建筑节能工程施工质量验收标准》(GB 50411-2019) 10.2.11、17.2.1、17.2.2	1. 通风与空调系统安装完毕，应进行通风机和空调机组等设备的单机试运转和调试，并应进行系统的风量平衡调试。单机试运转和调试结果应符合设计要求；系统的总风量与设计风量的允许偏差不应大于 10%，风口的风量与设计风量的允许偏差不应大于 15%。 2. 通风与空调工程安装调试完成后，应有建设单位委托具有相应资质的检测机构进行系统节能性能检验并出具报告，受季节影响未进行的节能性能检验项目，应在保修期补做。 3. 通风与空调节能工程的设备系统节能性能检测应符合《建筑节能工程施工质量验收标准》GB 50411 表 17.2.2 的规定。
9	实体施工质量	建设、施工、监理单位	防排烟系统联合试运行与调试后的结果符合设计和规范要求	《建筑防烟排烟系统技术标准》(GB 51251-2017)7.1.1、7.1.5	1. 系统调试应在系统施工完成及与工程有关的火灾自动报警系统及联动控制设备调试合格后进行。 2. 系统调试应包括设备单机调试和系统联动调试，单机调试、系统联动调试内容应分别满足《建筑防烟排烟系统技术标准》GB 51251 中 7.2、7.3 规定。 3. 防排烟系统联合试运行与调试后的结果，应符合设计要求及国家现行标准的有关规定。

第十三章　建筑电气工程

一、概述

建筑电气工程是建筑工程单位工程中的一个重要分部工程，其工程质量涉及建筑安全和使用功能等，随着社会发展，建筑物用电设备的日益增多，大家对用电的可靠性、安全性也日益提高，对电气工程分部工程的安装质量控制也越来越重要。本章主要内容是建筑电气工程施工质量验收规范中的强制性条款要求，它主要包括建筑电气配管、穿线、配电箱安装、防雷、接地、灯具、开关、插座、设备安装、调试等分项工程中材料质量控制和施工质量控制、验收标准、检验方法等规范要求。

二、主要控制项及相关标准规范

编号	类别	实施对象	实施条款	实施依据	实施内容
1	实体工程质量	建设、施工、监理单位	除临时接地装置外，接地装置应采用热镀锌钢材	《电气装置安装工程接地装置施工及验收规范》（GB 50169-2016）4.1.4、4.1.6	1. 接地装置材料选择应符合下列规定： (1)除临时接地装置外，接地装置采用钢材时均应热镀锌，水平敷设的应采用热镀锌的圆钢和扁钢，垂直敷设的应采用热镀锌的角钢、钢管或圆钢； (2)当采用扁铜带、铜绞线、铜棒、铜覆钢(圆线、纹线)、锌覆钢等材料作为接地装置时，其选择应符合设计要求； (3)不应采用铝导体作为接地极或接地线。 2. 接地极用热镀锌钢及锌覆钢的锌层厚度应满足设计的要求。
				《建筑电气工程施工质量验收规范》（GB 50303-2015）22. 1. 1、22.2.2、23.1.1	1. 接地装置在地面以上的部分，应按设计要求设置测试点，测试点不应被外墙饰面遮蔽，且应有明显标识。 2. 接地装置的焊接应采用搭接焊，除埋设在混凝土中的焊接接头外，应采取防腐措施，焊接搭接长度应符合下列规定： (1)扁钢与扁钢搭接不应小于扁钢宽度的2倍，且应至少三面施焊； (2)圆钢与圆钢搭接不应小于圆钢直径的6倍，且应双面施焊； (3)圆钢与扁钢搭接不应小于圆钢直径的6倍，且应双面施焊； (4)扁钢与钢管，扁钢与角钢焊接，应紧贴角钢外侧两面，或紧贴3/4钢管表面，上下两侧施焊。 3. 接地干线应与接地装置可靠连接。

(续表)

编号	类别	实施对象	实施条款	实施依据	实施内容
2	实体工程质量	建设、施工、监理单位	接地(PE)或接零(PEN)支线应单独与接地(PE)或接零(PEN)干线相连接	《电气装置安装工程接地装置施工及验收规范》(GB 50169-2016)4.2.9、4.12.6、4.12.7、4.12.8、4.12.9	1. 电气装置的接地必须单独与接地母线或接地网相连接,严禁在一条接地线中串接两个及两个以上需要接地的电气装置。 2. 变电室或变压器室内高压电气装置外露导电部分,应通过环形接地母线或总等电位端子箱接地。 3. 低压电气装置外露导电部分,应通过电源的PE线接至装置内设的PE排接地。 4. 电气装置应设专用接地螺栓,防松装置应齐全,且有标识,接地线不得采用串接方式。接地线穿过墙、地面、楼板等处时,应有足够坚固的保护措施。
3	实体工程质量	建设、施工、监理单位	接闪器与防雷引下线、防雷引下线与接地装置应可靠连接。	《建筑物防雷工程施工与质量验收规范》(GB 50601-2010)3.2.3、5.1.2、6.1.1	1. 除设计要求外,兼做引下线的承力钢结构构件、混凝土梁、柱内钢筋与钢筋的连接,应采用土建施工的绑扎法或螺丝扣的机械连接,严禁热加工连接。 2. 建筑物顶部和外墙上的接闪器必须与建筑物栏杆、旗杆、吊车梁管道、设备、太阳能热水器、门窗、幕墙支架等外露的金属物进行电气连接。 3. 引下线固定支架应固定可靠,每个固定支架应能承受49 N的垂直拉力。固定支架的高度不宜小于150 mm,固定支架应均匀,引下线和接闪导体固定支架的间距应符合:矩形导体和纹线单根导体固定支架的间距500 mm,圆形单根导体固定支架的间距1 000 mm。
				《建筑电气工程施工质量验收规范》(GB 50303-2015)24.1.1、24.1.2、24.1.3、24.1.4	1. 接闪器、防雷引下线的布置、安装数量和连接方式应符合设计要求。 2. 接闪器与防雷引下线必须采用焊接或卡接器连接,防雷引下线与接地装置必须采用焊接或螺栓连接。 3. 当利用建筑物金属屋面或屋顶上旗杆、栏杆、装饰物、铁塔、女儿墙上的盖板等永久性金属物做接闪器时,其材质及截面应符合设计要求,建筑物金属屋面板间的连接、永久性金属物各部件之间的连接应可靠、持久。 4. 当接闪带或接闪网跨越建筑物变形缝时,应采取补偿措施。

（续表）

编号	类别	实施对象	实施条款	实施依据	实施内容
4	实体工程质量	建设、施工、监理单位	电动机等外露可导电部分应与保护导体可靠连接	《建筑电气工程施工质量验收规范》（GB 50303-2015）3.1.7、6.1.1、25.1.2	1. 电气设备的外露可导电部分应单独与保护导体相连接，不得串联连接，连接导体的材质、截面积应符合设计要求。 2. 电动机、电加热器及电动执行机构的外露可导电部分必须与保护导体可靠连接。 3. 采用螺栓连接时，其螺栓、垫圈、螺母等应为热镀锌制品，防松零件齐全，且应连接牢固。
5	实体工程质量	建设、施工、监理单位	母线槽与分支母线槽应与保护导体可靠连接	《建筑电气工程施工质量验收规范》（GB 50303-2015）10. 1. 1、25.1.2	1. 母线槽与分支母线槽的金属外壳等外露可导电部分应与保护导体直接连接，不得串联连接，并应符合下列规定： (1)每段母线槽的金属外壳间应连接可靠，且母线槽全长与保护导体可靠连接不应少于 2 处； (2)分支母线槽的金属外壳末端应与保护导体可靠连接； (3)连接导体的材质、截面积应符合设计要求。 2. 采用螺栓连接时，其螺栓、垫圈、螺母等应为热镀锌制品，防松零件齐全，且应连接牢固。
6	实体工程质量	建设、施工、监理单位	金属梯架、托盘或槽盒本体之间的连接符合设计要求	《建筑电气工程施工质量验收规范》（GB 50303-2015）11. 1. 1、13.1.1、25.1.2	1. 金属梯架、托盘或槽盒本体之间的连接应牢固可靠，与保护导体的连接应符合下列规定： (1)梯架、托盘和槽盒全长不大于 30 m 时，不应少于 2 处与保护导体可靠连接；全长大于 30 m 时，每隔 20～30 m 应增加一个连接点，起始端和终点端均应可靠接地。 (2)非镀锌梯架、托盘或槽盒本体之间连接板的两端应跨接保护联结导体，保护联结导体截面积符合设计要求。 (3)镀锌梯架、托盘和槽盒本体之间不跨接保护联结导体时，连接板每端不应少于 2 个有防松螺帽或防松垫圈的连接固定螺栓。 2. 金属电缆支架必须与保护导体可靠连接。 3. 采用螺栓连接时，其螺栓、垫圈、螺母等应为热镀锌制品，防松零件齐全，且应连接牢固。

(续表)

编号	类别	实施对象	实施条款	实施依据	实施内容
7	实体工程质量	建设、施工、监理单位	交流单芯电缆或分相后的每相电缆不得单根穿于钢导管内，固定用的夹具和支架不应形成闭合磁路	《建筑电气工程施工质量验收规范》(GB 50303-2015) 13.1.5、14.1.1	1. 电缆敷设时，交流单芯电缆或分相后的每相电缆不得单根独穿于钢导管内，固定用的夹具和支架不应形成闭合磁路。 2. 同一交流回路的绝缘导线不应敷设于不同的金属槽盒内或穿于不同金属导管内。
8	实体工程质量	建设、施工、监理单位	灯具的安装符合设计要求	《建筑电气工程施工质量验收规范》(GB 50303-2015) 3.2.10、18.1.1、18.1.2、18.1.5、19.1.1、19.1.3、19.1.6	1. 照明灯具及附件的进场验收应符合下列规定：合格证内容应填写齐全、完整，灯具材质应符合设计要求和产品标准要求；新型气体放电灯应随带技术文件；太阳能灯具的内部短路保护、过载保护、反向放电保护、极性反接保护等功能性试验资料应齐全，并应符合设计要求。 2. 灯具固定应符合下列规定： (1)灯具固定应牢固可靠，在砌体和混凝土结构上严禁使用木楔、尼龙塞或塑料塞固定； (2)质量大于 10 kg 的灯具，固定装置及悬吊装置按灯具重量的 5 倍恒定均布载荷做强度试验，且持续时间不得少于 15 min； (3)质量大于 3 kg 的悬吊灯具，固定在螺栓或预埋吊钩上，螺栓或预埋吊钩的直径不应小于灯具挂销直径，且不应小于 6 mm。 3. Ⅰ类灯具外露可导电部分必须采用铜芯软导线与保护导体可靠连接，连接处应设置接地标识，铜芯软导线的截面积应与进入灯具的电源线截面积相同。 4. 应急灯具安装应符合下列规定：消防应急照明回路设置应符合防火分区设置的要求，穿越不同防火分区时采取防火隔堵措施；疏散标志指示类灯具设置不应影响正常通行，且不应在其周围设置易混同疏散标志灯的其他标志牌。 5. 景观照明灯具安装应符合下列规定：在人行道等人员来往密集场所安装的落地式灯具，当无围栏防护时，灯具距地面高度应大于 2.5 m；金属构架及金属保护管应分别与保护导体采用焊接或者螺栓连接，连接处应设置接地标识。
				《建筑装饰装修工程质量验收标准》(GB 50210-2018)7.1.12	3 kg 以上的灯具、投影仪等重型设备和电扇、音箱等有振动荷载的设备严禁安装在吊顶工程的龙骨上，应另设独立吊杆安装在结构上。

（续表）

编号	类别	实施对象	实施条款	实施依据	实施内容
9	实体工程质量	建设、施工、监理单位	配电箱配线整齐、压接可靠、标识清晰	《建筑电气工程施工质量验收规范》(GB 50303-2015)5.1.12、5.2.10	1. 照明配电箱(盘)内配线应整齐、无铰接现象；导线连接应紧密、不伤线芯、不断股；垫圈下螺丝两侧压的导线截面积应相同，同一电器端子上的导线连接不应多于 2 根，防松垫圈等零件应齐全；箱(盘)内开关动作应灵活可靠；分别设置中性导体(N)和保护接地导体(PE)汇流排。 2. 照明配电箱(盘)箱体开孔应与导管管径适配，暗装配电箱箱体应紧贴墙面，箱(盘)涂层应完整；箱(盘)内回路编号应齐全，标识应正确；箱(盘)应采用不燃材料制作；箱(盘)应安装牢固、位置正确、部件齐全，安装高度应符合设计要求。
10	实体工程质量	建设、施工、监理单位	卫生间等电位设置符合设计要求	《建筑电气工程施工质量验收规范》(GB 50303-2015) 25. 1. 1、25. 1. 2、25.2.1、25.2.2	1. 建筑物等电位联结的范围、形式、方法、部位及联结导体的材料和截面积应符合设计要求。 2. 需做等电位联结的外露可导电部分或外界可导电部分的连接应可靠。 3. 需做等电位联结的卫生间内金属部件或零件的外界可导电部分，应设置专用接线螺栓与等电位联结导体连接，并应设置标识；连接处螺帽应紧固、防松零件应齐全。 4. 当等电位联结导体在地下暗敷时，其导体间的连接不得采用螺栓压接。
11	实体工程质量	建设、施工、监理单位	金属导管接地跨接符合规范要求，电线电缆敷设应满足设计及规范要求	《建筑电气工程施工质量验收规范》(GB 50303-2015) 12. 1. 1、12. 1. 2、12.2.8、14. 1. 1、14. 1. 2、14.1.3、14.2.1、14.2.4	1. 金属导管应与保护导体可靠连接，以专用接地卡固定的保护联结导体应为铜芯软导线，截面积不应小于 4 mm^2；以熔焊焊接的保护联结导体宜为圆钢，直径不应小于 6 mm，其搭接长度应为圆钢直径的 6 倍。 2. 钢导管不得采用对口熔焊连接；镀锌钢导管或壁厚小于或等于 2 mm 的钢导管，不得采用套管熔焊连接。 3. 刚性导管经柔性导管与电气设备、器具连接时，柔性导管的长度在动力工程中不宜大于 0.8 m，在照明工程中不宜大于 1.2 m。可弯曲金属导管和金属柔性导管不应做保护导体的接续导体。 4. 同一交流回路的绝缘导线不应敷设于不同的金属槽盒内或穿于不同金属导管内。

（续表）

编号	类别	实施对象	实施条款	实施依据	实施内容
11	实体工程质量	建设、施工、监理单位	金属导管接地跨接符合规范要求，电线电缆敷设应满足设计及规范要求	《建筑电气工程施工质量验收规范》（GB 50303-2015）12.1.1、12.1.2、12.2.8、14.1.1、14.1.2、14.1.3、14.2.1、14.2.4	5. 除设计要求以外，不同回路、不同电压等级和交流与直流线路的绝缘导线不应穿于同一导管内。 6. 绝缘导线接头应设置在专用接线盒（箱）或器具内，不得设置在导管和槽盒内，盒（箱）的设置位置应便于检修。 7. 除塑料护套线外，绝缘导线应采取导管或槽盒保护，不可外露明敷。 8. 当采用多相供电时，同一建（构）筑物的绝缘导线绝缘层颜色应一致。
12	实体工程质量	建设、施工、监理单位	工序交接确认符合设计及规范要求	《建筑电气工程施工质量验收规范》（GB 50303-2015）3.1.4、3.1.5、3.3.6、3.3.17	1. 建筑电气动力工程的空载试运行和建筑电气照明工程负荷试运行前，应根据电气设备及相关建筑设备的种类、特性和技术参数等编制试运行方案或作业指导书，并应经施工单位审核同意、经监理单位确认后执行。 2. 高压的电气设备、布线系统以及继电保护系统必须交接试验合格。 3. 电气动力设备试验和试运行应符合下列规定： （1）电气动力设备试验前，其外露可导电部分应与保护导体完成连接，并经检查应合格； （2）通电前，动力成套配电（控制）柜、台、箱的交流工频耐压试验和保护装置的动作试验应合格； （3）空载试运行前，控制回路模拟动作试验应合格，盘车或手动操作检查电气部分与机械部分的转动或动作应协调一致。 4. 照明系统的测试和通电试运行应符合下列规定： （1）导线绝缘电阻测试应在导线接续前完成； （2）照明箱（盘）、灯具、开关、插座的绝缘电阻测试应在器具就位前或接线前完成； （3）通电试验前，电气器具及线路绝缘电阻应测试合格，当照明回路装有剩余电流动作保护器时，剩余电流动作保护器应检测合格； （4）备用照明电源或应急照明电源做空载自动投切试验前，应卸除负荷，有载自动投切试验应在空载自动投切试验合格后进行； （5）照明全负荷试验前，应确认上述工作应已完成。

（续表）

编号	类别	实施对象	实施条款	实施依据	实施内容
13	实体工程质量	建设、施工、监理单位	塑料护套线使用符合设计及规范要求	《建筑电气工程施工质量验收规范》(GB 50303-2015)15.1.1	塑料护套线严禁直接敷设在建筑物顶棚内、墙体内、抹灰层内、保温层内或装饰面内。
14	实体工程质量	建设、施工、监理单位	插座接线符合规范设计及规范要求	《建筑电气工程施工质量验收规范》(GB 50303-2015)20.1.3	插座接线应符合下列规定： 1. 对于单相两孔插座，面对插座的右孔或上孔应与相线连接，左孔或下孔应与中性导体(N)连接；对于单相三孔插座，面对插座的右孔应与相线连接，左孔应与中性导体(N)连接。 2. 单相三孔、三相四孔及三相五孔插座的保护接地导体(PE)应接在上孔；插座的保护接地导体端子不得与中性导体端子连接；同一场所的三相插座，其接线的相序应一致。 3. 保护接地导体(PE)在插座之间不得串联连接。 4. 相线与中性导体(N)不应利用插座本体的接线端子转接供电。 检查数量：按每检验批的插座型号各抽查5%，且均不得少于1套。 检查方法：观察检查并用专用测试工具检查。

第十四章　智能建筑工程

一、概述

智能建筑工程是建筑工程单位工程中的一个分部工程，其工程质量涉及建筑安全和使用功能等，随着高层建筑发展，建筑物智能建筑也日新月异，对智能建筑工程分部工程的安装质量控制也日益重要。本章主要包括建筑消防报警配管、穿线、设备安装、调试等分项工程中材料质量控制和施工质量控制、验收标准、检验方法等规范要求。

二、主要控制项及相关标准规范

编号	类别	实施对象	实施条款	实施依据	实施内容
1	实体施工质量	建设、施工、监理单位	紧急广播系统应按规定检查防火保护措施	《智能建筑工程施工质量验收规范》(GB 50339-2013)12.0.1、12.0.2	1. 公共广播系统包括业务广播、背景广播和紧急广播。检测和验收的范围应根据设计要求确定。 2. 当紧急广播系统具有火灾应急广播功能时，应检查传输线缆、槽盒和导管的防火保护措施。
				《火灾自动报警系统设计规范》(GB 50116-2013) 11.2.1、11.2.2、11.2.3、11.2.5	1. 火灾自动报系统的供电线路、消防联动控制线路应采用耐火铜芯电线电缆，报总线、消防应急广播和消防专用电话等传输线路应采用阻燃或阻燃耐火电线电缆。 2. 紧急广播系统的线路暗敷设时，应采用金属管、可挠(金属)电气导管或B1级以上的刚性塑料管保护，并应敷设在不燃烧体的结构层内，且保护层厚度不宜小于30 mm；线路明敷设时，应采用金属管、可挠(金属)电气导管或金属封闭线槽保护，所穿金属导管或封闭线槽应采取防火涂料等防火保护措施。 3. 不同电压等级的线缆不应穿入同一根保护管内，当合用同一线槽时，线槽内应有隔板分隔。

（续表）

编号	类别	实施对象	实施条款	实施依据	实施内容
2	实体施工质量	建设、施工、监理单位	火灾自动报警系统的主要设备应是通过国家认证（认可）的产品	《中华人民共和国消防法》(2019修正)第二十四条	消防产品必须符合国家标准;没有国家标准的,必须符合行业标准。依法实行强制性产品认证的消防产品,由具有法定资质的认证机构按照国家标准、行业标准的强制性要求认证合格后,方可生产、销售、使用。实行强制性产品认证的消防产品目录,由国务院产品质量监督部门会同国务院应急管理部制定并公布。
				《火灾自动报警系统施工及验收规范》(GB 50166-2019)2.2.1,2.2.2,2.2.3,2.2.4,2.2.5	1. 火灾自动报警系统设备及配件的规格、型号应符合设计要求。 2. 设备、材料及配件进入施工现场应有清单、使用说明书、质量合格证明文件、国家法定质检机构的检验报告等文件。火灾自动报警系统中的强制认证(认可)产品还应有认证(认可)证书和认证(认可)标识,有序列号的产品,序列号应清晰可见且可溯源。 3. 火灾自动报警系统的主要设备应是通过国家认证(认可)的产品。产品名称、型号、规格应与检验报告一致。 4. 火灾自动报警系统中非国家强制认证(认可)的产品名称、型号、规格应与检验报告一致。 5. 火灾自动报警系统设备及配件表面应无明显划痕、毛刺等机械损伤,紧固部位应无松动。 6. 设备、材料进场时必须检查验收,并经专业监理工程师核查确认方可用于施工。
3	实体施工质量	建设、施工、监理单位	火灾探测器不得被其他物体遮挡或掩盖	《火灾自动报警系统施工及验收规范》(GB 50166-2019)3.4.1、3.4.2	1. 点型感烟、感温火灾探测器的安装,应符合下列要求: (1)探测器至墙壁、梁边的水平距离,不应小于0.5 m; (2)探测器周围水平距离0.5 m内,不应有遮挡物; (3)探测器至空调送风口最近边的水平距离不应小于1.5 m,至多孔送风顶棚孔口的水平距离不应小于0.5 m; (4)点型感温火灾探测器的安装间距,不应超过10 m;点型感烟火灾探测器的安装间距,不应超过15 m;探测器至端墙的距离,不应大于安装间距的一半; (5)探测器宜水平安装,当确需倾斜安装时,倾斜角不应大于45°。

（续表）

编号	类别	实施对象	实施条款	实施依据	实施内容
3	实体施工质量	建设、施工、监理单位	火灾探测器不得被其他物体遮挡或掩盖	《火灾自动报警系统施工及验收规范》（GB 50166-2019）3.4.1、3.4.2	2. 线型红外光束感烟火灾探测器的安装，应符合下列要求： （1）当探测区域的高度不大于 20 m 时，光束轴线至顶棚的垂直距离宜为 0.3～1.0 m；当探测区域的高度大于 20 m 时，光束轴线距探测区域的地（楼）面高度不宜超过 20 m。 （2）发射器和接收器之间的探测区域长度不宜超过 100 m。 （3）相邻两组探测器光束轴线的水平距离不应大于 14 m；探测器光束轴线至侧墙水平距离不应大于 7 m，且不应小于 0.5 m。 （4）发射器和接收器之间的光路上应无遮挡物或干扰源。 （5）发射器和接收器应安装牢固，并不应产生位移。
4	实体施工质量	建设、设计、施工、监理单位	消防系统的线槽、导管的防火涂料应涂刷均匀	《建筑设计防火规范》（GB 50016-2014）10.1.10	消防配电线路应满足火灾时连续供电的需要。引至消防设备的供电线路当采用明敷设或者吊顶内敷设或架空地板内敷设时，应穿金属管或封闭式金属线槽保护，所穿金属管或金属封闭式线槽应采取防火保护措施。
				《民用建筑电气设计规范》（JGJ 16-2008）13.10.7	1. 消防联动控制、自动灭火控制、通讯、应急照明及紧急广播等线路，应采取穿金属管保护，当必须明敷设时，应在金属管上采取防火保护措施。 2. 配管表面防火涂料涂刷不得少于两遍，厚度均匀不得透底。
5	实体施工质量	建设、施工、监理单位	当与电气工程共用线槽时，应与电气工程的导线、电缆有隔离措施	《火灾自动报警系统施工及验收规范》（GB 50166-2019）3.2.4、3.2.5	1. 火灾自动报警系统应单独布线，系统内不同电压等级、不同电流类别的线路，不应布在同一管内或线槽的同一槽孔内。 2. 导线在管内或线槽内，不应有接头或扭结。导线的接头，应在接线盒内焊接或用端子连接。
				《火灾自动报警系统设计规范》（GB 50116-2013）11.2.4、11.2.5	1. 火灾自动报警系统用的电气竖井，宜与电力、照明用的低压配电线路电缆竖井分别设置。受条件限制必须合用时，应将火灾自动报警系统用的电缆和电力、照明用的低压配电线路电缆分别布置在竖井的两侧。 2. 不同电压等级的线缆不应穿入同一根保护管内，当合用同一线槽时，线槽内应有板分隔。共用线槽时，所有绝缘电线和电缆应具有与最高标称电压回路相同的绝缘等级，分别敷设在以不燃挡板分隔的不同槽孔内，共用的线槽、桥架应为防火桥架，桥架表面防火涂料厚度应符合标准要求。

第十五章　建筑材料进场检验资料

一、概述

建设、施工、监理单位应对进入施工现场的材料、构配件、器具及半成品等，按有关标准的要求进行检验，并对其质量达到合格与否作出确认，验收合格后方可使用。

二、主要控制项及相关标准规范

<table>
<tr><th>编号</th><th>类别</th><th>实施对象</th><th>实施条款</th><th>实施依据</th><th>实施内容</th></tr>
<tr><td rowspan="2">1</td><td rowspan="2">质量管理资料</td><td rowspan="2">建设、施工、监理单位</td><td rowspan="2">水泥</td><td>《混凝土结构通用规范》(GB 55008-2021)3.1.1</td><td>结构混凝土用水泥主要控制指标应包括凝结时间、安定性、胶砂强度和氯离子含量。水泥中使用的混合材品种和掺量应在出厂文件中明示。</td></tr>
<tr><td>《砌体结构通用规范》(GB 55007-2021)3.1.2、5.3.2</td><td>1. 砌体结构选用材料应符合下列规定：
(1)所用的材料应有产品出厂合格证书、产品性能型式检验报告；
(2)应对块材、水泥、钢筋、外加剂、预拌砂浆、预拌混凝土的主要性能进行检验，证明质量合格并符合设计要求；
(3)应根据块材类别和性能，选用与其匹配的砌筑砂浆。
2. 砌体结构工程施工质量应满足设计要求，施工质量验收尚应包括以下内容：
(1)水泥的强度及安定性评定；
(2)块材、砂浆、混凝土的强度评定；
(3)钢筋的品种、规格、数量和设置部位；
(4)砌体水平灰缝和竖向灰缝的砂浆饱满度；
(5)砌体的转角处、交接处、构造柱马牙槎砌筑质量；
(6)挡土墙泄水孔质量；
(7)与主体结构连接的后植钢筋轴向受拉承载力。</td></tr>
</table>

(续表)

编号	类别	实施对象	实施条款	实施依据	实施内容
2	质量管理资料	建设、施工、监理单位	钢筋	《混凝土结构通用规范》(GB 55008-2021)3.2.3、5.1.2	1. 对按一、二、三级抗震等级设计的房屋建筑框架和斜撑构件,其纵向受力普通钢筋性能应符合下列规定: (1)抗拉强度实测值与屈服强度实测值的比值不应小于 1.25; (2)屈服强度实测值与屈服强度标准值的比值不应大于 1.30; (3)最大力总延伸率实测值不应小于 9%。 2. 材料、构配件、器具和半成品应进行进场验收,合格后方可使用。
3	质量管理资料	建设、施工、监理单位	钢筋焊接、机械连接材料	《钢筋焊接及验收规程》(JGJ 18-2012)3.0.8、3.0.9	施焊的各种钢筋、钢板均应有质量证明书;焊条、焊丝、氧气、溶解乙炔、液化石油气、二氧化碳气体、焊剂应有产品合格证。 钢筋进场时,应按国家现行相关标准的规定抽取试件并作力学性能和重量偏差检验,检验结果必须符合国家现行有关标准的规定。 检验数量:按进场的批次和产品的抽样检验方案确定。 检验方法:检查产品合格证、出厂检验报告和进场复验报告。
				《钢筋机械连接技术规程》(JGJ 107-2016)7.0.1	工程应用接头时,应对接头技术提供单位提交的接头相关技术资料进行审查与验收,并应包括下列内容: 1. 工程所用接头的有效型式检验报告。 2. 连接件产品设计、接头加工安装要求的相关技术文件。 3. 连接件产品合格证和连接件原材料质量证明书。
4	质量管理资料	建设、施工、监理单位	砖、砌块	《砌体结构工程施工质量验收规范》(GB 50203-2011)3.0.1、5.1.2、5.1.3、9.2.1	1. 砌体结构工程所用的材料应有产品合格证书、产品性能型式检验报告,质量应符合国家现行有关标准的要求。块体、水泥、钢筋、外加剂尚应有材料主要性能的进场复验报告,并应符合设计要求。严禁使用国家明令淘汰的材料。 2. 用于清水墙、柱表面的砖,应边角整齐,色泽均匀。 3. 砌体砌筑时,混凝土多孔砖、混凝土实心砖、蒸压灰砂砖、蒸压粉煤灰砖等块体的产品龄期不应小于 28 d。 4. 烧结空心砖、小砌块和砌筑砂浆的强度等级应符合设计要求。 抽检数量:烧结空心砖每 10 万块为一验收批,小砌块每 1 万块为一验收批,不

（续表）

编号	类别	实施对象	实施条款	实施依据	实施内容
4	质量管理资料	建设、施工、监理单位	砖、砌块	《砌体结构工程施工质量验收规范》(GB 50203-2011)3.0.1、5.1.2、5.1.3、9.2.1	足上述数量时按一批计，抽检数量为1组。砂浆试块的抽检数量执行本规范第4.0.12条的有关规定。 检验方法：查砖、小砌块进场复验报告和砂浆试块试验报告。
				《砌体结构通用规范》(GB 55007-2021)5.3.2	砌体结构工程施工质量应满足设计要求，施工质量验收尚应包括以下内容： 1. 水泥的强度及安定性评定； 2. 块材、砂浆、混凝土的强度评定； 3. 钢筋的品种、规格、数量和设置部位； 4. 砌体水平灰缝和竖向灰缝的砂浆饱满度； 5. 砌体的转角处、交接处、构造柱马牙槎砌筑质量； 6. 挡土墙泄水孔质量； 7. 与主体结构连接的后植钢筋轴向受拉承载力。
5	质量管理资料	建设、施工、监理单位	搅拌混凝土、搅拌砂浆	《混凝土结构工程施工质量验收规范》(GB 50204-2015)7.3.3、7.3.4	1. 混凝土中氯离子含量和碱总含量应符合现行国家标准《混凝土结构设计规范》GB 50010的规定和设计要求。 检查数量：同一配合比的混凝土检查不应少于一次。 检验方法：检查原材料试验报告和氯离子、碱的总含量计算书。 2. 首次使用的混凝土配合比应进行开盘鉴定，其原材料、强度、凝结时间、稠度等应满足设计配合比的要求。 检查数量：同一配合比的混凝土检查不应少于一次。 检验方法：检查开盘鉴定资料和强度试验报告。
				《混凝土结构通用规范》(GB 55008-2021)5.4.2	应对结构混凝土强度等级进行检验评定，试件应在浇筑地点随机抽取。

(续表)

编号	类别	实施对象	实施条款	实施依据	实施内容
5	质量管理资料	建设、施工、监理单位	预拌混凝土、预拌砂浆	《预拌混凝土》(GB/T 14902-2012) 10.3.1～10.3.3	1.供方应按分部工程向需方提供同一配合比混凝土的出厂合格证。出厂合格证应至少包括以下内容:出厂合格证编号;合同编号;工程名称;需方;供方;供货日期;浇筑部位;混凝土标记;标记内容以外的技术要求;供货量(m^3);原材料的品种、规格、级别及检验报告编号;混凝土配合比编号;混凝土质量评定。 2. 交货时,需方应指定专人及时对供方所供预拌混凝土的质量、数量进行确认。 3. 供方应随每一辆运输车向需方提供该车混凝土的发货单,发货单应至少包括以下内容:合同编号;发货单编号;需方;供方;工程名称;浇筑部位;混凝土标记;本车的供货量(m^3);运输车号;交货地点;交货日期;发车时间和到达时间;供需(含施工方)双方交接人员签字。
				《预拌砂浆》(GB/T 25181-2010) 11.2.2、11.2.3	1. 交货时,供方应随每一运输车向需方提供所运送预拌砂浆的发货单,发货单应包括以下内容:合同编号;发货单编号;需方;供方;工程名称;砂浆标记;供货日期;供货量;供需双方确认手续;其他。 2. 供方提供发货单时应附上产品质量证明文件。
				《预拌砂浆应用技术规程》(JGJ/T 223-2010) 3.0.1、3.0.3、3.0.6、4.1.1、4.1.4	1. 预拌砂浆的品种选用应根据设计、施工等的要求确定。 2. 预拌砂浆施工前,施工单位应根据设计和工程要求及预拌砂浆产品说明书等编制施工方案,并应按施工方案进行施工。 3. 预拌砂浆抗压强度、实体拉伸粘结强度应按验收批进行评定。 4. 预拌砂浆进场时,供方应按规定批次向需方提供质量证明文件。质量证明文件应包括产品型式检验报告和出厂检验报告等。 5. 预拌砂浆外观、稠度检验合格后,应按本规程附录 A 的规定进行复验。

(续表)

编号	类别	实施对象	实施条款	实施依据	实施内容
6	质量管理资料	建设、施工、监理单位	钢结构用钢材、连接紧固材料、焊接材料	《钢结构通用规范》(GB 55006-2021)3.0.1、3.0.2、7.1.2、7.2.1	1. 钢结构工程所选用钢材的牌号、技术条件、性能指标均应符合国家现行有关标准的规定。 2. 钢结构承重构件所用的钢材应具有屈服强度,断后伸长率,抗拉强度和硫、磷含量的合格保证,在低温使用环境下尚应具有冲击韧性的合格保证;对焊接结构尚应具有碳或碳当量的合格保证。铸钢件和要求抗层状撕裂(Z 向)性能的钢材尚应具有断面收缩率的合格保证。焊接承重结构以及重要的非焊接承重结构所用的钢材,应具有弯曲试验的合格保证;对直接承受动力荷载或需进行疲劳验算的构件,其所用钢材尚应具有冲击韧性的合格保证。 3. 高强度大六角头螺栓连接副和扭剪型高强度螺栓连接副出厂时应分别随箱带有扭矩系数和紧固轴力(预拉力)的检验报告,并应附有出厂质量保证书。高强度螺栓连接副应按批配套进场并在同批内配套使用。 4. 钢结构焊接材料应具有焊接材料厂出具的产品质量证明书或检验报告。
7	质量管理资料	建设、施工、监理单位	预制构件	《混凝土结构工程施工质量验收规范》(GB 50204-2015)9.2.1、9.2.2	1. 预制构件的质量应符合国家现行相关标准的规定和设计的要求。 检查数量:全数检查。 检验方法:检查质量证明文件或质量验收记录。 2. 专业企业生产的预制构件进场时,预制构件结构性能检验应符合下列规定: (1)梁板类简支受弯预制构件进场时应进行结构性能检验。 (2)对其他预制构件,除设计有专门要求外,进场时可不做结构性能检验。 (3)对进场时不做结构性能检验的预制构件,应采取下列措施:施工单位或监理单位代表应驻厂监督生产过程;当无驻厂监督时,预制构件进场时应对其主要受力钢筋数量、规格、间距、保护层厚度及混凝土强度等进行实体检验。 检验数量:同一类型预制构件不超过 1 000 个为一批,每批随机抽取 1 个构件进行结构性能检验。 检验方法:检查结构性能检验报告或实体检验报告。

(续表)

编号	类别	实施对象	实施条款	实施依据	实施内容
7	质量管理资料	建设、施工、监理单位	预制构件	《装配式混凝土建筑技术标准》(GB/T 51231-2016)11.2.2	专业企业生产的预制构件进场时,预制构件结构性能检验应符合下列规定: 1. 梁板类简支受弯预制构件进场时应进行结构性能检验。 2. 对于不可单独使用的叠合板预制底板,可不进行结构性能检验。对叠合梁构件,是否进行结构性能检验、结构性能检验的方式应根据设计要求确定。 3. 对本条第1、2款之外的其他预制构件,除设计有专门要求外,进场时可不做结构性能检验。 4. 本条第1、2、3款规定中不做结构性能检验的预制构件,应采取下列措施:施工单位或监理单位代表应驻厂监督生产过程;当无驻厂监督时,预制构件进场时应对其主要受力钢筋数量、规格、间距、保护层厚度及混凝土强度等进行实体检验。 检验数量:同一类型预制构件不超过1 000个为一批,每批随机抽取1个构件进行结构性能检验。 检验方法:检查结构性能检验报告或实体检验报告。
8	质量管理资料	建设、施工、监理单位	灌浆套筒、灌浆料、座浆料	《钢筋套筒灌浆连接应用技术规程》(JGJ 355-2015)7.0.3、7.0.4、7.0.6	1. 灌浆套筒进厂(场)时,应抽取灌浆套筒检验外观质量、标识和尺寸偏差,检验结果应符合现行行业标准《钢筋连接用灌浆套筒》JG/T 398及《钢筋套筒灌浆连接应用技术规程》JGJ 355第3.1.2条的有关规定。 检查数量:同一批号、同一类型、同一规格的灌浆套筒,不超过1 000个为一批,每批随机抽取10个灌浆套筒。 检验方法:观察,尺量检查。 2. 灌浆料进场时,应对灌浆料拌合物30 min流动度、泌水率及3 d抗压强度、28 d抗压强度、3 h竖向膨胀率、24 h与3 h竖向膨胀率差值进行检验,检验结果应符合《钢筋套筒灌浆连接应用技术规程》JGJ 355第3.1.3条的有关规定。 检查数量:同一成分、同一批号的灌浆料,不超过50 t为一批,每批按现行行业标准《钢筋连接用套筒灌浆料》JG/T 408的有关规定随机抽取灌浆料制作试件。 检验方法:检查质量证明文件和抽样检验报告。

（续表）

编号	类别	实施对象	实施条款	实施依据	实施内容
8	质量管理资料	建设、施工、监理单位	灌浆套筒、灌浆料、座浆料	《钢筋套筒灌浆连接应用技术规程》（JGJ 355-2015）7.0.3、7.0.4、7.0.6	3. 灌浆套筒进厂（场）时，应抽取灌浆套筒并采用与之匹配的灌浆料制作对中连接接头试件，并进行抗拉强度检验，检验结果均应符合《钢筋套筒灌浆连接应用技术规程》JGJ 355 第 3.2.2 条的有关规定。 检查数量：同一批号、同一类型、同一规格的灌浆套筒，不超过 1 000 个为一批，每批随机抽取 3 个灌浆套筒制作对中连接接头试件。 检验方法：检查质量证明文件和抽样检验报告。
				《装配式混凝土建筑技术标准》（GB/T 51231-2016）11.3.4、11.3.5	1. 钢筋套筒灌浆连接及浆锚搭接连接用的灌浆料强度应符合国家现行有关标准的规定及设计要求。 检查数量：按批检验，以每层为一检验批；每工作班应制作 1 组且每层不应少于 3 组 40 mm×40 mm×160 mm 的长方体试件，标准养护 28 d 后进行抗压强度试验。 检验方法：检查灌浆料强度试验报告及评定记录。 2. 预制构件底部接缝坐浆强度应满足设计要求。 检查数量：按批检验，以每层为一检验批；每工作班同一配合比应制作 1 组且每层不应少于 3 组边长为 70.7 mm 的立方体试件，标准养护 28 d 后进行抗压强度试验。 检验方法：检查坐浆材料强度试验报告及评定记录。
9	质量管理资料	建设、施工、监理单位	预应力混凝土钢绞线、锚具、夹具	《混凝土结构通用规范》（GB 55008-2021）3.3.1、5.3.2	1. 预应力筋-锚具组装件静载锚固性能应符合下列规定： （1）组装件实测极限抗拉力不应小于母材实测极限抗拉力的 95%； （2）组装件总伸长率不应小于 2.0%。 2. 锚具或连接器进场时，应检验其静载锚固性能。由锚具或连接器、锚垫板和局部加强钢筋组成的锚固系统，在规定的结构实体中，应能可靠传递预加力。

(续表)

编号	类别	实施对象	实施条款	实施依据	实施内容
9	质量管理资料	建设、施工、监理单位	预应力混凝土钢绞线、锚具、夹具	《混凝土结构工程施工质量验收规范》(GB 50204-2015)6.2.3、6.2.6、6.2.7	1. 预应力钢绞线进场时,应进行防腐润滑脂量和护套厚度的检验,检验结果应符合现行行业标准《无粘结预应力钢绞线》JG 161 的规定。 经观察认为涂包质量有保证时,无粘结预应力筋可不作油脂量和护套厚度的抽样检验。 2. 预应力筋用锚具应和锚垫板、局部加强钢筋配套使用,锚具、夹具和连接器进场时,应按现行行业标准《预应力筋用锚具、夹具和连接器应用技术规程》JGJ 85 的相关规定对其性能进行检验,检验结果应符合该标准的规定。 锚具、夹具和连接器用量不足检验批规定数量的 50%,且供货方提供有效的试验报告时,可不作静载锚固性能试验。 3. 预应力筋进场时,应进行外观检查,其外观质量应符合下列规定: (1)有粘结预应力筋的表面不应有裂纹、小刺、机械损伤、氧化铁皮和油污等,展开后应平顺、不应有弯折。 (2)无粘结预应力钢绞线护套应光滑、无裂缝,无明显褶皱;轻微破损处应外包防水塑料胶带修补,严重破损者不得使用。 4. 预应力筋用锚具、夹具和连接器进场时,应进行外观检查,其表面应无污物、锈蚀、机械损伤和裂纹。
10	质量管理资料	建设、施工、监理单位	防水材料、防水混凝土	《地下防水工程质量验收规范》(GB 50208-2011)3.0.7	1. 对材料的外观、品种、规格、包装、尺寸和数量等进行检查验收,并经监理单位或建设单位代表检查确认,形成相应验收记录。 2. 对材料的质量证明文件进行检查,并经监理单位或建设单位代表检查确认,纳入工程技术档案。 3. 材料进场后应按《地下防水工程质量验收规范》GB 50208 附录 A 和附录 B 的规定抽样检验,检验应执行见证取样送检制度,并出具材料进场检验报告。 4. 材料的物理性能检验项目全部指标达到标准规定时,即为合格;若有一项指标不符合标准规定,应在受检产品中重新取样进行该项指标复验,复验结果符合标准规定,则判定该批材料为合格。

（续表）

编号	类别	实施对象	实施条款	实施依据	实施内容
10	质量管理资料	建设、施工、监理单位	防水材料、防水混凝土	《地下防水工程质量验收规范》（GB 50208-2011）4.1.11	防水混凝土抗渗性能应采用标准条件下养护混凝土抗渗试件的试验结果评定，试件应在混凝土浇筑地点随机取样后制作，并应符合下列规定： 1. 连续浇筑混凝土每 500 m^3 应留置一组 6 个抗渗试件，且每项工程不得少于两组；采用预拌混凝土的抗渗试件，留置组数应视结构的规模和要求而定； 2. 抗渗性能试验应符合现行国家标准《普通混凝土长期性能和耐久性能试验方法标准》GB/T 50082 的有关规定。
				《屋面工程质量验收规范》（GB 50207-2012）3.0.7	1. 应根据设计要求对材料的质量证明文件进行检查，并应经监理工程师或建设单位代表确认，纳入工程技术档案。 2. 应对材料的品种、规格、包装、外观和尺寸等进行检查验收，并应经监理工程师或建设单位代表确认，形成相应验收记录。 3. 防水材料进场检验项目及材料标准应符合《屋面工程质量验收规范》GB 50207 附录 A 和附录 B 的规定。材料进场检验应执行见证取样送检制度，并应提出进场检验报告。 4. 进场检验报告的全部项目指标均达到技术标准规定应为合格；不合格材料不得在工程中使用。
11	质量管理资料	建设、施工、监理单位	门窗	《建筑装饰装修工程质量验收标准》（GB 50210-2018）6.1.2、6.1.3	1. 门窗工程验收时应检查下列文件和记录： (1)门窗工程的施工图、设计说明及其他设计文件； (2)材料的产品合格证书、性能检验报告、进场验收记录和复验报告； (3)特种门及其配件的生产许可文件； (4)隐蔽工程验收记录； (5)施工记录。 2. 门窗工程应对下列材料及其性能指标进行复验： (1)人造木板门的甲醛释放量； (2)建筑外窗的气密性能、水密性能和抗风压性能。
				《建筑节能工程施工质量验收标准》（GB 50411-2019）6.1.2、6.2.2	1. 门窗节能工程应优先选用具有国家建筑门窗节能性能标识的产品。当门窗采用隔热型材时，应提供隔热型材所使用的隔断热桥材料的物理力学性能检测报告。 2. 门窗工程应对门窗节能性能进行见证取样和送检。

(续表)

编号	类别	实施对象	实施条款	实施依据	实施内容
12	质量管理资料	建设、施工、监理单位	外墙外保温系统的组成材料	《建筑节能工程施工质量验收标准》(GB 50411-2019)4.2.1	墙体节能工程使用的材料、构件应进行进场验收,验收结果应经监理工程师检查认可,且应形成相应的验收记录。各种材料和构件的质量证明文件与相关技术资料应齐全,并应符合设计要求和国家现行有关标准的规定。
				《建筑节能与可再生能源利用通用规范》(GB 55015-2021)3.1.9、6.2.1	1. 外墙保温工程应采用预制构件、定型产品或成套技术,并应具备同一供应商提供配套的组成材料和型式检验报告。型式检验报告应包括配套组成材料的名称、生产单位、规格塑号、主要性能参数。外保温系统型式检验报告还应包括耐候性和抗风压性能检验项目。 2. 墙体、屋面和地面节能工程采用的材料、构件和设备施工进场复验应包括下列内容: (1)保温隔热材料的导热系数或热阻、密度、压缩强度或抗压强度、吸水率、燃烧性能(不燃材料除外)及垂直于板面方向的抗拉强度(仅限墙体); (2)复合保温板等墙体节能定型产品的传热系数或热阻、单位面积质量、拉伸粘结强度及燃烧性能(不燃材料除外); (3)保温砌块等墙体节能定型产品的传热系数或热阻、抗压强度及吸水率; (4)墙体及屋面反射隔热材料的太阳光反射比及半球发射率; (5)墙体粘结材料的拉伸粘结强度; (6)墙体抹面材料的拉伸粘结强度及压折比; (7)墙体增强网的力学性能及抗腐蚀性能。
				《岩棉薄抹灰外墙外保温工程技术标准》(JGJ/T 480—2019)7.2.2	岩棉外保温工程使用的岩棉条或岩棉板及系统配套材料进场时,应对其性能进行复验。现场抽样的复验材料品种、数量以及项目应符合本标准附录D的规定,复验应为见证取样送验。 检查方法:随机抽样送检,检查复验报告。 检查数量:同厂家、同品种产品,扣除门窗洞后的保温墙面面积,在5 000 m^2 以内时应复验1次;当面积增加时,各项复检项目应按每增加5 000 m^2 增加1次;增加的面积不足规定数量时也应增加1次。 同项目、同施工单位且同时施工的多个单位工程,可合并计算墙体抽样面积。

（续表）

编号	类别	实施对象	实施条款	实施依据	实施内容
13	质量管理资料	建设、施工、监理单位	装饰装修工程材料	《建筑装饰装修工程质量验收标准》（GB 50210-2018）3.2.4	建筑装饰装修工程采用的材料、构配件应按进场批次进行检验。属于同一工程项目且同期施工的多个单位工程，对同一厂家生产的同批材料、构配件、器具及半成品，可统一划分检验批对品种、规格、外观和尺寸等进行验收，包装应完好，并应有产品合格证书、中文说明书及性能检验报告，进口产品应按规定进行商品检验。
14	质量管理资料	建设、施工、监理单位	幕墙工程的组成材料	《建筑装饰装修工程质量验收标准》（GB 50210-2018）11.1.2	幕墙工程验收时应检查下列文件和记录： 1. 幕墙工程的施工图、结构计算书、热工性能计算书、设计变更文件、设计说明及其他设计文件。 2. 建筑设计单位对幕墙工程设计的确认文件。 3. 幕墙工程所用材料、构件、组件、紧固件及其他附件的产品合格证书、性能检验报告、进场验收记录和复验报告。 4. 幕墙工程所用硅酮结构胶的抽查合格证明；国家批准的检测机构出具的硅酮结构胶相容性和剥离粘结性检验报告；石材用密封胶的耐污染性检验报告。 5. 后置埋件和槽式预埋件的现场拉拔力检验报告。 6. 封闭式幕墙的气密性能、水密性能、抗风压性能及层间变形性能检验报告。 7. 注胶、养护环境的温度、湿度记录；双组分硅酮结构胶的混匀性试验记录及拉断试验记录。 8. 幕墙与主体结构防雷接地点之间的电阻检测记录。 9. 隐蔽工程验收记录。 10. 幕墙构件、组件和面板的加工制作检验记录。 11. 幕墙安装施工记录。 12. 张拉杆索体系预拉力张拉记录。 13. 现场淋水检验记录。

(续表)

编号	类别	实施对象	实施条款	实施依据	实施内容
14	质量管理资料	建设、施工、监理单位	幕墙工程的组成材料	《建筑节能与可再生能源利用通用规范》(GB 55015-2021)6.2.2	建筑幕墙(含采光顶)节能工程采用的材料、构件和设备施工进场复验应包括下列内容: 1. 保温隔热材料的导热系数或热阻、密度、吸水率及燃烧性能(不燃材料除外); 2. 幕墙玻璃的可见光透射比、传热系数、太阳得热系数及中空玻璃的密封性能; 3. 隔热型材的抗拉强度及抗剪强度; 4. 透光、半透光遮阳材料的太阳光透射比及太阳光反射比。
15	质量管理资料	建设、施工、监理单位	给水、排水及采暖工程所用的管材、阀门、构(配)件和主要材料	《建筑给水排水及采暖工程施工质量验收规范》(GB 50242-2002)3.2.1、3.2.4	1. 建筑给水、排水及采暖工程所使用的主要材料、成品、半成品、配件、器具和设备必须具有中文质量合格证明文件,规格、型号及性能检测报告应符合国家技术标准或设计要求。进场时应做检查验收,并经监理工程师核查确认。 2. 阀门安装前,应作强度和严密性试验。试验应在每批(同牌号、同型号、同规格)数量中抽查10%,且不少于一个。对于安装在主干管上起切断作用的闭路阀门,应逐个作强度和严密性试验。
16	质量管理资料	建设、施工、监理单位	电气工程主要设备、材料、成品和半成品进场验收	《建筑电气工程施工质量验收规范》(GB 50303-2015)3.2.1、3.2.2、3.2.3、3.2.4、3.2.5	1. 主要设备、材料、成品和半成品应进场验收合格,并应做好验收记录和验收资料归档。当设计有技术参数要求时,应核对其技术参数,并应符合设计要求。 2. 实行生产许可证或强制性认证(CCC认证)的产品,应有许可证编号或CCC认证标志,并应抽查生产许可证或CCC认证证书的认证范围、有效性及真实性。 3. 新型电气设备、器具和材料进场验收时应提供安装、使用、维修和试验要求等技术文件。 4. 进口电气设备、器具和材料进场验收时应提供质量合格证明文件,性能检测报告以及安装、使用、维修、试验要求和说明等技术文件;对有商检规定要求的进口电气设备,尚应提供商检证明。

(续表)

编号	类别	实施对象	实施条款	实施依据	实施内容
16	质量管理资料	建设、施工、监理单位	电气工程主要设备、材料、成品和半成品进场验收	《建筑电气工程施工质量验收规范》(GB 50303-2015)3.2.1、3.2.2、3.2.3、3.2.4、3.2.5	5. 当主要设备、材料、成品和半成品的进场验收需进行现场抽样检测或因有异议送有资质试验室抽样检测时,应符合下列规定: (1)现场抽样检测:对于母线槽、导管、绝缘导线、电缆等,同厂家、同批次、同型号、同规格的,每批至少应抽取1个样本;对于灯具、插座、开关等电器设备,同厂家、同材质、同类型的,应各抽检3%,自带蓄电池的灯具应按5%抽检,且均不应少于1个(套)。 (2)因有异议送有资质的试验室而抽样检测:对于母线槽、绝缘导线、电缆、梯架、托盘、槽盒、导管、型钢、镀锌制品等,同厂家、同批次、不同种规格的,应抽检10%,且不应少于2个规格;对于灯具、插座、开关等电器设备,同厂家、同材质、同类型的,数量500个(套)及以下时应抽检2个(套),但应各不少于1个(套),500个(套)以上时应抽检3个(套)。 (3)对于由同一施工单位施工的同一建设项目的多个单位工程,当使用同一生产厂家、同材质、同批次、同类型的主要设备、材料、成品和半成品时,其抽检比例宜合并计算。 (4)当抽样检测结果出现不合格,可加倍抽样检测,仍不合格时,则该批设备、材料、成品或半成品应判定为不合格品,不得使用。 (5)应有检测报告。
				《建筑节能与可再生能源利用通用规范》(GB 55015-2021)6.3.2	配电与照明节能工程采用的材料、构件和设备施工进场复验应包括下列内容: 1. 照明光源初始光效; 2. 照明灯具镇流器能效值; 3. 照明灯具效率或灯具能效; 4. 照明设备功率、功率因数和谐波含量值; 5. 电线、电缆导体电阻值。

(续表)

编号	类别	实施对象	实施条款	实施依据	实施内容
17	质量管理资料	建设、施工、监理单位	采暖通风空调系统节能工程采用的散热器、保温材料、风机盘管	《建筑节能与可再生能源利用通用规范》(GB 55015-2021)6.3.1	供暖通风空调系统节能工程采用的材料、构件和设备施工进场复验应包括下列内容: 1. 散热器的单位散热量、金属热强度; 2. 风机盘管机组的供冷量、供热匮、风量、水阻力、功率及噪声; 3. 绝热材料的导热系数或热阻、密度、吸水率。
				《建筑节能工程施工质量验收标准》(GB 50411-2019)9.2.1、10.2.1、11.2.1	1. 供暖节能工程使用的散热设备、热计量装置、温度调控装置、自控阀门、仪表、保温材料等产品应进行进场验收,验收结果应经监理工程师检查认可,且应形成相应的验收记录。各种材料和设备的质量证明文件与相关技术资料应齐全,并应符合设计要求和国家现行有关标准的规定。 检验方法:观察、尺量检查,核查质量证明文件。 检查数量:全数检查。 2. 通风与空调节能工程使用的设备、管道、自控阀门、仪表、绝热材料等产品应进行进场验收,并应对下列产品的技术性能参数和功能进行核查。验收与核查的结果应经监理工程师检查认可,且应形成相应的验收记录。各种材料和设备的质量证明文件与相关技术资料应齐全,并应符合设计要求和国家现行有关标准的规定。 检验方法:观察、尺量检查,核查质量证明文件。 检查数量:全数检查。 3. 空调与供暖系统使用的冷热源设备及其辅助设备、自控阀门、仪表、绝热材料等产品应进行进场验收,并应对下列产品的技术性能参数和功能进行核查。验收与核查的结果应经监理工程师检查认可,且应形成相应的验收记录。各种材料和设备的质量证明文件与相关技术资料应齐全,并应符合设计要求和国家现行有关标准的规定。

(续表)

编号	类别	实施对象	实施条款	实施依据	实施内容
18	质量管理资料	建设、施工、监理单位	防烟、排烟系统柔性短管	《建筑防烟排烟系统技术标准》(GB 51251-2017)6.2.2-3	防烟、排烟系统柔性短管的制作材料必须为不燃材料。 检查数量:全数检查。 检查方法:直观检查与点燃试验,查验产品的质量合格证明文件、符合国家市场准入要求的文件。
				《通风与空调工程施工质量验收规范》(GB 50243-2016)3.0.3、5.2.7	1. 通风与空调工程所使用的主要原材料、成品、半成品和设备的材质、规格及性能应符合设计文件和国家现行标准的规定,不得采用国家明令禁止使用或淘汰的材料与设备。主要原材料、成品、半成品和设备的进场验收应符合下列规定: (1)进场质量验收应经监理工程师或建设单位相关责任人确认,并应形成相应的书面记录; (2)进口材料与设备应提供有效的商检合格证明、中文质量证明等文件。 2. 防排烟系统的柔性短管必须采用不燃材料。 检查数量:全数检查。 检查方法:观察检查、检查材料燃烧性能检测报告。

第十六章　施工试验检测资料

一、概述

建设、施工、监理单位应加强施工过程的质量控制，按有关标准的要求在结构实体上抽取试样，在现场进行检验或送至有相应检测资质的检测机构进行检验，检验合格后方可进行下一工序施工或分部分项工程质量验收。

二、主要控制项及相关标准规范

编号	类别	实施对象	实施条款	实施依据	实施内容
1	质量管理资料	建设、施工、监理单位	复合地基承载力检验报告及桩身完整性检验报告	《建筑地基基础工程施工质量验收标准》(GB 50202-2018)4.1.5、4.1.6	1. 砂石桩、高压喷射注浆桩、水泥土搅拌桩、土和灰土挤密桩、水泥粉煤灰碎石桩、夯实水泥土桩等复合地基的承载力必须达到设计要求。复合地基承载力的检验数量不应少于总桩数的0.5%，且不应少于3点。有单桩承载力或桩身强度检验要求时，检验数量不应少于总桩数的0.5%，且不应少于3根。 2. 复合地基中增强体的检验数量不应少于总数的20%。
2	质量管理资料	建设、施工、监理单位	工程桩承载力及桩身完整性检验报告	《建筑地基基础工程施工质量验收标准》(GB 50202-2018)5.1.5～5.1.7	1. 工程桩应进行承载力和桩身完整性检验。 2. 设计等级为甲级或地质条件复杂时，应采用静载试验的方法对桩基承载力进行检验，检验桩数不应少于总桩数的1%，且不应少于3根，当总桩数少于50根时，不应少于2根。在有经验和对比资料的地区，设计等级为乙级、丙级的桩基可采用高应变法对桩基进行竖向抗压承载力检测，检测数量不应少于总桩数的5%，且不应少于10根。 3. 工程桩的桩身完整性的抽检数量不应少于总桩数的20%，且不应少于10根。每根柱子承台下的桩抽检数量不应少于1根。

(续表)

<table>
<tr><th>编号</th><th>类别</th><th>实施对象</th><th>实施条款</th><th>实施依据</th><th>实施内容</th></tr>
<tr><td rowspan="2">3</td><td rowspan="2">质量管理资料</td><td rowspan="2">建设、施工、监理单位</td><td rowspan="2">混凝土、砂浆抗压强度试验报告及统计评定</td><td>《混凝土结构工程施工质量验收规范》(GB 50204-2015)7.1.1、附录C.0.2、附录C.0.3、</td><td>1. 混凝土强度应按现行国家标准《混凝土强度检验评定标准》GB/T 50107 的规定分批检验评定。划入同一检验批的混凝土，其施工持续时间不宜超过 3 个月。检验评定混凝土强度时，应采用 28 d 或设计规定龄期的标准养护试件。试件成型方法及标准养护条件应符合现行国家标准《普通混凝土力学性能试验方法标准》GB/T 50081 的规定。采用蒸汽养护的构件，其试件应先随构件同条件养护，然后再置入标准养护条件下继续养护至 28 d 或设计规定龄期。
2. 每组同条件养护试件的强度值应根据强度试验结果按现行国家标准《普通混凝土力学性能试验方法标准》GB/T 50081 的规定确定。
3. 对同一强度等级的同条件养护试件，其强度值应除以 0.88 后按现行国家标准《混凝土强度检验评定标准》GB/T 50107 的有关规定进行评定，评定结果符合要求时可判结构实体混凝土强度合格。</td></tr>
<tr><td>《砌体结构工程施工质量验收规范》(GB 50203-2011)4.0.12</td><td>砌筑砂浆试块强度验收时其强度合格标准应符合下列规定：
1. 同一验收批砂浆试块强度平均值应大于或等于设计强度等级值的 1.10 倍；
2. 同一验收批砂浆试块抗压强度的最小一组平均值应大于或等于设计强度等级值的 85%。
注：
(1)砌筑砂浆的验收批，同一类型、强度等级的砂浆试块不应少于 3 组；同一验收批砂浆只有 1 组或 2 组试块时，每组试块抗压强度平均值应大于或等于设计强度等级值的 1.10 倍；对于建筑结构的安全等级为一级或设计使用年限为 50 年及以上的房屋，同一验收批砂浆试块的数量不得少于 3 组。
(2)砂浆强度应以标准养护，28 d 龄期的试块抗压强度为准。
(3)制作砂浆试块的砂浆稠度应与配合比设计一致。</td></tr>
<tr><td>4</td><td>质量管理资料</td><td>建设、施工、监理单位</td><td>钢筋焊接、机械连接工艺试验报告</td><td>《钢筋焊接及验收规程》(JGJ 18-2012)4.1.3</td><td>在钢筋工程焊接开工之前，参与该项工程施焊的焊工必须进行现场条件下的焊接工艺试验，应经试验合格后，方准于焊接生产。</td></tr>
</table>

(续表)

编号	类别	实施对象	实施条款	实施依据	实施内容
4	质量管理资料	建设、施工、监理单位	钢筋焊接、机械连接工艺试验报告	《钢筋机械连接技术规程》(JGJ 107-2016)7.0.2	接头工艺检验应针对不同钢筋生产厂的钢筋进行，施工过程中更换钢筋生产厂或接头技术提供单位时，应补充进行工艺检验。工艺检验应符合下列规定： 1. 各种类型和型式接头都应进行工艺检验，检验项目包括单向拉伸极限抗拉强度和残余变形； 2. 每种规格钢筋接头试件不应少于3根； 3. 接头试件测量残余变形后可继续进行极限抗拉强度试验，并宜按《钢筋机械连接技术规程》JGJ 107 表 A.1.3 中单向拉伸加载制度进行试验； 4. 每根试件极限抗拉强度和3根接头试件残余变形的平均值均应符合《钢筋机械连接技术规程》JGJ 107 表 3.0.5 和表 3.0.7 的规定； 5. 工艺检验不合格时，应进行工艺参数调整，合格后方可按最终确认的工艺参数进行接头批量加工。
5	质量管理资料	建设、施工、监理单位	钢筋焊接连接、机械连接试验报告	《混凝土结构工程施工质量验收规范》(GB 50204-2015)5.4.2	钢筋采用机械连接或焊接连接时，钢筋机械连接接头、焊接接头的力学性能、弯曲性能应符合国家现行有关标准的规定。接头试件应从工程实体中截取。 检查数量：按现行行业标准《钢筋机械连接技术规程》JGJ 107 和《钢筋焊接及验收规程》JGJ 18 的规定确定。 检验方法：检查质量证明文件和抽样检验报告。
6	质量管理资料	建设、施工、监理单位	钢结构焊接工艺评定报告、焊缝内部缺陷检测报告	《钢结构通用规范》(GB 55006-2021)7.2.2、7.2.3、7.2.4	1. 首次采用的钢材、焊接材料、焊接方法、接头形式、焊接位置、焊后热处理制度以及焊接工艺参数、预热和后热措施等各种参数的组合条件，应在钢结构构件制作及安装施工之前按照规定程序进行焊接工艺评定，并制定焊接操作规程，焊接施工过程应遵守焊接操作规程规定。 2. 全部焊缝应进行外观检查。要求全焊透的一级、二级焊缝应进行内部缺陷无损检测，一级焊缝探伤比例应为100%，二级焊缝探伤比例应不低于20%。 3. 焊接质量抽样检验结果判定应符合以下规定： (1)除裂纹缺陷外，抽样检验的焊缝数不合格率小于2%时，该批验收合格；抽样检验的焊缝数不合格率大于5%时，该批验收不合格；抽样检验的焊缝数不

（续表）

编号	类别	实施对象	实施条款	实施依据	实施内容
6	质量管理资料	建设、施工、监理单位	钢结构焊接工艺评定报告、焊缝内部缺陷检测报告	《钢结构通用规范》(GB 55006-2021)7.2.2、7.2.3、7.2.4	合格率为2%～5%时，应按不少于2%探伤比例对其他未检焊缝进行抽检，且必须在原不合格部位两侧的焊缝延长线各增加一处，在所有抽检焊缝中不合格率不大于3%时，该批验收合格，大于3%时，该批验收不合格。 (2)当检验有1处裂纹缺陷时，应加倍抽查，在加倍抽检焊缝中未再检查出裂纹缺陷时，该批验收合格；检验发现多处裂纹缺陷或加倍抽查又发现裂纹缺陷时，该批验收不合格，应对该批余下焊缝的全数进行检验。 (3)批量验收不合格时，应对该批余下的全部焊缝进行检验。
7	质量管理资料	建设、施工、监理单位	高强度螺栓连接摩擦面抗滑移系数检验报告、抗剪型高强度螺栓紧固轴力复验报告、高强度大六角头螺栓连接副扭矩系数复验报告、终拧质量	《钢结构通用规范》(GB 55006-2021)7.1.3	高强度螺栓连接处的钢板表面处理方法与除锈等级应符合设计文件要求。摩擦型高强度螺栓连接摩擦面处理后应分别进行抗滑移系数试验和复验，其结果应达到设计文件中关于抗滑移系数的指标要求。
				《钢结构工程施工质量验收标准》(GB 50205-2020)6.3.3、6.3.4	1. 高强度螺栓连接副应在终拧完成1 h后、48 h内进行终拧质量检查，检查结果应符合本标准附录B的规定。 检查数量：按节点数抽查10%，且不少于10个，每个被抽查到的节点，按螺栓数抽查10%，且不少于2个。 检验方法：按本标准附录B执行。 2. 对于扭剪型高强度螺栓连接副，除因构造原因无法使用专用扳手拧掉梅花头者外，螺栓尾部梅花头拧断为终拧结束。未在终拧中拧掉梅花头的螺栓数不应大于该节点螺栓数的5%，对所有梅花头未拧掉的扭剪型高强度螺栓连接副应采用扭矩法或转角法进行终拧并做标记，且按本标准第6.3.3条的规定进行终拧质量检查。 检查数量：按节点数抽查10%，且不应小于10个节点，被抽查节点中梅花头未拧掉的扭剪型高强度螺栓连接副全数进行终拧扭矩检查。 检验方法：观察检查及按本标准附录B执行。

（续表）

编号	类别	实施对象	实施条款	实施依据	实施内容
8	质量管理资料	建设、施工、监理单位	防腐涂料涂装、防火涂料涂装	《钢结构通用规范》(GB 55006-2021)7.3.1、7.3.2	1. 钢结构防腐涂料、涂装遍数、涂层厚度均应符合设计和涂料产品说明书要求。当设计对涂层厚度无要求时，涂层干漆膜总厚度：室外应为 150 μm，室内应为 125 μm，其允许偏差为−25 μm。检查数量与检验方法应符合下列规定： (1)按构件数抽查 10%，且同类构件不应少于 3 件； (2)每个构件检测 5 处，每处数值为 3 个相距 50 mm 测点涂层干漆膜厚度的平均值。 2. 膨胀型防火涂料的涂层厚度应符合耐火极限的设计要求。非膨胀型防火涂料的涂层厚度，80%及以上面积应符合耐火极限的设计要求，且最薄处厚度不应低于设计要求的 85%。检查数量按同类构件数抽查 10%，且均不应少于 3 件。
9	质量管理资料	建设、施工、监理单位	地基、房心或肥槽回填土回填检验报告	《建筑地基基础工程施工质量验收标准》(GB 50202-2018)9.5.2、9.5.3	1. 施工中应检查排水系统，每层填筑厚度、辗迹重叠程度、含水量控制、回填土有机质含量、压实系数等。回填施工的压实系数应满足设计要求。当采用分层回填时，应在下层的压实系数经试验合格后进行上层施工。填筑厚度及压实遍数应根据土质、压实系数及压实机具确定。 2. 施工结束后，应进行标高及压实系数检验。
10	质量管理资料	建设、施工、监理单位	沉降观测报告	《建筑工程施工质量验收统一标准》(GB 50300-2013)3.0.7	建筑工程施工质量验收合格应符合下列规定： 1. 符合工程勘察、设计文件的要求； 2. 符合本标准和相关专业验收规范的规定。
				《建筑与市政地基基础通用规范》(GB 55003-2021)5.4.2	下列桩基工程应在施工期间及使用期间进行沉降监测，直至沉降达到稳定标准为止： 1. 对桩基沉降有控制要求的桩基； 2. 非嵌岩桩和非深厚坚硬持力层的桩基； 3. 结构体形复杂、荷载分布不均匀或桩端平面下存在软弱土层的桩基； 4. 施工过程中可能引起地面沉降、隆起、位移、周边建(构)筑物和地下管线变形、地下水位变化及土体位移的桩基。

（续表）

编号	类别	实施对象	实施条款	实施依据	实施内容
10	质量管理资料	建设、施工、监理单位	沉降观测报告	《建筑变形测量规范》(JGJ 8-2016)3.1.1	下列建筑在施工期间和使用期间应进行变形测量： 1. 地基基础设计等级为甲级的建筑； 2. 软弱地基上的地基基础设计等级为乙级的建筑； 3. 加层、扩建建筑或处理地基上的建筑； 4. 受邻近施工影响或受场地地下水等环境因素变化影响的建筑； 5. 采用新型基础或新型结构的建筑； 6. 大型城市基础设施； 7. 体型狭长且地基土变化明显的建筑。
11	质量管理资料	建设、施工、监理单位	填充墙砌体植筋锚固力检测报告	《砌体结构工程施工质量验收规范》(GB 50203-2011)9.2.3	填充墙与承重墙、柱、梁的连接钢筋，当采用化学植筋的连接方式时，应进行实体检测。锚固钢筋拉拔试验的轴向受拉非破坏承载力检验值应为 6.0 kN。抽检钢筋在检验值作用下应基材无裂缝、钢筋无滑移宏观裂损现象；持荷 2 min 期间荷载值降低不大于 5%。
12	质量管理资料	建设、施工、监理单位	结构实体检验报告	《混凝土结构工程施工质量验收规范》(GB 50204-2015)10.1.1～10.1.3	对涉及混凝土结构安全的有代表性的部位应进行结构实体检验。结构实体检验应包括混凝土强度、钢筋保护层厚度、结构位置与尺寸偏差以及合同约定的项目；必要时可检验其他项目。 结构实体检验应由监理单位组织施工单位实施，并见证实施过程。施工单位应制定结构实体检验专项方案，并经监理单位审核批准后实施。除结构位置与尺寸偏差外的结构实体检验项目，应由具有相应资质的检测机构完成。 2. 结构实体混凝土强度应按不同强度等级分别检验，检验方法宜采用同条件养护试件方法；当未取得同条件养护试件强度或同条件养护试件强度不符合要求时，可采用回弹—取芯法进行检验。 结构实体混凝土同条件养护试件强度检验应符合《混凝土结构工程施工质量验收规范》(GB 50204-2015)附录 C 的规定；结构实体混凝土回弹—取芯法强度检验应符合《混凝土结构工程施工质量验收规范》(GB 50204-2015)附录 D 的规定。

(续表)

编号	类别	实施对象	实施条款	实施依据	实施内容
12	质量管理资料	建设、施工、监理单位	结构实体检验报告	《混凝土结构工程施工质量验收规范》(GB 50204-2015)10.1.1～10.1.3	混凝土强度检验时的等效养护龄期可取日平均温度逐日累计达到600℃·d时所对应的龄期,且不应小于14 d。日平均温度为0℃及以下的龄期不计入。冬期施工时,等效养护龄期计算时温度可取结构构件实际养护温度,也可根据结构构件的实际养护条件,按照同条件养护试件强度与在标准养护条件下28 d龄期试件强度相等的原则由监理、施工等各方共同确定。 3. 钢筋保护层厚度的检验,可采用非破损或局部破损的方法,也可采用非破损方法并用局部破损方法进行校准。
13	质量管理资料	建设、施工、监理单位	套筒灌浆饱满度检测报告	《装配式住宅建筑检测技术标准》(JGJ/T 485-2019)4.4.3、4.4.4、4.4.5	1. 当采用预埋传感器法、预埋钢丝拉拔法、X射线成像法检测套筒灌浆饱满度时,应符合本标准附录B的规定。 2. 浆锚搭接灌浆饱满度可采用X射线成像法结合局部破损法检测;对墙、板等构件,可采用冲击回波法结合局部破损法检测,冲击回波法的应用应符合本标准附录C的规定。
14	质量管理资料	建设、施工、监理单位	外墙板接缝现场淋水试验报告	《装配式混凝土结构技术规程》(JGJ 1-2014)13.3.2 《装配式混凝土建筑技术标准》(GB/T 51231-2016)13.3.11 《装配式住宅建筑检测技术标准》(JGJ/T 485-2019)7.2.16	外墙板接缝的防水性能应符合设计要求。 检验数量:按批检验。每1 000 m^2外墙(含窗)面积应划分为一个检验批,不足1 000 m^2时也应划分为一个检验批;每个检验批应至少抽查一处,抽查部位应为相邻两层4块墙板形成的水平和竖向十字接缝区域,面积不得少于10 m^2。 检验方法:检查现场淋水试验报告。
15	质量管理资料	建设、施工、监理单位	外墙外保温系统型式检验报告	《建筑节能与可再生能源利用通用规范》(GB 55015-2021)3.1.19	外墙保温工程应采用预制构件、定型产品或成套技术,并应具备同一供应商提供配套的组成材料和型式检验报告。型式检验报告应包括配套组成材料的名称、生产单位、规格塑号、主要性能参数。外保温系统型式检验报告还应包括耐候性和抗风压性能检验项目。

（续表）

编号	类别	实施对象	实施条款	实施依据	实施内容
16	质量管理资料	建设、施工、监理单位	外墙外保温粘贴强度、锚固力现场拉拔试验报告	《建筑节能与可再生能源利用通用规范》(GB 55015-2021)6.2.4	墙体、屋面和地面节能工程的施工质星，应符合下列规定： 1. 保温隔热材料的厚度不得低于设计要求。 2. 墙体保温板材与基层之间及各构造层之间的粘结或连接必须牢固；保温板材与基层的连接方式、拉伸粘结强度和粘结面积比应符合设计要求；保温板材与基层之间的拉伸粘结强度应进行现场拉拔试验，且不得在界面破坏；粘结面积比应进行剥离检验。 3. 当墙体采用保温浆料做外保温时，厚度大于 20 mm 的保温浆料应分层施工；保温浆料与基层之间及各层之间的粘结必须牢固，不应脱层、空鼓和开裂。 4. 当保温层采用铀固件固定时，铀固件数撇、位置、铀固深度、胶结材料性能和描固力应符合设计和施工方案的要求。 5. 保温装饰板的装饰面板应使用铀固件可靠固定，描固力应做现场拉拔试验；保温装饰板板缝不得渗漏。
17	质量管理资料	建设、施工、监理单位	外窗的性能检测报告	《建筑装饰装修工程质量验收标准》(GB 50210-2018)6.1.3	门窗工程应对下列材料及其性能指标进行复验： 1. 人造木板门的甲醛释放量； 2. 建筑外窗的气密性能、水密性能和抗风压性能。
				《建筑节能与可再生能源利用通用规范》(GB 55015-2021)6.2.3	门窗(包括天窗)节能工程施工采用的材料、构件和设备进场时，除核查质量证明文件、节能性能标识证书、门窗节能性能计算书及复验报告外，还应对下列内容进行复验： 1. 严寒、寒冷地区门窗的传热系数及气密性能； 2. 夏热冬冷地区门窗的传热系数、气密性能，玻璃的太阳得热系数及可见光透射比； 3. 夏热冬暖地区门窗的气密性能，玻璃的太阳得热系数及可见光透射比； 4. 严寒、寒冷、夏热冬冷和夏热冬暖地区透光、部分透光遮阳材料的太阳光透射比、太阳光反射比及中空玻璃的密封性能。
				青建质监字〔2019〕30 号《关于进一步加强建筑工程外窗质量管理的通知》	外窗安装完成后建设单位委托第三方检测机构对气密性能做现场实体检验，对水密性能做验收抽样检测。

（续表）

编号	类别	实施对象	实施条款	实施依据	实施内容
18	质量管理资料	建设、施工、监理单位	幕墙的性能检测报告	《建筑装饰装修工程质量验收标准》（GB 50210-2018）11.1.2	检查封闭式幕墙的气密性能、水密性能、抗风压性能、层间变形性能检验报告。
19	质量管理资料	建设、施工、监理单位	饰面板后置埋件的现场拉拔试验报告	《建筑装饰装修工程质量验收标准》（GB 50210-2018）9.1.2	饰面板工程验收时应检查下列文件和记录： 1. 饰面板工程的施工图、设计说明及其他设计文件； 2. 材料的产品合格证书、性能检验报告、进场验收记录和复验报告； 3. 后置埋件的现场拉拔检验报告； 4. 满粘法施工的外墙石板和外墙陶瓷板粘结强度检验报告； 5. 隐蔽工程验收记录； 6. 施工记录。
20	质量管理资料	建设、施工、监理单位	室内环境污染物浓度检测报告	《建筑环境通用规范[附条文说明]》(GB 55016-2021)5.1.2	工程竣工验收时，室内空气污染物浓度限量应符合表 5.1.2 的规定。
21	质量管理资料	建设、施工、监理单位	幕墙后置埋件和槽式预埋件的现场拉拔力检验报告	《建筑装饰装修工程质量验收标准》（GB 50210-2018）11.1.2	幕墙工程验收时应检查下列文件和记录： 1. 幕墙工程的施工图、结构计算书、热工性能计算书、设计变更文件、设计说明及其他设计文件。 2. 建筑设计单位对幕墙工程设计的确认文件。 3. 幕墙工程所用材料、构件、组件、紧固件及其他附件的产品合格证书、性能检验报告、进场验收记录和复验报告。 4. 幕墙工程所用硅酮结构胶的抽查合格证明；国家批准的检测机构出具的硅酮结构胶相容性和剥离粘结性检验报告；石材用密封胶的耐污染性检验报告。 5. 后置埋件和槽式预埋件的现场拉拔力检验报告。 6. 封闭式幕墙的气密性能、水密性能、抗风压性能及层间变形性能检验报告。 7. 注胶、养护环境的温度、湿度记录；双组分硅酮结构胶的混匀性试验记录及拉断试验记录。 8. 幕墙与主体结构防雷接地点之间的电阻检测记录。 9. 隐蔽工程验收记录。

(续表)

编号	类别	实施对象	实施条款	实施依据	实施内容
21	质量管理资料	建设、施工、监理单位	幕墙后置埋件和槽式预埋件的现场拉拔力检验报告	《建筑装饰装修工程质量验收标准》(GB 50210-2018)11.1.2	10. 幕墙构件、组件和面板的加工制作检验记录。 11. 幕墙安装施工记录。 12. 张拉杆索体系预拉力张拉记录。 13. 现场淋水检验记录。
22	质量管理资料	建设、施工、监理单位	风管强度及严密性检测报告	《通风与空调工程施工质量验收规范》(GB 50243-2016)C.1.1、C.1.2、C.1.3、C.1.4、C.1.5、C.3.4	1. 风管应根据设计和《通风与空调工程施工质量验收规范》GB 50243 要求,进行风管强度及严密性的测试。 2. 风管强度应满足微压和低压风管在 1.5 倍的工作压力,中压风管在 1.2 倍的工作压力且不低于 750 Pa,高压风管在 1.2 倍的工作压力下,保持 5 min 及以上,接缝处无开裂,整体结构无永久性的变形及损伤为合格。 3. 风管的严密性测试应分为观感质量检验与漏风量检测。观感质量检验可应用于微压风管,也可作为其他压力风管工艺质量的检验,结构严密与无明显穿透的缝隙和孔洞应为合格。漏风量检测应为在规定工作压力下,对风管系统漏风量的测定和验证,漏风量不大于规定值应为合格。系统风管漏风量的检测,应以总管和干管为主,宜采用分段检测,汇总综合分析的方法。检验样本风管宜为 3 节及以上组成,且总表面积不应少于 15 m^2。 4. 测试的仪器应在检验合格的有效期内。测试方法应符合《通风与空调工程施工质量验收规范》GB 50243 要求。 5. 净化空调系统风管漏风量测试时,高压风管和空气洁净度等级为 1～5 级的系统应按高压风管进行检测,工作压力不大于 1 500 Pa 的 6～9 级的系统应按中压风管进行检测。 6. 漏风量测定一般应为系统规定的工作压力(最大运行压力)下的实测值。特殊条件下,也可用相近或大于规定压力下的测试代替,漏风量可按下式计算: $$Q_0=Q(P_0/P)0.65$$ 式中, Q_0——规定压力下的漏风量[$m^3/(h\cdot m^2)$]; Q——测试的漏风量[$m^3/(h\cdot m^2)$]; P_0——风管系统测试的规定工作压力(Pa); P——测试的压力(Pa)。

(续表)

编号	类别	实施对象	实施条款	实施依据	实施内容
23	质量管理资料	建设、施工、监理单位	管道系统强度及严密性试验报告	《通风与空调工程施工质量验收规范》(GB 50243-2016)9.2.2-1、9.2.3	1. 隐蔽安装部位的管道安装完成后,应在水压试验合格后方能交付隐蔽工程的施工。 2. 管道系统安装完毕、外观检查合格后,应按设计要求进行水压试验。当设计无要求时,应符合下列规定: (1)冷(热)水、冷却水与蓄能(冷、热)系统的试验压力,当工作压力小于或等于1.0 MPa时,应为1.5倍工作压力,最低不应小于0.6 MPa;当工作压力大于1.0 MPa时,应为工作压力加0.5 MPa。 (2)系统最低点压力升至试验压力后,应稳压10 min,压力下降不应大于0.02 MPa,然后应将系统压力降至工作压力,外观检查无渗漏为合格。对于大型、高层建筑等垂直位差较大的冷(热)水、冷却水管道系统,当采用分区、分层试压时,在该部位的试验压力下,应稳压10 min,压力不得下降,再将系统压力降至该部位的工作压力,在60 min内压力不得下降、外观检查无渗漏为合格。 (3)各类耐压塑料管的强度试验压力(冷水)应为1.5倍工作压力,且不应小于0.9 MPa;严密性试验压力应为1.15倍的设计工作压力。 (4)凝结水系统采用通水试验,应以不渗漏,排水畅通为合格。
24	质量管理资料	建设、施工、监理单位	风管系统漏风量、总风量、风口风量测试报告	《通风与空调工程施工质量验收规范》(GB 50243-2016)C.1.3、C.1.4、C.1.5、C.3.4、11.2.3-1、11.2.5-1、11.3.2-1	1. 漏风量: (1)风管的严密性测试应分为观感质量检验与漏风量检测。观感质量检验可应用于微压风管,也可作为其他压力风管工艺质量的检验,结构严密与无明显穿透的缝隙和孔洞应为合格。漏风量检测应为在规定工作压力下,对风管系统漏风量的测定和验证,漏风量不大于规定值应为合格。系统风管漏风量的检测,应以总管和干管为主,宜采用分段检测,汇总综合分析的方法。检验样本风管宜为3节及以上组成,且总表面积不应少于15 m^2。 (2)测试的仪器应在检验合格的有效期内。测试方法应符合《通风与空调工程施工质量验收规范》GB 50243要求。 (3)净化空调系统风管漏风量测试时,高压风管和空气洁净度等级为1～5级的系统应按高压风管进行检测,工作压力不大于1 500 Pa的6～9级的系统应按中压风管进行检测。

(续表)

编号	类别	实施对象	实施条款	实施依据	实施内容
24	质量管理资料	建设、施工、监理单位	风管系统漏风量、总风量、风口风量测试报告	《通风与空调工程施工质量验收规范》(GB 50243-2016)C.1.3、C.1.4、C.1.5、C.3.4、11.2.3-1、11.2.5-1、11.3.2-1	(4)漏风量测定一般应为系统规定的工作压力(最大运行压力)下的实测值。特殊条件下,也可用相近或大于规定压力下的测试代替,漏风量可按下式计算: $Q_0 = Q(P_0/P)0.65$ 式中, Q_0——规定压力下的漏风量[$m^3/(h \cdot m^2)$]; Q——测试的漏风量[$m^3/(h \cdot m^2)$]; P_0——风管系统测试的规定工作压力(Pa); P——测试的压力(Pa)。 2. 风口风量: (1)通风系统非设计满负荷条件下的联合试运行及调试应符合下列规定:系统经过风量平衡调整,各风口及吸风罩的风量与设计风量的允许偏差不应大于15%。 (2)净化空调系统除应符合《通风与空调工程施工质量验收规范》(GB 50243-2016)第11.2.3条的规定外,尚应符合下列规定:单向流洁净室系统的系统总风量允许偏差应为0~+10%,室内各风口风量的允许偏差应为0~+15%。 3. 总风量: (1)系统非设计满负荷条件下的联合试运转及调试应符合下列规定:系统总风量调试结果和设计风量的允许偏差应为-5%~+10%,建筑内各区域的压差应符合设计要求。 (2)净化空调系统除应符合《通风与空调工程施工质量验收规范》(GB 50243-2016)第11.2.3条的规定外,尚应符合11.2.5-1的规定:单向流洁净室系统的系统总风量允许偏差应为0~+10%,室内各风口风量的允许偏差应为0~+15%。

(续表)

编号	类别	实施对象	实施条款	实施依据	实施内容
24	质量管理资料	建设、施工、监理单位	风管系统漏风量、总风量、风口风量测试报告	《建筑节能工程施工质量验收标准》(GB 50411-2019) 17.2.1、17.2.2-2、17.2.2-3	风口风量: 1. 通风与空调节能工程安装调试完成后,应由建设单位委托具有相应资质的检测机构进行系统节能性能检验并出具报告。受季节影响未进行的节能性能检验项目,应在保修期内补做。 2. 通风、空调(包括新风)系统的风量抽样数量以系统数量为受检样本基数,抽样数量按《建筑节能工程施工质量验收标准》GB 50411 第 3.4.3 条的规定执行,且不同功能的系统不应少于 1 个。 3. 各风口的风量抽样数量以风口数量为受检样本基数,抽样数量按本标准第 3.4.3 条的规定执行,且不同功能的系统不应少于 2 个,与设计风量的允许偏差不大于 15%。
25	质量管理资料	建设、施工、监理单位	空调水流量、水温、室内环境温度、湿度、噪声检测报告	《通风与空调工程施工质量验收规范》(GB 50243-2016) 11.2.3-3、11.2.3-4、11.2.3-5、11.2.3-6、11.3.3-2、11.3.3-3、11.3.3-4、11.3.3-5	1. 空调水流量: (1)系统非设计满负荷条件下的联合试运转及调试应符合下列规定:空调冷(热)水系统、冷却水系统的总流量与设计流量的偏差不应大于 10%。地源(水源)热泵换热器的水温与流量应符合设计要求。 (2)空调系统非设计满负荷条件下的联合试运转应符合下列规定:水系统平衡调整后,定流量系统的各空气处理机组的水流量应符合设计要求,允许偏差应为 15%;变流量系统的各空气处理机组的水流量应符合设计要求,允许偏差应为 10%。冷水机组的供回水温度和冷却塔的出水温度应符合设计要求;多台制冷机或冷却塔并联运行时,各台制冷机及冷却塔的水流量与设计流量的偏差不应大于 10%。 2. 水温: (1)系统非设计满负荷条件下的联合试运转及调试应符合下列规定:制冷(热泵)机组进出口处的水温应符合设计要求。地源(水源)热泵换热器的水温与流量应符合设计要求。 (2)蓄能空调系统联合试运转及调试应符合下列规定:系统运行的充冷时间、蓄冷量、冷水温度、放冷时间等应满足相应工况的设计要求。

(续表)

编号	类别	实施对象	实施条款	实施依据	实施内容
25	质量管理资料	建设、施工、监理单位	空调水流量、水温、室内环境温度、湿度、噪声检测报告	《通风与空调工程施工质量验收规范》(GB 50243-2016)11.2.3-3、11.2.3-4、11.2.3-5、11.2.3-6、11.3.3-2、11.3.3-3、11.3.3-4、11.3.3-5	3. 室内环境温度： (1)系统非设计满负荷条件下的联合试运转及调试应符合下列规定：舒适空调与恒温、恒湿空调室内的空气温度、相对湿度及波动范围应符合或优于设计要求。 (2)空调系统非设计满负荷条件下的联合试运转及调试应符合下列规定：舒适性空调的室内温度应优于或等于设计要求，恒温恒湿和净化空调的室内温、湿度应符合设计要求。 4. 湿度： (1)系统非设计满负荷条件下的联合试运转及调试应符合下列规定：舒适空调与恒温、恒湿空调室内的空气温度、相对湿度及波动范围应符合或优于设计要求。 (2)空调系统非设计满负荷条件下的联合试运转及调试应符合下列规定：舒适性空调的室内温度应优于或等于设计要求，恒温恒湿和净化空调的室内温、湿度应符合设计要求。 5. 噪声： 空调系统非设计满负荷条件下的联合试运转及调试应符合下列规定：室内(包括净化区域)噪声应符合设计要求，测定结果可采用Nc或dB(A)的表达方式。
26	质量管理资料	建设、施工、监理单位	电气工程检测符合设计和规范要求	《建筑电气工程施工质量验收规范》(GB 50303-2015)3.4.8	变配电室通电后可抽测下列项目，抽测结果应符合本规范的规定和设计要求： 1. 各类电源自动切换或通断装置； 2. 馈电线路的绝缘电阻； 3. 接地故障回路阻抗； 4. 开关插座的接线正确性； 5. 剩余电流动作保护器的动作电流和时间； 6. 接地装置的接地电阻； 7. 照度。

(续表)

编号	类别	实施对象	实施条款	实施依据	实施内容
27	质量管理资料	建设、施工、监理单位	维护结构现场实体检验	《建筑节能工程施工质量验收标准》(GB 50411—2019)17.1	1. 建筑围护结构节能工程施工完成后,应对围护结构的外墙节能构造和外窗气密性能进行现场实体检验。 2. 建筑外墙节能构造的现场实体检验应包括墙体保温材料的种类、保温层厚度和保温构造做法。检验方法宜按照本标准附录 F 检验,当条件具备时,也可直接进行外墙传热系数或热阻检验。当附录 F 的检验方法不适用时。应进行外墙传热系数或热阻检验。 3. 建筑外窗气密性能现场实体检验的方法应符合国家现行有关标准的规定,下列建筑的外窗应进行气密性能实体检验: (1)严寒、寒冷地区建筑; (2)夏热冬冷地区高度大于或等于 24 m 的建筑和有集中供暖或供冷的建筑; (3)其他地区有集中供冷或供暖的建筑。 4. 外墙节能构造钻芯检验应由监理工程师见证,可由建设单位委托有资质的检测机构实施,也可由施工单位实施。
28	质量管理资料	建设、施工、监理单位	防雷装置检测	《建筑物防雷装置检测技术规范》(GB/T 21431-2015) 《建筑物防雷设计规范》(GB 50057-2010) 《建筑物防雷装置施工与验收规范》(DB37/T 1228-2019)	1. 检测分为首次检测和定期检测。首次检测分为新建、改建、扩建建筑物防雷装置施工过程中的检测和投入使用后建筑物防雷装置的第一次检测。定期检测是按规定周期进行的检测。 新建、改建、扩建建筑物防雷装置施工过程中的检测,应对其结构、布置、形状、材料规格、尺寸、连接方法和电气性能进行分阶段检测。投入使用后建筑物防雷装置的第一次检测应按设计文件要求进行检测。 2. 检测结果分为合格、不合格。当检测结果为不合格时,需要按照整改意见进行整改,整改合格后方可验收。

第十七章　施工记录

一、概述

施工记录是施工单位在施工过程中形成的，为保证工程质量和安全的各种内部检查记录的统称。其主要内容有隐蔽工程验收记录、工序交接检查记录、地基验槽检查验收记录、地基处理记录、施工检查记录、混凝土浇灌申请书、混凝土养护测温记录、构件吊装记录、预应力筋张拉记录等。

二、主要控制项及相关标准规范

编号	类别	实施对象	实施条款	实施依据	实施内容
1	质量管理资料	建设、施工、监理单位	水泥进场验收记录及见证取样和送检记录	《建筑工程（建筑与结构工程）施工资料管理规程》(DB37/T 5072-2016) 6.3.14、6.3.15、6.3.16	1. 施工物资进场后施工单位应对进场数量、型号和外观等进行检查，并填写材料、构配件进场检验或设备(开箱)进场检查记录。 2. 施工单位应按国家有关规范、标准的规定对进场物资进行复试或试验；规范、标准要求实行见证时，应按规定进行见证取样。 3. 施工物资进场后，施工单位应报监理单位查验并签认。
2	质量管理资料	建设、施工、监理单位	钢筋进场验收记录及见证取样和送检记录		
3	质量管理资料	建设、施工、监理单位	混凝土及砂浆进场验收记录及见证取样和送检记录		
4	质量管理资料	建设、施工、监理单位	砖、砌块进场验收记录及见证取样和送检记录		
5	质量管理资料	建设、施工、监理单位	钢结构用钢材、焊接材料、紧固件、涂装材料等进场验收记录及见证取样和送检记录		
6	质量管理资料	建设、施工、监理单位	防水材料进场验收记录及见证取样和送检记录		

(续表)

编号	类别	实施对象	实施条款	实施依据	实施内容
7	质量管理资料	施工单位	隐蔽工程验收记录	《建筑工程(建筑与结构工程)施工资料管理规程》(DB37/T 5072-2016)6.3.18	凡国家规范标准规定隐蔽工程检查项目的,应做隐蔽工程检查验收并填写隐蔽工程验收记录,涉及结构安全的重要部位宜留置隐蔽前的影像资料。
8	质量管理资料	建设、勘察、设计、施工、监理单位	地基验槽记录	《建筑工程(建筑与结构工程)施工资料管理规程》(DB37/T 5072-2016)6.3.20	单位(子单位)工程的土方开挖分项工程完工后应进行地基验槽。地基验槽应由建设、勘察、设计、监理和施工单位共同进行,并填写地基验槽检查验收记录。检查内容包括基坑位置、平面尺寸、持力层核查、基底绝对高程和相对标高、基坑土质及地下水位等,有桩支护、桩基的工程还应进行桩的检查。地基需处理时,应由勘察、设计单位提出处理意见。
9	质量管理资料	施工单位	工序交接检查记录	《建筑工程(建筑与结构工程)施工资料管理规程》(DB37/T 5072-2016)6.3.19	同一单位(子单位)工程,不同专业施工单位或者施工班组之间应进行工程交接检查并填写工序交接检查记录。移交单位、接收单位共同对移交工程进行验收,并对质量情况、遗留问题、工序要求、注意事项、成品保护等进行记录。
10	质量管理资料	施工单位	施工检查记录	《建筑工程(建筑与结构工程)施工资料管理规程》(DB37/T 5072-2016)6.3.35	国家规范标准要求或施工需要对施工过程进行记录时应留有施工记录,没有专用记录表格的可使用施工检查记录(通用表)。
11	质量管理资料	施工单位	地基钎探记录	《建筑工程(建筑与结构工程)施工资料管理规程》(DB37/T 5072-2016)6.3.21	勘察设计要求对基槽浅层土质的均匀性和承载力进行钎探的,钎探前应绘制钎探点平面布置图,确定钎探点布置及顺序编号,按照钎探图及有关规定进行钎探并填写地基钎探记录。
12	质量管理资料	施工单位	混凝土浇灌申请书	《建筑工程(建筑与结构工程)施工资料管理规程》(DB37/T 5072-2016)6.3.22	混凝土正式浇筑前,施工单位应检查各项准备工作(如钢筋、模板、水电预埋、设备材料准备情况等),自检合格填写混凝土浇灌申请书,并报监理单位审批。

（续表）

编号	类别	实施对象	实施条款	实施依据	实施内容
13	质量管理资料	施工单位	有防水要求的地面泼水、蓄水试验记录和屋面淋水、蓄水试验检查记录	《建筑工程（建筑与结构工程）施工资料管理规程》（DB37/T 5072-2016）6.3.28	有防水要求的房间和屋面工程完工后应按标准规定进行蓄水或淋水防水性能试验，填写厕所、厨房、阳台等有防水要求的地面泼水、蓄水试验记录和屋面淋水、蓄水试验检查记录。屋面工程应对细部构造（屋面天沟、檐沟、檐口、泛水、水落口、变形缝、伸出屋面管道等）重点检查。
14	质量管理资料	施工单位	桩基试桩、成桩记录	《建筑基桩检测技术规范》（JGJ 106-2014）3.3.1	为设计提供依据的试验桩检测应依据设计确定的基桩受力状态，采用相应的静载试验方法确定单桩极限承载力，检测数量应满足设计要求，且在同一条件下不应少于 3 根；当预计工程桩总数小于 50 根时，检测数量不应少于 2 根。
				《建筑工程（建筑与结构工程）施工资料管理规程》（DB37/T 5072-2016）6.3.35	国家规范标准要求或施工需要对施工过程进行记录时应留有施工记录，没有专用记录表格的可使用施工检查记录（通用表）。
15	质量管理资料	施工单位	混凝土施工记录	《建筑工程（建筑与结构工程）施工资料管理规程》（DB37/T 5072-2016）6.3.35	国家规范标准要求或施工需要对施工过程进行记录时应留有施工记录，没有专用记录表格的可使用施工检查记录（通用表）。
16	质量管理资料	施工单位	冬期混凝土施工测温记录	《混凝土结构工程施工规范》（GB 50666-2011）10.2.8	混凝土运输、输送机具及泵管应采取保温措施。当采用泵送工艺浇筑时，应采用水泥浆或水泥砂浆对泵和泵管进行润滑、预热。混凝土运输、输送与浇筑过程中应进行测温，其温度应满足热工计算的要求。
				《建筑工程（建筑与结构工程）施工资料管理规程》（DB37/T 5072-2016）6.3.25	冬期混凝土施工时应进行温度测定并填写混凝土养护测温记录。冬期混凝土养护测温应绘制测温点布置图，确定测温点的部位和深度等。

（续表）

编号	类别	实施对象	实施条款	实施依据	实施内容
17	质量管理资料	施工单位	大体积混凝土施工测温记录	《混凝土结构工程施工规范》(GB 50666-2011)8.7.3	1. 混凝土入模温度不宜大于30℃；混凝土浇筑体最大温升值不宜大于50℃。 2. 在覆盖养护或带模养护阶段，混凝土浇筑体表面以内40～100 mm位置处的温度与混凝土浇筑体表面温度差值不应大于25℃；结束覆盖养护或拆模后，混凝土浇筑体表面以内40～100 mm位置处的温度与环境温度差值不应大于25℃。 3. 混凝土浇筑体内部相邻两测温点的温度差值不应大于25℃。
				《建筑工程（建筑与结构工程）施工资料管理规程》(DB37/T 5072-2016)6.3.26	大体积混凝土施工时应进行测温记录，填写大体积混凝土养护测温记录并附温度测点布置图。
18	质量管理资料	施工单位	预应力钢筋的张拉、安装和灌浆记录	《混凝土结构工程施工规范》(GB 50666-2011)6.4.9、6.4.15、6.5.9	1. 预应力筋张拉时，应从零拉力加载至初拉力后，量测伸长值初读数，再以均匀速率加载至张拉控制力。塑料波纹管内的预应力筋，张拉力达到张拉控制力后宜持荷2～5 min。 2. 预应力筋张拉时，应对张拉力、压力表读数、张拉伸长值、锚固回缩值及异常情况处理等作出详细记录。 3. 孔道灌浆应填写灌浆记录。
				《建筑工程（建筑与结构工程）施工资料管理规程》(DB37/T 5072-2016)6.3.31	预应力工程施加预应力时应填写预应力筋张拉记录；孔道灌浆时应填写有粘结预应力结构灌浆记录。
19	质量管理资料	施工单位	预制构件吊装施工记录	《建筑工程（建筑与结构工程）施工资料管理规程》(DB37/T 5072-2016)6.3.33	大型混凝土构件、预制构配件、钢构件安装时应填写构件吊装记录。
20	质量管理资料	施工单位	钢结构吊装施工记录		

(续表)

编号	类别	实施对象	实施条款	实施依据	实施内容
21	质量管理资料	建设、施工、监理单位	钢结构整体垂直度和整体平面弯曲度、钢网架挠度检验记录	《建筑工程(建筑与结构工程)施工资料管理规程》(DB37/T 5072-2016)6.3.32	钢结构(网架结构)在主体工程形成空间刚度单元并连接固定后,应检查整体垂直度、挠度值及安装偏差,并做施工记录。
22	质量管理资料	建设、施工、监理单位	工程设备、风管系统、管道系统安装及检验记录	《建筑工程(建筑设备、安装与节能工程)施工资料管理规程》(DB37/T 5073-2016)	建筑给排水及供暖工程、通风与空调工程设备、风管系统、管道系统安装及检验记录按照《建筑工程(建筑设备、安装与节能工程)施工资料管理规程》DB37/T 5073 中的相关要求填写。
				《通风与空调工程施工质量验收规范》(GB 50243-2016)12.0.5	通风与空调工程竣工验收资料应包括下列内容: 1. 图纸会审记录、设计变更通知书和竣工图。 2. 主要材料、设备、成品、半成品和仪表的出厂合格证明及进场检(试)验报告。 3. 隐蔽工程验收记录。 4. 工程设备、风管系统、管道系统安装及检验记录。 5. 管道系统压力试验记录。 6. 设备单机试运转记录。 7. 系统非设计满负荷联合试运转与调试记录。 8. 分部(子分部)工程质量验收记录。 9. 观感质量综合检查记录。 10. 安全和功能检验资料的核查记录。 11. 净化空调的洁净度测试记录。
23	质量管理资料	建设、施工、监理单位	管道系统压力试验记录	《通风与空调工程施工质量验收规范》(GB 50243-2016)9.2.2-1、9.2.3	1. 隐蔽安装部位的管道安装完成后,应在水压试验合格后方能交付隐蔽工程的施工。 2. 管道系统安装完毕、外观检查合格后,应按设计要求进行水压试验。当设计无要求时,应符合下列规定: (1)冷(热)水、冷却水与蓄能(冷、热)系统的试验压力,当工作压力小于或等于 1.0 MPa 时,应为 1.5 倍工作压力,最低不应小于 0.6 MPa;当工作压力大于 1.0 MPa 时,应为工作压力加 0.5 MPa。

(续表)

编号	类别	实施对象	实施条款	实施依据	实施内容
23	质量管理资料	建设、施工、监理单位	管道系统压力试验记录	《通风与空调工程施工质量验收规范》(GB 50243-2016) 9.2.2-1、9.2.3	(2)系统最低点压力升至试验压力后，应稳压 10 min，压力下降不应大于 0.02 MPa，然后应将系统压力降至工作压力，外观检查无渗漏为合格。对于大型、高层建筑等垂直位差较大的冷(热)水、冷却水管道系统，当采用分区、分层试压时，在该部位的试验压力下，应稳压 10 min，压力不得下降，再将系统压力降至该部位的工作压力，在 60 min 内压力不得下降、外观检查无渗漏为合格。 (3)各类耐压塑料管的强度试验压力(冷水)应为 1.5 倍工作压力，且不应小于 0.9 MPa；严密性试验压力应为 1.15 倍的设计工作压力。 (4)凝结水系统采用通水试验，应以不渗漏，排水畅通为合格。
24	质量管理资料	建设、施工、监理单位	设备单机试运转记录	《通风与空调工程施工质量验收规范》(GB 50243-2016) 11.2.1、11.2.2	1. 通风与空调工程安装完毕后应进行系统调试。系统调试应包括下列内容： (1)设备单机试运转及调试。 (2)系统非设计满负荷条件下的联合试运转及调试。 2. 单机试运转及调试应符合设计与规范要求。
				《建筑工程(建筑设备、安装与节能工程)施工资料管理规程》(DB37/T 5073-2016)	机电安装工程中所涉及的各类水泵、风机、空调设备以及各类智能化设备在安装完毕后、系统联合试运行前，应进行设备单机试运转并填写单机试运转记录(风机、空压机、水泵等设备应带负荷进行试运转)。设备单机试运行记录应按专业种类填写专用表格，按照《建筑工程(建筑设备、安装与节能工程)施工资料管理规程》DB37/T 5073 中的相关要求填写。
25	质量管理资料	建设、施工、监理单位	系统非设计满负荷联合试运转与调试记录	《通风与空调工程施工质量验收规范》(GB 50243-2016) 11.2.1	1. 通风与空调工程安装完毕后应进行系统调试。系统调试应包括下列内容： (1)设备单机试运转及调试。 (2)系统非设计满负荷条件下的联合试运转及调试。 2. 联合试运转与调试结果应符合设计与规范要求。

（续表）

编号	类别	实施对象	实施条款	实施依据	实施内容
25	质量管理资料	建设、施工、监理单位	系统非设计满负荷联合试运转与调试记录	《建筑工程（建筑设备、安装与节能工程）施工资料管理规程》（DB37/T 5073-2016）	1. 通风空调系统非设计满负荷条件下的联合试运转应在通风系统和空调管道系统的所有相关试验结束后并且完成设备单机试运行后进行。按照《建筑工程（建筑设备、安装与节能工程）施工资料管理规程》DB37/T 5073 中的相关要求，通风空调系统非设计满负荷条件下的联合试运转及调试记录分为 TK-045.1（主表）和 TK-045.2（附表）。 2. 表格在填写时应注意系统名称和试验时间应填写准确。 3. 主表中应分别填写系统总风量、冷热水总流量（水系统）、冷却水总流量（水系统）、室内温度、室内相对湿度的设计值、实测值和偏差量。 4. 附表中应逐一填写系统工作区域的室内温度实测值和室内相对湿度实测值。 5. 所测取的各项数据应与设计值进行对比，并依据《通风与空调工程施工质量验收规范》GB 50243 中的相关要求进行判定。
26	质量管理资料	建设、施工、监理单位	电气工程施工记录	《建筑电气工程施工质量验收规范》（GB 50303-2015）3.4.3	当验收建筑电气工程时，应核查下列各项质量控制资料，且资料内容应真实、齐全、完整：①设计文件和图纸会审记录及设计变更与工程洽商记录；②主要设备、器具、材料的合格证和进场验收记录；③隐蔽工程检查记录；④电气设备交接试验检验记录；⑤电动机检查（抽芯）记录；⑥接地电阻测试记录；⑦绝缘电阻测试记录；⑧接地故障回路阻抗测试记录；⑨剩余电流动作保护器测试记录；⑩电气设备空载试运行和负荷试运行记录；⑪EPS 应急持续供电时间记录；⑫灯具固定装置及悬吊装置的载荷强度试验记录；⑬建筑照明通电试运行记录；⑭接闪线和接闪带固定支架的垂直拉力测试记录；⑮接地（等电位）联结导通性测试记录；⑯工序交接合格等施工安装记录。

第十八章 质量验收记录

一、概述

施工质量验收资料包括施工过程验收资料和竣工质量验收资料。

过程验收资料指参与工程建设的有关单位根据相关标准、规范对工程质量是否达到合格做出确认的各种文件的统称。其主要内容有检验批质量验收记录、分项工程质量验收记录、分部(子分部)工程质量验收记录等。

竣工质量验收资料是指工程竣工时必须具备的各种质量验收资料。其主要内容有单位(子单位)工程竣工预验收报审表、单位(子单位)工程质量竣工验收记录、单位(子单位)工程质量控制资料核查记录、单位(子单位)工程安全和功能检验资料核查及主要功能抽查记录、单位(子单位)工程观感质量检查记录等。

二、主要控制项及相关标准规范

编号	类别	实施对象	实施条款	实施依据	实施内容
1	质量管理资料	建设、施工、监理单位	桩位偏差和桩顶标高验收记录	《建筑地基基础工程施工质量验收标准》(GB 50202-2018)5.1.2、5.1.4、5.5.4、5.6.4、5.7.4	1. 预制桩(钢桩)的桩位偏差应符合《建筑地基基础工程施工质量验收标准》GB 50202 表 5.1.2 的规定。 2. 灌注桩的桩径、垂直度及桩位允许偏差应符合《建筑地基基础工程施工质量验收标准》GB 50202 表 5.1.4 的规定。 3. 钢筋混凝土预制桩质量检验标准应符合《建筑地基基础工程施工质量验收标准》GB 50202 表 5.5.4-1、表 5.5.4-2 的规定。 4. 泥浆护壁成孔灌注桩质量检验标准应符合《建筑地基基础工程施工质量验收标准》GB 50202 表 5.6.4 的规定。 5. 干作业成孔灌注桩的质量检验标准应符合《建筑地基基础工程施工质量验收标准》GB 50202 表 5.7.4 的规定。

（续表）

编号	类别	实施对象	实施条款	实施依据	实施内容
2	质量管理资料	建设、施工、监理单位	检验批、分项、子分部、分部工程验收记录	《建筑工程施工质量验收统一标准》（GB 50300-2013）5.0.5、6.0.1、6.0.2、6.0.3	1. 建筑工程施工质量验收记录可按下列规定填写： (1)检验批质量验收记录可按本标准附录 E 填写，填写时应具有现场验收检查原始记录； (2)分项工程质量验收记录可按本标准附录 F 填写； (3)分部工程质量验收记录可按本标准附录 G 填写； (4)单位工程质量竣工验收记录、质量控制资料核查记录、安全和功能检验资料核查及主要功能抽查记录、观感质量检查记录应按本标准附录 H 填写。 2. 检验批容量、抽样数量应符合相关规范要求，检验批验收应有现场检查原始记录。检验批应由专业监理工程师组织施工单位项目专业质量检查员、专业工长等进行验收并签字。 3. 分项工程应由专业监理工程师组织施工单位项目专业技术负责人等进行验收并签字。 4. 分部工程应由总监理工程师组织施工单位项目负责人和项目技术负责人等进行验收。勘察、设计单位项目负责人和施工单位技术、质量部门负责人应参加地基与基础分部工程的验收。设计单位项目负责人和施工单位技术、质量部门负责人应参加主体结构、节能分部工程的验收。相关人员应签字。
				《建筑工程（建筑与结构工程）施工资料管理规程》（DB37/T 5072-2016）6.5.2～6.5.5	1. 施工单位在完成分项工程检验批施工，自检合格后，由项目专业质量检查员填写检验批现场验收检查原始记录和检验批质量验收记录，报请项目专业监理工程师组织有关人员验收确认。 2. 分项工程所包含的检验批全部完工并验收合格后，由施工单位项目专业技术负责人填写分项工程质量验收记录，报请项目专业监理工程师组织有关人员验收确认。 3. 分部（子分部）工程所包含的全部分项工程完工并验收合格后，由施工单位项目负责人填写分部工程质量验收记录，报请项目总监理工程师组织有关人员验收确认。 4. 地基与基础、主体结构、节能分部工程完工，由建设、监理、勘察、设计和施工单位进行分部工程验收并加盖公章。

(续表)

编号	类别	实施对象	实施条款	实施依据	实施内容
3	质量管理资料	建设、施工、监理单位	单位(子单位)工程质量竣工验收记录	《建筑工程(建筑与结构工程)施工资料管理规程》(DB37/T 5072-2016)6.6.2	单位(子单位)工程完工后,应由施工单位组织有关人员进行自检,自检合格后,填写单位(子单位)工程竣工预验收报审表,报项目监理部申请工程竣工预验收。总监理工程师组织项目监理部人员与施工单位相关人员进行竣工预验收,存在施工质量问题时,应由施工单位整改,整改完毕后,总监理工程师签认单位(子单位)工程竣工验收报审表,并由项目监理机构出具工程质量评估报告。预验收完成后施工单位向建设单位提交工程竣工报告,申请竣工验收。
				《建筑工程施工质量验收统一标准》(GB 50300-2013)5.0.4、附录 H	1. 单位工程质量验收合格应符合下列规定: (1)所含分部工程的质量均应验收合格; (2)质量控制资料应完整; (3)所含分部工程中有关安全、节能、环境保护和主要使用功能的检验资料应完整; (4)主要使用功能的抽查结果应符合相关专业验收规范的规定; (5)观感质量应符合要求。 2. 单位工程质量验收应按《建筑工程施工质量验收统一标准》GB 50300 附录 H.0.1-1 记录,单位工程质量控制资料核查应按《建筑工程施工质量验收统一标准》GB 50300 附录 H.0.1-2 记录,单位工程安全和功能检验资料核查及主要功能抽查应按《建筑工程施工质量验收统一标准》GB 50300 附录 H.0.1-3 记录,单位工程观感质量检查表应按《建筑工程施工质量验收统一标准》GB 50300 附录 H.0.1-4 记录。 3.《建筑工程施工质量验收统一标准》GB 50300 附录 H.0.2 表 H.0.1-1 中的验收记录由施工单位填写,验收结论由监理单位填写。综合验收结论经参加验收各方共同商定,由建设单位填写,应对工程质量是否符合设计文件和相关标准的规定及总体质量水平作出评价。

（续表）

编号	类别	实施对象	实施条款	实施依据	实施内容
4	质量管理资料	建设、施工、监理单位	观感质量综合检查记录	《建筑工程施工质量验收统一标准》(GB 50300-2013)5.0.5、附录 H	1. 建筑工程施工质量验收记录可按下列规定填写： (1)检验批质量验收记录可按《建筑工程施工质量验收统一标准》GB 50300 附录 E 填写，填写时应具有现场验收检查原始记录； (2)分项工程质量验收记录可按《建筑工程施工质量验收统一标准》GB 50300 附录 F 填写； (3)分部工程质量验收记录可按《建筑工程施工质量验收统一标准》GB 50300 附录 G 填写； (4)单位工程质量竣工验收记录、质量控制资料核查记录、安全和功能检验资料核查及主要功能抽查记录、观感质量检查记录应按《建筑工程施工质量验收统一标准》GB 50300 附录 H 填写。 2. 单位工程观感质量检查记录中的质量评价结果填写"好""一般"或"差"，可由各方协商确定，也可按以下原则确定：项目检查点中有 1 处或多于 1 处"差"可评价为"差"，有 60%及以上的检查点"好"可评价为"好"，其余情况可评价为"一般"。
				《建筑工程（建筑与结构工程）施工资料管理规程》（DB37/T 5072-2016）6.6.1	竣工质量验收资料是指工程竣工时必须具备的各种质量验收资料。其主要内容有单位（子单位）工程竣工预验收报审表、单位（子单位）工程质量竣工验收记录、单位（子单位）工程质量控制资料核查记录、单位（子单位）工程安全和功能检验资料核查及主要功能抽查记录、单位（子单位）工程观感质量检查记录等。
5	质量管理资料	建设、施工、监理单位	分户验收	《建筑工程（建筑与结构工程）施工资料管理规程》(DB37/T 5072-2016) 3.0.10 《山东省住房和城乡建设厅关于印发山东省住宅工程质量分户验收管理办法的通知》鲁建质监字〔2022〕1 号	1. 单位工程完工后，施工单位应组织有关人员进行自检。施工单位自检合格后，应由总监理工程师组织各专业监理工程师对工程质量进行竣工预验收，存在质量问题时，应由施工单位整改。整改完毕后，由施工单位向建设单位提交竣工报告，申请工程竣工验收。对于住宅工程，建设单位应组织分户验收，分户验收合格后再进行竣工验收。建设单位收到工程竣工验收报告后，应由建设单位项目负责人组织监理、施工、设计、勘察等单位项目负责人进行单位工程验收，并形成竣工验收文件。 2. 分户验收应分阶段进行。未进行分户验收或分户验收不合格的，不得进行主体结构分部工程质量验收，不得组织单位工程竣工验收。

（续表）

编号	类别	实施对象	实施条款	实施依据	实施内容
5	质量管理资料	建设、施工、监理单位	分户验收	《建筑工程（建筑与结构工程）施工资料管理规程》（DB37/T 5072-2016）3.0.10 《山东省住房和城乡建设厅关于印发山东省住宅工程质量分户验收管理办法的通知》鲁建质监字〔2022〕1号	1. 主体结构分部工程验收前，应按计划、方案对每户住宅及公共部位的结构工程观感质量、结构尺寸等进行专门验收。合格后方能组织主体结构分部工程质量验收。 2. 单位（子单位）工程竣工验收前，应对每户住宅及公共部位的观感质量、空间净尺寸和主要使用功能进行专门验收。分户验收合格后方能组织单位（子单位）工程质量竣工验收。
6	质量管理资料	建设、施工、监理单位	防水工程专项验收	《青岛西海岸新区住房和城乡建设局关于加强住宅工程渗漏防控管理工作的通知》青西新住建发〔2022〕310号	1. 施工图设计文件中应增加防水工程专项设计，专项设计按照屋面防水、地下防水、室内防水、外墙防水四个分项，明确防水等级、设防要求、工程防水构造及密封措施等相关内容，绘制相应节点构造详图，严禁罗列防控手册或规范条文。 2. 防水工程施工时，应建立各道工序的自检、交接检和专检的"三检"制度，并应有完整的检查记录。每道工序施工完成后，应经监理单位或建设单位检查验收，并应在合格后再进行下道工序施工。防水工程检验批划分标准、隐蔽验收项目应符各专业施工质量验收规范要求。 3. 所有涉及防水工程施工的技术资料专门组卷成册，工程全部完工后进行防水工程专项竣工验收。专项竣工验收应在住宅工程分户验收前组织，由建设单位项目负责人或总监理工程师组织并主持，施工单位技术负责人、项目负责人、项目技术负责人应参加验收；设计单位项目负责人及专业负责人应参加验收。

（续表）

编号	类别	实施对象	实施条款	实施依据	实施内容
7	质量管理资料	建设、施工、监理单位	工程竣工验收记录	《建筑工程施工质量验收统一标准》（GB 50300-2013）5.0.5、6.06、附录H	1. 建筑工程施工质量验收记录可按下列规定填写： (1)检验批质量验收记录可按《建筑工程施工质量验收统一标准》GB 50300附录E填写，填写时应具有现场验收检查原始记录； (2)分项工程质量验收记录可按《建筑工程施工质量验收统一标准》GB 50300附录F填写； (3)分部工程质量验收记录可按《建筑工程施工质量验收统一标准》GB 50300附录G填写； (4)单位工程质量竣工验收记录、质量控制资料核查记录、安全和功能检验资料核查及主要功能抽查记录、观感质量检查记录应按《建筑工程施工质量验收统一标准》GB 50300附录H填写。 2. 建设单位收到工程竣工报告后，应由建设单位项目负责人组织监理、施工、设计、勘察等单位项目负责人进行单位工程验收。 3. 验收记录由施工单位填写，验收结论由监理单位填写。综合验收结论经参加验收各方共同商定，由建设单位填写，应对工程质量是否符合设计文件和相关标准的规定及总体质量水平作出评价。单位工程验收时，验收签字人员应由相应单位的法人代表书面授权。

第四篇　检验检测

本篇共包含建筑材料及构配件、主体结构、室内环境污染物、防雷装置、钢结构、地基基础、建筑节能、建筑幕墙八个部分内容。以现行规范标准为依据，列举了八个领域的主要检测项目、组批原则、取样方法及数量、检测结果判定及处理等内容。对于未涉及的标准、更新后的标准或设计有要求的，按照现行标准和设计要求进行。

第一章　材料及构配件

一、概述

1. 材料及构配件进场检测内容应包括材料性能复试和设备性能测试，进场材料性能复试与设备性能测试的项目和主要检测参数，应依据家现行相关标准、设计文件和合同要求确定。对不能在施工现场制取试样或不适于送检的大型构配件及设备等，可由监理单位与施工单位等协商在供货方提供的检测场所进行检测。

2. 建筑材料及构配件制取试样、登记台账、送检、检测试验、检测试验报告管理等应符合检验检测程序要求。工程应配备满足检测试验需要的试验人员、仪器设备、设施及相关标准。建筑工程施工现场检测试验的组织管理和实施应由施工单位负责。当建筑工程实行施工总承包时，可由总承包单位负责整体组织管理和实施，分包单位按合同确定的施工范围各负其责。施工单位及其取样、送检人员必须确保提供的检测试样具有真实性和代表性。见证人员必须对见证取样和送检的过程进行见证，且必须确保见证取样和送检过程的真实性。

3. 承担检测试验任务的检测单位应符合下列规定：当行政法规、国家现行标准或合同对检测单位的资质有要求时，应遵守其规定；当没有要求时，可由施工单位的企业试验室试验，也可委托具备相应资质的检测机构检测；对检测试验结果有争议时，应委托共同认可的具备相应资质的检测机构重新检测；检测单位的检测试验能力应与其所承接检测试验项目相适应。检测机构应确保检测数据和检测报告的真实性和准确性。

4. 检测方法应符合国家现行关标准的规定。当国家现行标准未规定检测方法时，检测机构应制定相应的检测方案并经相关各方认可，必要时应进行论证或验证。

二、主要控制项及相关标准规范

编号	样品名称	主要检测项目	实施依据	组批原则	取样方法及数量	检测结果判定及处理
1	水泥(通用水泥)	凝结时间、安定性、强度、细度、氯离子	GB 175-2007 GB/T 12573-2008 GB 50204-2015	同一生产厂家、同一强度等级、同一品种、同一批号且连续进场的水泥，袋装不超过 200 t 为一批，散装不超过 500 t 为一批。	每批取样不少于一次，样品总量不少于 12 kg。	通用水泥：所检参数符合 GB 175-2007 要求；除细度外，其中任一项不符合要求则为不合格品。 砌筑水泥：所检参数符合 GB/T 3183-2017 要求；其中任一项不符合要求则为不合格品。
2	钢筋原材(热轧光圆钢筋、热轧带肋钢筋、余热处理钢筋)	下屈服强度、抗拉强度、断后伸长率、最大力总延伸率、弯曲性能、反向弯曲性能(热轧带肋钢筋)、重量偏差、实测抗拉强度与实测下屈服强度比值(抗震钢筋)、实测下屈服强度与下屈服强度特征值的比值(抗震钢筋)	GB/T 1499.1-2017 GB/T 1499.2-2018 GB/T 13014-2013 GB 55008-2021	1. 每批由同一牌号、同一炉罐号、同一尺寸的钢筋组成，每批重量通常不大于 60 t。 2. 超过 60 t 的部分，每增加 40 t，增加一个拉伸试样和一个弯曲试验。 3. 允许由同一牌号、同一冶炼方法、同一浇注方法的不同炉罐号组成混合批，但各炉罐号含碳量之差不大于 0.02%，含锰量之差不大于 0.15%。混合批的重量不大于 60 t。 4. 钢筋、成型钢筋进场检验，当满足下列条件之一时，其检验批容量可扩大一倍： (1)获得认证的钢筋、成型钢筋； (2)同一厂家、同一牌号、同一规格的钢筋，连续三次进场检验均一次检验合格； (3)同一厂家、同一类型、同一钢筋来源的成型钢筋，连续三批均一次检验合格。	拉伸试样 2 个，弯曲试样 2 个，反向弯曲试样 1 个，重量偏差试样 5 个。	1. 所检项目符合其产品标准要求。 2. 除钢筋的重量偏差项目不合格时不允许复验外，其余项目如有不符合要求时，应对不符合的项目做相同类型的双倍试验，双倍试验应全部合格，否则为不合格。

(续表)

编号	样品名称	主要检测项目	实施依据	组批原则	取样方法及数量	检测结果判定及处理
3	钢筋原材(冷轧带肋钢筋)	抗拉强度、断后伸长率、弯曲试验 180°、重量偏差、反复弯曲次数、最大力总延伸率	GB/T 13788-2017 GB 50204-2015	每批由同一牌号、同一外形、同一规格、同一生产工艺和同一交货状态的钢筋组成,每批重量不大于 60 t。 钢筋、成型钢筋进场检验,当满足下列条件之一时,其检验批容量可扩大一倍: 1. 获得认证的钢筋、成型钢筋; 2. 同一厂家、同一牌号、同一规格的钢筋,连续三次进场检验均一次检验合格; 3. 同一厂家、同一类型、同一钢筋来源的成型钢筋,连续三批均一次检验合格。	拉伸试验每盘 1 个,弯曲试验每批 2 个,反复弯曲次数每批 2 个,重量偏差每批 3 个。	所检项目应符合其产品标准要求;其中如有项目不符合要求时,应对不符合项目做相同类型的双倍试验,双倍试验应全部合格,否则为不合格。
4	钢筋焊接接头(闪光对焊)	拉伸试验、弯曲试验	JGJ 18-2012	同一台班内由同一焊工完成的 300 个同牌号、同直径钢筋焊接接头应作为一批;当同一台班内焊接的接头数量较少,可在一周内累计计算;如累计仍不足 300 个接头,应按一批计算。	随机抽取 6 个接头,3 个做拉伸试验,3 个做弯曲试验。	1. 当拉伸试验符合 JGJ 18-2012 要求时,评定该检验批接头拉伸试验合格;当拉伸试验符合 JGJ 18-2012 内 5.1.7 款中第 2、3 条时可取 6 个试件进行复验;复检结果按符合 JGJ 18-2012 内 5.1.7 款第 4 条判定。 2. 当弯曲试验弯曲至 90°时有 2 个或 3 个试件外侧(含焊缝和热影响区)未发生宽度达到 0.5 mm 的裂纹,应评定该检验批接头弯曲试验合格。 当有 3 个试件发生宽度达到 0.5 mm 的裂纹,应评定该检验批接头弯曲试验不合格。 当有 2 个试件发生宽度达到 0.5 mm 的裂纹,应取 6 个试件进行复验;复验时,应切取 6 个试件进行试验;复验结果,当不超过 2 个试件发生宽度达到 0.5 mm 的裂纹时,应评定该检验批接头弯曲试验复验合格。

(续表)

编号	样品名称	主要检测项目	实施依据	组批原则	取样方法及数量	检测结果判定及处理
5	钢筋焊接接头(电渣压力焊、电弧焊)	拉伸试验	JGJ 18-2012 GB 50204-2015	在现浇混凝土结构中,应以300个同牌号钢筋、同形式(电弧焊适用)接头作为一批;在房屋结构中,应在不超过连续二楼层中300个同牌号钢筋、同形式接头作为一批;不足300个时,应作为一批。	1. 每批随机切取3个接头做拉伸试验。 2. 若同一批中有3种不同直径的钢筋焊接头,应在最大和最小直径钢筋接头中分别切取3个试件进行拉伸试验。	当拉伸试验符合JGJ 18-2012要求时,评定该检验批接头拉伸试验合格;当拉伸试验符合JGJ 18-2012内5.1.7款中第2、3条时可取6个试件进行复验;复检结果按符合JGJ 18-2012内5.1.7款第4条判定。
6	钢筋焊接接头(气压焊)	拉伸试验、弯曲试验	JGJ 18-2012 GB 50204-2015	在现浇混凝土结构中,应以300个同牌号钢筋作为一批,在房屋结构中,应在不超过连续二楼层中300个同牌号钢筋接头作为一批;不足300个时,仍应作为一批。	1. 在柱、墙的竖向钢筋连接中,每批随机切取3个接头做拉伸试验;在梁板的水平钢筋连接中,应随机另取3个接头做弯曲试验。 2. 同一批中,异径钢筋可只做拉伸试验。3、当同一批中有3种不同直径的钢筋焊接头,应在最大和最小直径钢筋接头中分别切取3个试件进行拉伸试验。	1. 当拉伸试验符合JGJ 18-2012要求时,评定该检验批接头拉伸试验合格;当拉伸试验符合JGJ 18-2012内5.1.7款中第2、3条时可取6个试件进行复验;复检结果按符合JGJ 18-2012内5.1.7款第4条判定。 2. 当弯曲试验弯曲至90°时有2个或3个试件外侧(含焊缝和热影响区)未发生宽度达到0.5 mm的裂纹,应评定该检验批接头弯曲试验合格。当有3个试件发生宽度达到0.5 mm的裂纹,应评定该检验批接头弯曲试验不合格。当有2个试件发生宽度达到0.5 mm的裂纹,应取6个试件进行复验;复验时,应切取6个试件进行试验;复验结果,当不超过2个试件发生宽度达到0.5 mm的裂纹时,应评定该检验批接头弯曲试验复验合格。

（续表）

编号	样品名称	主要检测项目	实施依据	组批原则	取样方法及数量	检测结果判定及处理
7	钢筋机械连接接头	极限抗拉强度、残余变形	JGJ 107-2016 GB 55008-2021	1. 工艺检验：每种规格钢筋接头试件不应少于3根。 2. 现场检验：同钢筋生产厂、同强度等级、同规格、同类型和同接头型式以500个为一批；不足500个，应作为一批。同一接头类型、同型式、同等级、同规格的现场检验连续10个验收批抽样试件抗拉强度试验一次合格率为100%时，验收批接头数量可扩大为1 000个。	工艺检验：每种规格钢筋接头试件不应少于3根。 现场抽检：随机截取3个试件；复检取6个试件；验收批接头数量少于200个时，随机抽取2个试件做极限抗拉强度试验。	1. 工艺检验：所检项目残余变形符合JGJ 107-2016要求，极限抗拉强度符合GB 55008-2021要求；不符合标准要求时应进行工艺调整后重新检验。 2. 现场抽检：所检项目残余变形符合JGJ 107-2016要求，极限抗拉强度符合GB 55008-2021，要求该验收批应评为合格。当仅有1个试件的极限抗拉强度不符合要求，应再取6个试件进行复检。复检中仍有1个试件的极限抗拉强度不符合要求，该验收批应评为不合格。验收批接头数量少于200个时，当2个试件的极限抗拉强度均满足要求，该验收批应评为合适。当有1个试件的极限抗拉强度不满足要求，应再取4个试件进行复检，复检中仍有1个试件极限抗拉强度不满足要求，该验收批应评为不合格。
8	细骨料	颗粒级配、细度模数、表观密度、吸水率、堆积密度、紧密密度、含水率、含泥量、泥块含量、人工砂及混合砂中石粉含量、人工砂压碎值指标、坚固性、云母含量、轻物质含量、有机物含量、硫酸盐及硫化物含量、氯离子含量、贝壳含量、碱活性	GB 50204-2015 GB 50203-2011 JGJ 52-2006 GB 55008-2021	同产地同规格以400 m^3 或600 t为一验收批，不足上述量者，应按一验收批进行验收。当砂或石的质量比较稳定、进料量又较大时，可以1 000 t为一验收批。	每批至少一组，取样数量不少于50 kg。	1. 所检项目中氯离子含量、坚固性符合所检项目应符合GB 55008-2021要求，其余项目符合JGJ 52-2006要求。 2. 除颗粒级配、细度模数外，其余项目存在不符合时，应加倍取样进行复验，当复验仍有一项不满足标准要求时，应按不合格品处理。

（续表）

编号	样品名称	主要检测项目	实施依据	组批原则	取样方法及数量	检测结果判定及处理
8	细骨料	颗粒级配、表观密度、饱和面干吸水率、松散堆积密度与孔隙率、含水率、天然砂的含泥量、泥块含量、机制砂的石粉含量、压碎指标、坚固性、云母含量、轻物质含量、有机物含量、硫酸盐及硫化物含量、氯化物含量、贝壳含量、片状颗粒含量、放射性、碱骨料反应	GB/T 14684-2022	按同分类、类别及日产两组批，日产量不超过 4 000 t，每 2 000 t 为一验收批，不足 2 000 t 亦为一批；日产量超过 4 000 t，按每条生产线连续生产 8 h 的产量为一批，不足 8 h 的宜为一批。	每批至少一组，取样数量不少于 50 kg。	所检项目应符合 GB/T 14684-2022 要求；除含水率、饱和面干吸水率、碱骨料反应外，其他若有一项指标不符合标准规定时，则应从同一批产品中加倍取样，对该项进行复验。复验后，若试验结果符合标准规定，可判为该批产品合格，若仍然不符合标准要求时，判为不合格。当有两项及以上试验结果不符合标准规定时，则判该批产品不合格。
		筛分、表观相对密度、吸水率、坚固性、含泥量、砂当量、亚甲蓝值、棱角性（流动时间法）	CJJ1-2008 JTGE42-2005	同产地同品种同规格且连续进场为一批，每批抽检 1 次。	取样部位应均匀分布，不宜小于 20 kg。	
9	粗骨料	颗粒级配、表观密度、吸水率、堆积密度、紧密密度、空隙率、含水率、含泥量、泥块含量、针状和片状颗粒总含量、坚固性、岩石的抗压强度、压碎值指标、硫化物及硫酸盐含量、碱活性	GB 50204-2015 GB 50203-2011 JGJ 52-2006 GB 55008-2021 GB 55007-2021	同产地同规格以 400 m^3 或 600 t 为一验收批，不足上述量者，应按一验收批进行验收。当砂或石的质量比较稳定、进料量又较大时，可以 1 000 t 为一验收批	每批至少一组，取样数量不少于 120 kg。	所检项目中坚固性应符合 GB 55008-2021 要求；其他项目符合 JGJ 52-2006 的要求；除颗粒级配外，其余项目存在不合格时，应加倍取样进行复验，当复验仍有一项不满足标准要求时，应按不合格品处理。

（续表）

编号	样品名称	主要检测项目	实施依据	组批原则	取样方法及数量	检测结果判定及处理
9	粗骨料	颗粒级配、卵石含泥量（碎石泥粉含量）、泥块含量、表观密度、吸水率、连续级配松散堆积空隙率、堆积密度、含水率、针、片状颗粒含量、不规则颗粒含量、坚固性、岩石抗压强度、压碎指标、硫化物及硫酸盐含量、有机物含量、放射性、碱骨料反应	GB/T 14685-2022	按同分类、类别及日产两组批，日产量不超过4 000 t，每2 000 t为一验收批，不足2 000 t亦为一批；日产量超过4 000 t，按每条生产线连续生产8 h的产量为一批，不足8 h的宜为一批。	每批至少一组，取样数量不少于120 kg。	所检项目应符合GB/T 14685-2022要求；除含水率、堆积密度、碱骨料反应外，其他若有一项指标不符合标准规定时，则应从同一批产品中加倍取样，对该项进行复验。复验后，若试验结果符合标准规定，可判为该批产品合格，若仍然不符合标准要求时，判为不合格。当有两项及以上试验结果不符合标准规定时，则判该批产品不合格。
		筛分、石料压碎值、洛杉矶磨耗损失、表观相对密度、吸水率、坚固性、针片状颗粒含量、水洗法＜0.075 mm颗粒含量、软石含量	CJJ1-2008 JTGE42-2005	同产地同品种同规格且连续进场为一批抽查1次。	取样部位应均匀分布，不宜少于50 kg。	所检项目应符合CJJ1-2008要求。

(续表)

编号	样品名称	主要检测项目	实施依据	组批原则	取样方法及数量	检测结果判定及处理
10	砌块、空心砌块	抗压强度、干密度导热系数	GB/T 15229-2011 GB/T 11968-2020 GB/T 29062-2012 GB 50203-2011 GB 50411-2019	1. 轻集料混凝土小型空心砌块用于砌体工程:每一生产厂家,每 1 万块小砌块为一验收批,不足 1 万块按一批计,抽检数量为 1 组;用于多层以上建筑的基础和底层的小砌块抽检数量不应少于 2 组。 2. 蒸压加气混凝土砌块:同品种、同规格、同级别的砌块,以 30 000 块为一批,不足 30 000 块按一批计。 3. 蒸压泡沫混凝土砌块:同类型的砌块每 10 万块为一批,不足 10 万块按一批计。 4. 蒸压加气混凝土砌块、蒸压泡沫混凝土砌块用于墙体节能工程:同厂家、同品种产品,按照扣除门窗洞口后的保温墙面面积所使用的材料用量,在 5 000 m^2 以内时应复验 1 次;面积每增加 5 000 m^2 应增加 1 次。同工程项目、同施工单位且同期施工的多个单位工程,可合并计算抽检面积。当符合 GB 50411-2019 第 3.2.3 条的规定时,检验批容量可以扩大一倍。	1. 轻集料混凝土小型空心砌块:每组 8 块。 2. 蒸压加气混凝土砌块:每组 7 块。 3. 蒸压泡沫混凝土砌块:每组 9 块。	
		抗压强度	GB/T 8239-2014 GB/T 11945-2019 GB 50203-2011	1. 普通混凝土小型砌块:用于砌体工程:每一生产厂家,每 1 万块小砌块为一验收批,不足 1 万块按一批计,抽检数量为 1 组;用于多层以上建筑的基础和底层的小砌块抽检数量不应少于 2 组。 2. 蒸压灰砂实心砌块:以同一批原材料、同一生产工艺生产、同一规格尺寸,强度等级相同的 10 万块且不超过 1 000 m^3 为一批,不足 10 万块按一批计。	1. 普通混凝土小型砌块(抗压强度):$(H/B)\geqslant 0.6$ 时每组 5 块、$(H/B)<0.6$ 时每组 10 块。 2. 蒸压灰砂实心砌块:每组 5 块(大型砌块 6 块,其中 1 块用于备用)。	

(续表)

编号	样品名称	主要检测项目	实施依据	组批原则	取样方法及数量	检测结果判定及处理
11	砖、多孔砖、空心砖	抗压强度	GB/T 5101-2017 GB/T 21144-2007 GB/T 13544-2011 GB/T 13545-2014 GB 25779-2010 GB/T 11945-2019 GB 50203-2011	1. 烧结普通砖、混凝土实心砖同一生产厂家每15万块为一批;不足15万块按一批计。 2. 烧结多孔砖、混凝土多孔砖、蒸压灰砂砖、蒸压粉煤灰砖、烧结空心砖、承重混凝土多孔砖、蒸压灰砂实心砖:同一生产厂家,每10万块为一批,不足10万块按一批计;一批,不足10万块亦按一批计。	1. 烧结普通砖、混凝土实心砖、烧结多孔砖、烧结空心砖:每组10块。 2. 承重混凝土多孔砖:(H/B)≥0.6时每组5块;(H/B)<0.6时每组10块。 3. 蒸压灰砂实心砖:每组5块。	
12	屋面工程用瓦	1. 烧结瓦、混凝土瓦:吸水率、抗弯曲性能/承载力、抗冻性能、抗渗性能。 2. 沥青瓦:可溶物含量、拉力、耐热度、柔度、不透水性	GB/T 21149-2019 JC/T 746-2007 GB/T 20474-2015 GB 50207-2012	1. 烧结瓦:同品种、同等级、同规格的瓦,每10 000~35 000件为一检验批。不足该数量时,也按一批计。 2. 混凝土瓦:同一厂家生产的同一品种、同等级、同规格的进场材料应至少抽取一组。 3. 沥青瓦:同一类型、同一规格20 000 m^2为一批,不足20 000 m^2按一批计。	1. 烧结瓦:随机抽取不少于18块。 2. 混凝土瓦:随机抽取不少于20片。 3. 沥青瓦:随机抽取5包,每包各抽取至少1片。	
13	建筑用轻质隔墙条板	板密度、抗弯破坏荷(抗弯承载)、含水率、抗压强度、放射性	GB/T 23451-2009 JG/T 169-2016 GB 50210-2018	同一厂家生产的同一品种、同一类型的进场材料为一批。	每批至少抽取一组,每组数量不少于6块整板。	1. 若面密度、抗弯承载、含水率项目均应符合产品标准中相应规定时,则判该批产品为合格批;若有两项以上不符合相应规定,则判该批产品为批不合格。若在此三项中有一项不合格,则按产品标准对不符合项目抽第二样本进行检验,若无任一结果不合格,则判该批产品为合格批,若仍有一个结果不合格则判该批产品为批不合格。 2. 建筑隔墙用轻质条板:所检项目应符合产品标准要求,否则判所检项目不符合标准要求。

（续表）

编号	样品名称	主要检测项目	实施依据	组批原则	取样方法及数量	检测结果判定及处理
14	蒸压加气混凝土板	蒸压加气混凝土干密度、抗压强度、导热系数	GB/T 15762-2020	同一厂家生产的同一品种、同一类型的屋面板、楼板 3 000 块为一批，外墙板 5 000 块为一批，隔墙板 10 000 块为一批。	每组 3 块。	
15	弹性体改性沥青防水卷材/塑性体改性沥青防水卷材	可溶物含量、最大峰拉力、最大峰时延伸率、低温柔性、热老化、不透水性、耐热性	GB 18243-2008 GB 18242-2008 GB 50208-2011	以同一类型、同一规格 10 000 m^2 为一批，不足 10 000 m^2 亦按一批。	随机任取一卷，将卷材切除距外层卷头 2 500 mm 后，取不少于 1 m 的试样。	
16	自粘聚合物改性沥青防水卷材	可溶物含量、拉伸性能、耐热性、低温柔性、不透水性、热老化	GB 23441-2009 GB 50208-2011	以同一类型、同一规格 10 000 m^2 为一批，不足 10 000 m^2 亦按一批。	随机抽取一卷取至少 1.5 m^2 的试样。	
17	预铺防水卷材	可溶物含量、拉伸性能、耐热性、低温弯折、低温柔性、不透水性、热老化	GB/T 23457-2017 GB 50208-2011	以同一类型、同一规格 10 000 m^2 为一批，不足 10 000 m^2 亦按一批。	随机抽取一卷取至少 1.5 m^2 的试样。	
18	湿铺防水卷材	可溶物含量、拉伸性能、耐热性、低温柔性、不透水性、热老化	GB/T 35467-2017 GB 50208-2011	以同一类型、同一规格 10 000 m^2 为一批，不足 10 000 m^2 亦按一批。	随机抽取一卷取至少 1.5 m^2 的试样。	

(续表)

编号	样品名称	主要检测项目	实施依据	组批原则	取样方法及数量	检测结果判定及处理
19	聚氯乙烯(PVC)防水卷材/热塑性聚烯烃(TPO)防水卷材	最大拉力、拉伸强度、最大拉力时伸长率、断裂伸长率、低温弯折性、不透水性	GB 12952-2011 GB 27789-2011 GB 50208-2011	以同类型的 10 000 m^2 为一批,不足 10 000 m^2 亦按一批。	随机任取一卷,在距外层端部 500 mm 处裁取 3 m 的试样。	
20	氯化聚乙烯防水卷材	拉伸强度/拉力、断裂伸长率、低温弯折性、不透水性	GB 12953-2003 GB 50208-2011	以同类型的 10 000 m^2 卷材为一批,不足 10 000 m^2 亦可作为一批。	随机任取一卷,在距外层端部 500 mm 处裁取 3 m。	
21	改性沥青聚乙烯胎防水卷材	拉力、断裂延伸率、不透水性、耐热性、低温柔性	GB 18967-2009 GB 50208-2011	以同一类型、同一规格 10 000 m^2 为一批,不足 10 000 m^2 亦可作为一批。	随机任取一卷取至少 1.5 m^2 的试样。	
22	高分子防水材料片材	拉伸强度(常温)、拉断伸长率(常温)、撕裂强度、不透水性、低温弯折、复合强度	GB/T 18173.1-2012 GB 50208-2011	以同品种、同规格的 5 000 m^2 为一批。	随机任取一卷取至少 1.5 m^2 的试样。	
23	高分子防水材料止水带	硬度(邵尔 A)、拉伸强度、拉断伸长率、压缩永久变形、撕裂强度、热空气老化	GB/T 18173.2-2014 GB 50208-2011	B类、S类止水带以同标记、连续生产 5 000 m 为一批(不足 5 000 m 按一批计);J类止水带以每 100 m 制品所需的胶料为一批。	随机抽取不少于 1 m 的试样。	
24	高分子防水材料遇水膨胀橡胶	硬度(邵尔 A)、拉伸强度、拉断伸长率、体积膨胀倍率、低温弯折、高温流淌性、低温试验	GB/T 18173.3-2014 GB 50208-2011	以同一型号的产品 5 000 m 为一批,如不足 5 000 m 也按一批计。	随机抽取不少于 2 m 的试样。	

（续表）

编号	样品名称	主要检测项目	实施依据	组批原则	取样方法及数量	检测结果判定及处理
25	遇水膨胀止水胶	固含量、密度、下垂度、表干时间、7 d拉伸粘结强度、低温柔性、拉伸性能、体积膨胀倍率	JG/T 312-2011 GB 50208-2011	同一型号产品每5 t为一批，不足5 t也按一批计。	随机抽取5支。	
26	水泥基渗透结晶型防水材料	抗折强度、粘结强度、抗渗性、抗压强度	GB 18445-2012 GB 50208-2011	每10 t为一批，不足10 t按一批抽样。	每批产品随机抽样，抽取10 kg样品。	
27	聚合物水泥防水砂浆	粘结强度、抗渗性、抗折强度、吸水率、耐碱性	JC/T 984-2011 GB 50208-2011	每10 t为一批，不足10 t按一批抽样。	在每批中不少于6个取样点随机抽取不少于20 kg。	
28	聚氨酯防水涂料	固体含量、表干时间、实干时间、拉伸强度、断裂伸长率、不透水性、低温弯折性、粘结强度	GB/T 19250-2013 GB 50208-2011 GB 50207-2012	地下防水工程用聚氨酯防水涂料：每5 t为一批，不足5 t按一批抽样。 屋面防水工程用聚氨酯防水涂料：每10 t为一批，不足10 t按一批抽样。	在每批产品中随机抽取两组样品，一组样品用于检验，另一组样品封存备用.每组至少5 kg。	
29	聚合物乳液建筑防水涂料	固体含量、干燥时间、拉伸强度、断裂伸长率、不透水性、低温柔性	JC/T 864-2008 GB 50208-2011 GB 50207-2012	地下防水工程用聚合物乳液建筑防水涂料每5 t为一批，不足5 t按一批抽样。 屋面防水工程用聚合物乳液建筑防水涂料每10 t为一批，不足10 t按一批抽样。	随机抽取4 kg。	
30	水乳型沥青防水涂料	固体含量、耐热性、低温柔度、粘结强度、不透水性、断裂伸长率、表干时间、实干时间	JC/T 408-2005 GB 50208-2011 GB 50207-2012	地下防水工程用水乳型沥青防水涂料每5 t为一批，不足5 t按一批抽样。 屋面防水工程用水乳型沥青防水涂料每10 t为一批，不足10 t按一批抽样。	随机抽取2 kg。	

(续表)

编号	样品名称	主要检测项目	实施依据	组批原则	取样方法及数量	检测结果判定及处理
31	聚合物水泥防水涂料	固体含量、拉伸强度、断裂伸长率、不透水性、低温柔性、潮湿基层粘结强度	GB/T 23445-2009	地下防水工程用聚合物水泥防水涂料每5 t为一批,不足5 t按一批抽样。 屋面防水工程用聚合物水泥防水涂料每10 t为一批,不足10 t按一批抽样。	抽取5 kg。	
32	普通混凝土	配合比设计(坍落度、坍落度经时损失、扩展度、扩展度经时损失、凝结时间、泌水、压力泌水、表观密度、含气量抗压强度、抗渗性能、抗冻性)	JGJ 55-2011 JGJ/T 283-2012 JGJ/T 12-2019 GB 50204-2015 GB/T 14902-2012	同一混凝土配合比设计送检一次。	各种原材料数量满足《普通混凝土配合比设计规程》JGJ 55-2011相关要求。	
		立方体抗压强度	GB/T 50081-2019 GB/T 14902-2012 GB 50204-2015	1. 用于混凝土结构工程的混凝土试件: (1)每拌制100盘且不超过100 m^3的同配合比的混凝土,取样不得少于一次。 (2)每工作班拌制不足100盘时,取样不得少于一次。 (3)连续浇筑超过1 000 m^3时,每200 m^3取样不得少于一次。 (4)每一楼层取样不得少于一次。 2. 灌注桩混凝土试件:试件应在施工现场随机抽取。来自同一搅拌站的混凝土,每浇筑50 m^3必须留置1组试件;当混凝土浇筑量不足50 m^3时,每连续浇筑12 h必须至少留置1组试件。对单柱单桩,每根桩应至少留置1组试件。	1. 用于混凝土结构工程和灌注桩:每次取样应至少留置一组试件,留置试件数量按取样频次确定。 2. 结构实体检测用同条件养护试件:同一强度等级的同条件养护试件不宜少于10组,且不应少于3组,每连续两层楼取样不应少于1组;每2 000 m^3取样不得少于一组。	

（续表）

编号	样品名称	主要检测项目	实施依据	组批原则	取样方法及数量	检测结果判定及处理
32	普通混凝土	抗渗性能	GB/T 50082-2009 GB 50204-2015 GB 50208-2011	1. 混凝土结构用抗渗试件：同一工程、同一配合比的混凝土，不能少于一个检验批。 2. 地下防水工程用抗渗试件：连续浇筑混凝土每 500 m^3 应留置一组为 6 个抗渗试件，且每项工程不得少于两组。采用预拌混凝土的抗渗试件，留置组数应视结构的规模和要求而定。	1. 混凝土结构用试件：施工现场随机抽取，数量按实际检验批次确定且试件数量符合 GB/T 50082 和 JGJ/T 193 要求。 2. 地下防水工程用试件：按浇筑方量确定实际组数，且每项工程不得少于两组。	
		抗冻性	GB/T 50082-2009 GB/T 14902-2012 GB 50204-2015	同一工程、同一配合比的混凝土，不能少于一个检验批。	施工现场随机抽取，具体数量按设计抗冻标号确定（详见 GB/T 50082-2009）。	
33	混凝土外加剂	减水率、泌水率比、含气量、凝结时间之差、1 h 经时变化量、抗压强度比、收缩率比、相对耐久性、含固量、含水率、pH 值、密度、细度、氯离子含量、总碱量	GB 8076-2008 GB 50119-2013 GB 50204-2015	同一厂家、同一品种、同一性能、同一批号且连续进场的混凝土外加剂，不超过 50 t 为一批，每批抽样数量不少于一次。	高性能减水剂、高效减水剂、普通减水剂、引气减水剂、引气剂、泵送剂、早强剂、缓凝剂每一检验批取样量不得少于 0.2 t 水泥所需用的外加剂量，每批取得的样应充分混匀，分为两等份，一份进行检验检测，另一份密封保存半年。	

（续表）

编号	样品名称	主要检测项目	实施依据	组批原则	取样方法及数量	检测结果判定及处理
34	混凝土膨胀剂	限制膨胀率、抗压强度、细度、凝结时间	GB/T 23439-2017 GB 50119-2013 GB 50204-2015	同一厂家、同一品种、同一性能、同一批号且连续进场的混凝土外加剂，不超过50 t为一批，每批抽样数量不少于一次。	每一检验批取样量不少于10 kg，充分混匀后，分为两等份，一份为检验样，一份为封存样，密封保存180 d。	
35	混凝土防冻剂	氯离子含量、碱含量、密度、细度、固体含量、含水率、含气量、减水率、氯离子含量、碱含量	JC/T 475-2004 GB 50119-2013 GB 50204-2015	同一厂家、同一品种、同一性能、同一批号且连续进场的混凝土外加剂，不超过50 t为一批，每批抽样数量不少于一次。	每一检验批取样量不得少于0.2 t胶凝材料所需用的外加剂，每批取得的样应充分混匀，分为两等份，一份进行检验检测，另一份密封保存半年；液体防冻剂。	
36	砂浆、混凝土防水剂	密度、细度、固体含量、含水率、泌水率比、凝结时间差、抗压强度比、氯离子含量、总碱量	JC/T 474-2008 GB 50119-2013 GB 50204-2015	同一厂家、同一品种、同一性能、同一批号且连续进场的混凝土外加剂，不超过50 t为一批，每批抽样数量不少于一次。	每一检验批取样量不得少于0.2 t胶凝材料所需用的外加剂，每批取得的样应充分混匀，分为两等份，一份进行检验检测，另一份密封保存半年。	

（续表）

编号	样品名称	主要检测项目	实施依据	组批原则	取样方法及数量	检测结果判定及处理
37	混凝土防冻泵送剂	泌水率比、含气量、减水率、凝结时间之差、坍落度1 h经时变化量、抗压强度比、收缩率比、50次冻融强度损失率比、含固量、含水率、细度、密度、总碱量、氯离子含量	JG/T 377-2012 GB 50119-2013 GB 50204-2015	同一厂家、同一品种、同一性能、同一批号且连续进场的混凝土外加剂，不超过50 t为一批，每批抽样数量不少于一次。	每一检验批取样量不得少于0.2 t胶凝材料所需用的外加剂，每批取得的样应充分混匀，分为两等份，一份进行检验检测，另一份密封保存半年。	
38	用于水泥和混凝土中的粉煤灰	细度、密度、需水量比、烧失量、含水量、安定性、强度活性指数、三氧化硫、游离氧化钙、放射性	GB/T 1596-2017 GB 50204-2015	应按同一厂家、同一品种、同一技术指标、同一批号且连续进场的粉煤灰不超过200 t为一批。	每批抽样数量不应少于一次，总量至少3 kg。	所检参数符合GB/T 1596-2017要求。若其中任何一项不符合要求，允许在同一编号中重新取样进行全部项目的复检，以复检结果判定。
39	用于水泥、砂浆和混凝土中的粒化高炉矿渣粉	密度、比表面积，活性指数、流动度比、初凝时间比、含水量	GB/T 18046-2017 GB 50204-2015	应按同一厂家、同一品种、同一技术指标、同一批号且连续进场的粒化高炉矿渣粉不超过500 t为一批。	每批抽样数量不应少于一次，每组样品不少于20 kg。	
40	建筑砂浆	砂浆配合比设计、稠度、密度、保水率、凝结时间、抗压强度、抗渗性能、含气量	JGJ/T 98-2010、GB 50209-2010	同一工程、同一强度等级、同一配合比砂浆送检一次。	各种原材料数量满足JGJ/T 98-2010相关要求。	

(续表)

编号	样品名称	主要检测项目	实施依据	组批原则	取样方法及数量	检测结果判定及处理
40	建筑砂浆	立方体抗压强度	JGJ/T 70-2009 GB 50203-2011 GB 50209-2010 GB 50210-2018 JGJ/T 220-2010	1. 砌筑结构工程用砂浆：每一检验批且不超过 250 m^3 砌体的各类、各强度等级的普通砌筑砂浆，每台搅拌机应至少抽检一次砂浆强度。 2. 建筑地面工程用砂浆：检验同一施工批次、同一配合比水泥砂浆强度的试块，应按每一层(或检验批)建筑地面工程不少于1组。当每一层(或检验批)建筑地面工程面积大于 1 000 m^2 时，每增加 1 000 m^2 应增做 1 组试块；小于 1 000 m^2 按 1 000 m^2 计算，取样 1 组；检验同一施工批次、同一配合比的散水、明沟、踏步、台阶、坡道的水泥砂浆强度的试块，应按每 150 延长米不少于 1 组。 3. 抹灰工程用砂浆：相同砂浆品种、强度等级、施工工艺的室外抹灰工程，每 1 000 m^2 应划分为一个检验批，不足 1 000 m^2 的，也应划分为一个检验批；相同砂浆品种、强度等级、施工工艺的室内抹灰工程，每 50 个自然间(大面积房间和走廊按抹灰面积 30 m^2 为一间)应划分为一个检验批，不足 50 间的也应划分为一个检验批。砂浆抗压强度验收时，同一验收批砂浆试块不应少于 3 组。	1. 每批至少抽检一组；砌筑结构工程用砂浆：验收批的预拌砂浆、蒸压加气混凝土砌块专用砂浆，抽检可为 3 组。同一验收批，同一类型、强度等级的砂浆试块不应少于 3 组。对于建筑结构的安全等级为一级或设计使用年限为 50 年及以上的房屋，同一验收批砂浆试块的数量不得少于 3 组。 2. 建筑地面工程砂浆：每批不少于 1 组。 3. 抹灰工程用砂浆：同一验收批试块不应少于 3 组。	用于砌筑结构工程的砂浆：砂浆试块的试验结果，不能满足设计要求时可采用现场检验法对砂浆或砌体强度进行实体检测。

（续表）

编号	样品名称	主要检测项目	实施依据	组批原则	取样方法及数量	检测结果判定及处理
41	预拌砂浆	保水率、压力泌水率、拉伸粘结强度、收缩率、抗压强度、抗渗压力、稠度偏差、2 h 稠度损失率、保塑时间、凝结时间、抗冻性	GB/T 25181-2019	1. 湿拌砂浆： (1)稠度、保水率、保塑时间、压力泌水率、抗压强度和拉伸粘结强度检验的试样，每 50 m^3 相同配合比的湿拌砂浆取样不应少于一次；每一工作班相同配合比的湿拌砂浆不足 50 m^3 时，取样不应少于一次。 (2)抗渗压力、抗冻性、收缩率检验的试样，每 100 m^3 相同配合比的湿拌砂浆取样不应少于一次；每一工作班相同配合比的湿拌砂浆不足 100 m^3 时，取样不应少于一次。 2. 干混砂浆： (1)年产量 10×10^4 t 以上，不超过 800 t 或 1 d 产量为一批。 (2)年产量 $4\times10^4\sim10\times10^4$ t，不超过 600 t 或 1 d 产量为一批。 (3)年产量 $1\times10^4\sim4\times10^4$ t，不超过 400 t 或 1 d 产量为一批。 (4)年产量 1×10^4 t 以下，不超过 200 t 或 1 d 产量为一批。每批为一取样单位，取样应随机进行。	1. 湿拌砂浆应在搅拌地点随机取样，试验取样总量不少于试验用量的 3 倍。 2. 干混砂浆每批为一取样单位，取样应随机进行，试验取样总量不少于试验用量的 3 倍。	

（续表）

编号	样品名称	主要检测项目	实施依据	组批原则	取样方法及数量	检测结果判定及处理
42	建筑排水用硬聚氯乙烯(PVC-U)管材	规格尺寸、维卡软化温度、纵向回缩率、落锤冲击试验	GB/T 5836.1-2018	用相同混配料和工艺生产的同一规格、同一类型的管材作为一批。当 dn≤75 mm 时，每批数量不超过 80 000 m；75 mm<dn≤160 mm，每批数量不超过 50 000 m；当 160 mm<dn≤315 mm 时，每批数量不超过 30 000 m。如果生产 7 天仍不足规定数量，以 7 天产量为一批。	每组取样不少于 5 m。	所检项目应符合 GB/T 5836.1-2018 要求；其中维卡软化温度、纵向回缩率如有一项达不到要求时，则在该批中随机抽取双倍样品对该项复检，如仍不合格，则判该批不合格批。
43	建筑排水用硬聚氯乙烯(PVC-U)管件	规格尺寸、烘箱试验、维卡软化温度试验、坠落试验	GB/T 5836.2-2018	同一原料、配方和工艺生产的同一规格、同一类型的管件作为一批。当 dn<75 mm 时，每批数量不超过 10 000 件；dn≥75 mm 时，每批数量不超过 5 000 件；如果生产 7 天仍不足规定数量，以 7 天产量为一批。	每组 10 个。	所检项目应符合 GB/T 5836.2-2018 要求；若其中有一项达不到要求时，则在该批中随机抽取双倍样品对该项复检，如仍不合格，则判该批不合格批。
44	冷热水用聚丙烯管道系统管材	规格尺寸、纵向回缩率、静液压强度	GB/T 18742.2-2017	同一原料、同一设备和工艺且连续生产的同一规格管材作为一批，每批数量不超过 100 t。如果生产 10 天仍不足 100 t，则以 10 天产量为一批。	每组不少于 3 m。	所检项目应符合 GB/T 18742.2-2017 要求；若其中有一项达不到要求时，则随机抽取双倍样品进行复检，如仍不合格，则判为不合格批(或产品)。
45	冷热水用聚丙烯管道系统管件	规格尺寸、静液压强度	GB/T 18742.3-2017	同一原料、同一设备和工艺且连续生产的同一规格管件作为一批。当 dn<25 mm 时，每批数量不超过 50 000 件；32 mm≤dn≤63 mm 时，每批数量不超过 20 000 件；dn>63 mm 规格的管件每批不超过 5 000 个，如果生产 7 天仍不足规定数量，以 7 天产量为一批。	每组 3 个(带与管件配套管材，组合件与管材的自由长度不小于其公称外径的 3 倍，最小不小于 250 mm)。	所检项目应符合 GB/T 18742.3-2017 要求；若达不到要求时，则随机抽取双倍样品进行复检，如仍不合格，则判为不合格批(或产品)。

（续表）

编号	样品名称	主要检测项目	实施依据	组批原则	取样方法及数量	检测结果判定及处理
46	给水用硬聚氯乙烯(PVC-U)管材	尺寸、纵向回缩率、落锤冲击试验、液压试验、维卡软化温度	GB/T 10002.1-2006	用相同原料、配方和工艺生产的同一规格的管材作为一批。dn≤63 mm，每批数量不超过 50 t；当 dn>63 mm 时，每批数量不超过 100 t。如果生产 7 天仍不足批量，以 7 天产量为一批。	每组不少于 8 m。	所检项目应符合 GB/T 10002.1-2006 要求；若其中有一项达不到要求时，则在该批中随机抽取双倍样品对该项复检，如仍不合格，则判该批不合格批。
47	冷热水用交联聚乙烯(PE-X)管道系统管材	规格尺寸、纵向回缩率、静液压试验	GB/T 18992.2-2003	同一原料、配方和工艺连续生产的管材作为一批，每批数量为 15 t，不足 15 t 按一批计。	每组不少于 2 m。	所检项目应符合 GB/T 18992.2-2003 要求；若其中有一项达不到要求时，则随机抽取双倍样品对该项复检，如仍不合格，则判该批不合格。
48	排水用芯层发泡硬聚氯乙烯(PVC-U)管材	规格尺寸、纵向回缩率、落锤冲击试验、扁平试验、环刚度	GB/T 16800-2008	同一原料配方、同一工艺和同一规格连续生产的管材作为一批，每批数量不超过 50 t。如果 7 天尚不足 50 t，则以 7 天产量为一批。	每组 10 m。	所检项目应符合 GB/T 16800-2008 要求；若其中有一项达不到要求时，则随机抽取双倍样品对该项复检，如仍不合格，则判该批为不合格。
49	冷热水用聚丁烯(PB)管道系统管材	规格尺寸、纵向回缩率、静液压强度	GB/T 19473.2-2020	同一原料、配方和工艺且连续生产的同一规格管材作为一批，每批数量为 50 t。如果生产 7 天仍不足 50 t，则以 7 天产量为一批。	每组 3 m。	所检项目应符合 GB/T 19473.2 2020 要求，如其中有一项或多项不合格时，则随机抽取两组样品进行不合格项的复检，如仍不合格，则判该批为不合格批。

(续表)

编号	样品名称	主要检测项目	实施依据	组批原则	取样方法及数量	检测结果判定及处理
50	冷热水用聚丁烯(PB)管道系统管件	规格尺寸、静液压强度	GB/T 19473.3-2020	用同一原料和工艺连续生产的同一规格的管件作为一批。dn≤32 mm 规格的管件每批不超过 20 000 个,32 mm<dn≤75 mm 规格的管件每批不超过 10 000 个。dn>75 mm 规格的管件每批不超过 5 000 个,如果生产 7 天仍不足上述数量,则以 7 天为一批。	每组 3 个。	所检项目应符合 GB/T 19473.3-2020 要求,如不合格时,则随机抽取两组样品进行不合格项的复检,如仍不合格,则判该批为不合格批。
51	给水用聚乙烯(PE)管道系统管材	几何尺寸、纵向回缩率、静液压强度	GB/T 13663.2-2018	同一混配料、同一设备和工艺且连续生产的同一规格管材作为一批,每批数量不超过 200 t。生产期 10 d 尚不足 200 t 时,则以 10 d 产量为一批。	每组不少于 4 m。	所检项目应符合 GB/T 13663.2-2018 要求;若其中有一项达不到要求时,则在原批次中随机抽取双倍样品对该项复检,如复检仍不合格,则判该批产品不合格。
52	给水用聚乙烯(PE)管道系统管件	几何尺寸、静液压强度	GB/T 13663.3-2018	同一混配料、同一设备和工艺连续生产的同一规格管件作为一批,dn<75 mm 规格的管件每批不大于 20 000 件,75 mm≤dn<250 mm 规格的管件每批不大于 5 000 件,250 mm≤dn<710 mm 规格的管件每批不大于 3 000 件,dn≥710 mm 规格的管件每批不大于 1 000 件。如果生产 7 d 仍不足上述数量,则以 7 d 产量为一批。一个管件存在不同端部尺寸情况下,如变径、三通等产品,以较大口径规格进行组批和检验检测。	每组 3 个(静液压强度 80℃165H 的试样每组 1 个)。	所检项目应符合 GB/T 13663.3-2018 要求;若达不到要求时,则在原批次中随机抽取双倍样品对该项复检,如复检仍不合格,则判该批产品不合格。

(续表)

编号	样品名称	主要检测项目	实施依据	组批原则	取样方法及数量	检测结果判定及处理
53	冷热水用耐热聚乙烯(PE-RT)管道系统管材	规格尺寸、纵向回缩率、静液压强度	GB/T 28799.2-2020	同一原料、同一设备和工艺且连续生产的同一规格管材作为一批，dn≤250 mm规格的管材每批重量不超过50 t，dn>250 mm规格的管材每批重量不超过100 t。如果生产7 d仍不足上述重量，则以7天产量为一批。	每组4 m。	所检项目应符合GB/T 28799.2-2020要求；其中若有一项或多项达不到要求时，则随机抽取双倍样品进行不合格项的复检，如仍有不合格项，则判定为不合格批。
54	冷热水用耐热聚乙烯(PE-RT)管道系统管件	规格尺寸、静液压强度	GB/T 28799.3-2020	用同一原料和工艺连续生产的同一规格管件作为一批，dn≤63 mm规格的管件每批不超过20 000件，63 mm<dn≤250 mm规格的管件每批不超过5 000件，dn>250 mm规格的管件每批不超过3 000件。如果生产7 d仍不足上述数量，则以7天产量为一批。	每组3件(带管件配套用管材)。	所检项目应符合GB/T 28799.3-2020要求；其达不到要求时，则随机抽取双倍样品进行不合格项的复检，如仍不合格项，则判定为不合格批。
55	冷热水用氯化聚氯乙烯(PVC-C)管道系统管材	规格尺寸、维卡软化温度、纵向回缩率、静液压强度、落锤冲击试验	GB/T 18993.2-2020	同一原料、配方和工艺连续生产的管材作为一批，每批数量不超过50 t，不足50 t按一批计。	每组4 m。	所检项目应符合GB/T 18993.2-2020要求；其中若落锤冲击试验不合格时，则判定为不合格批，若其他项中有一项或多项不合格时，则随机抽取两组样品进行不合格项的复检，如仍有不合格项，则判定为不合格批。

(续表)

编号	样品名称	主要检测项目	实施依据	组批原则	取样方法及数量	检测结果判定及处理
56	冷热水用氯化聚氯乙烯(PVC-C)管道系统管件	规格尺寸、维卡软化温度、烘箱试验、静液压强度	GB/T 18993.3-2020	同一原料、配方和工艺生产的同一规格同一类型的管件作为一批。当dn≤32 mm时,每批数量不超过15 000件;当dn>32 mm时,每批数量不超过10 000件。如果生产7 d仍不足上述数量,则以7天产量或以实际生产天数产量为一批。	每组8个。	所检项目应符合GB/T 18993.3-2020要求;其中若有一项或多项不合格时,则随机抽取两组样品进行不合格项的复检,如仍有不合格项,则判定为不合格批。
57	铝塑复合压力管铝管搭接焊式铝塑管	尺寸、静液压强度	GB/T 18997.1-2020	同一原料、配方和工艺连续生产的同一规格产品,每90 000 m作为一批,如不足90 000 m,也作为一批。	每组1 m。	所检项目应符合GB/T 18997.1-2020要求;若达不到规定时,则随机抽取双倍样品进行复检,如仍不合格,则判定为不合格批(或产品)。
58	铝塑复合压力管铝管对接焊式铝塑管	尺寸、静液压强度	GB/T 18997.2-2020	同一原料、配方和工艺连续生产的同一规格产品,每90 000 m作为一批,如不足90 000 m,也作为一批。	每组1 m。	所检项目应符合GB/T 18997.2-2020要求;若达不到规定时,则随机抽取双倍样品进行复检,如仍不合格,则判定为不合格批(或产品)。
59	埋地用聚乙烯(PE)结构壁管道系统聚乙烯双壁波纹管材	规格尺寸、环刚度、环柔性、烘箱试验、冲击性能	GB/T 19472.1-2019	同一批原料,同一配方和工艺情况下生产的同一规格管材为一批,管材公称尺寸≤500 mm时,每批数量不超过60 t,不足60 t时,按一批计;管材公称尺寸>500 mm时,每批数量不超过300 t,不足300 t时,按一批计。	每组4 m。	所检项目应符合GB/T 19472.1-2019要求;当烘箱试验达不到规定时,则抽取双倍样品进行该项复检,如仍不合格,则判该批为不合格批(或产品)。

(续表)

编号	样品名称	主要检测项目	实施依据	组批原则	取样方法及数量	检测结果判定及处理
60	埋地用聚乙烯(PE)结构壁管道系统聚乙烯缠绕结构壁管材	规格尺寸、纵向回缩率、烘箱试验、环刚度、环柔性、冲击性能	GB/T 19472.2-2017	同一原料、配方和工艺情况下生产的同一规格管材、管件为一批。管材、管件DN/ID≤500 mm时,每批数量不超过60 t。不足60 t时,按一批计;管材、管件DN/ID>500 mm时,每批数量不超过300 t。不足300 t时,按一批计。	每组5 m。	所检项目符合GB/T 19472.2-2017要求;若其中有一项达不到规定指标时,再从原批次中随机抽取双倍样品进行该项的复验,如仍不合格,则判该批为不合格批。
61	埋地排水用硬聚氯乙烯(PVC-U)结构壁管道系统双壁波纹管材	规格尺寸、烘箱试验、环刚度、环柔性、冲击性能	GB/T 18477.1-2007	同一原料、配方和工艺连续生产的同一规格管材为一批,每批数量不超过60 t,不足60 t,按一批计。	每组5 m。	所检项目符合GB/T 18477.1-2007要求;若其中任一项达不到规定指标时,再从原批次中随机抽取双倍样品进行该项的复验,检验样品均符合规定指标时,则判所检项目符合要求。
62	预制混凝土构件	混凝土受弯预制构件承载力、挠度、抗裂、裂缝宽度	GB 50204-2015 GB/T 50344-2019	同一类型预制构件不超过1 000个为一批。	每批随机抽取1个构件。	
63	建设工程用土	密度、含水率、击实试验、压实系数	GB/T 50123-2019 GB 50202-2018 JGJ 79-2012	1. 基坑和室内回填:采用环刀法取样时,每层按100～500 m^{2}取样1组,且每层不少于1组;柱基回填,每层抽样柱基总数的10%,且不少于5组;基槽或管沟回填,每层按长度20～50 m取样1组,且每层不少于1组;室外回填,每层按400～900 m^{2}取样1组,且每层不少于1组。		

（续表）

编号	样品名称	主要检测项目	实施依据	组批原则	取样方法及数量	检测结果判定及处理
63	建设工程用土	密度、含水率、击实试验、压实系数	GB/T 50123-2019 GB 50202-2018 JGJ 79-2012	2. 采用环刀法检验垫层的施工质量时，取样点应选择位于每层垫层厚度的 2/3 深度处。检验点数量，条形基础下垫层每 10～20 m 不应少于 1 个点，独立柱基、单个基础下垫层不应少于 1 个点，其他基础下垫层每 50～100 m^2 不应少于 1 个点。 3. 压实地基：在施工过程中，应分层取样检验土的干密度和含水量；每 50～100 m^2 面积内应设不少于 1 个检测点，每一个独立基础下，检测点不少于 1 个点，条形基础每 20 延米设检测点不少于 1 个点。 4. 夯实地基：检验点的数量，可根据场地复杂程度和建筑物的重要性确定，对于简单场地上的一般建筑物，按每 400 m^2 不少于 1 个检测点，且不少于 3 点；对于复杂场地或重要建筑地基，每 300 m^2 不少于 1 个检验点，且不少于 3 点。		
64	钢绞线	整根钢绞线最大力、0.2%屈服力、最大力总伸长率、应力松弛性能、弹性模量、伸直性；厚度、拉伸屈服应力、拉伸断裂标称应变；防腐润滑脂含量	GB/T 5224-2014 JG/T 161-2016	钢绞线应成批验收，每批钢绞线由同一牌号、同一规格、同一生产工艺捻制的钢绞线组成。每批质量不大于 60 t。 无粘结预应力钢绞线每批产品由同一公称抗拉强度、同一公称直径、同一生产工艺生产的组成，每批产品质量不应大于 60 t。	弯曲强度：当试样厚度 H≤68 mm 时，宽度为 100 mm；当试样厚度 H＞68 mm 时，宽度为 1.5H，试样长度为 10H＋50 mm，数量为 20 块。	当全部出厂检验项目均符合要求时，判定该批产品合格；当检验结果有不合格项目时，则该盘卷不合格，并应从同一批产品中未经试验的盘卷中取双倍试样进行不合格项目的复检，如复检结果全部合格，判定该批产品余下盘卷合格；否则判定该批产品不合格。或进行逐盘检验合格者交货。

(续表)

编号	样品名称	主要检测项目	实施依据	组批原则	取样方法及数量	检测结果判定及处理
65	预应力混凝土用锚具夹具及连接器	硬度、静载锚固性能、疲劳性能	GB/T 230.1-2018 GB/T 14370-2015 JGJ 85-2010 JT/T 329-2010	出厂检验时,每批产品的数量是指同一种规格的产品,同一批原材料,用同一种工艺一次投料生产的数量,每个抽检组批不应超过2 000件(套)。	1. 硬度(有硬度要求的零件):抽样数量不应少于热处理每炉装炉量的3%且不应少于6件(套)。 2. 静载锚固性能、疲劳荷载:应在处观及硬度检验合格后的产品中按锚具夹具或连接器的成套产品抽样,每批抽样数量为3个组装件的用量。	1. 硬度:如有一个零件不合格,则应另取双倍数量的零件重做检验,如仍有一个零件不合格,则应逐个检验,合格者方可使用。 2. 静载锚固能力、疲劳荷载在三个组装件试件中,如有一个试件不符合要求,则可另取双倍数量的试件重做试验;如仍有一个试件不合格,则该批产品判为不合格品;在三个组装件试件中,如有两个试件不符合要求,则应判该批产品判为不合格品。若在钢绞线自由伸长段(非夹片夹持区)内出现断丝,应判定为钢绞线不合格导致试验结果不合格。若屈强比过高(大于0.92)的钢绞线与锚具组成的组装件,在静载试验中出现锚固效率系数达到95%而伸长率不足2%的情况,不宜判定为锚具不合格,应更换钢绞线重新试验。在疲劳试验后钢绞线出现颈缩断口时,应判为非疲劳破坏,应重新取样重做试验。

（续表）

编号	样品名称	主要检测项目	实施依据	组批原则	取样方法及数量	检测结果判定及处理
66	合成树脂乳液外墙涂料	容器中状态、施工性、低温稳定、涂膜外观、干燥时间、耐水性、耐碱性、涂层耐温变性、耐洗刷性、对比率、附着力、耐人工气候老化性、耐玷污性	GB/T 9755-2014 GB 50210-2018	同一厂家生产的同一品种、同一类型的材料至少抽取一组样品。	至少 5 kg。	
67	合成树脂乳液内墙涂料	容器中状态、施工性、低温稳定、涂膜外观、干燥时间、耐碱性、低温成膜性、耐洗刷性、对比率	GB/T 9756-2018 GB 50210-2018	同一厂家生产的同一品种、同一类型的材料至少抽取一组样品。	至少 5 kg。	
68	合成树脂乳液砂壁状建筑涂料	容器中状态、施工性、干燥时间、初期干燥抗裂性、低温稳定性、热贮存稳定性、耐水性、耐碱性、涂层耐温变性、耐玷污性、粘结强度、耐人工气候老化性、柔韧性	JG/T 24-2018 GB 50210-2018	同一厂家生产的同一品种、同一类型的材料至少抽取一组样品。	至少 5 kg。	

（续表）

编号	样品名称	主要检测项目	实施依据	组批原则	取样方法及数量	检测结果判定及处理
69	复层建筑涂料	容器中状态、施工性、干燥时间（表干）、低温稳定性、初期干燥抗裂性、断裂伸长率、涂膜外观、涂层耐温变性、耐碱性、耐水性、耐洗刷性、耐冲击性	GB/T 9779-2015 GB 50210-2018	同一厂家生产的同一品种、同一类型的材料至少抽取一组样品。	至少 5 kg。	
70	人造板及其制品	甲醛释放量	GB 18580-2017 GB 50325-2020	当同一厂家、同一品种、同一规格产品使用面积大于 500 m^2 时需进行复验，组批按同一厂家、同一品种、同一规格每 5 000 m^2 为一批，不足 5 000 m^2 按一批计。	2 m^2。	
71	水性墙面涂料、水性墙面腻子、水性装饰板涂料	甲醛含量	GB 18582-2020 GB 50325-2020	组批按同一厂家、同一品种、同一规格产品每 5 t 为一批，不足 5 t 按一批计。	2 kg。	
72	溶剂型装饰板涂料、溶剂型木器涂料和腻子、溶剂型地坪涂料	VOC、苯系物总和[限苯、甲苯、二甲苯(含乙苯)]	GB 18582-2020 GB 50325-2020 GB 18581-2020 GB 38468-2019	木器聚氨酯涂料，组批按同一厂家产品以甲组分每 5 t 为一批，不足 5 t 按一批计；其他涂料、腻子，组批按同一厂家、同一品种、同一规格产品每 5 t 为一批，不足 5 t 按一批计。	2 kg。	

(续表)

编号	样品名称	主要检测项目	实施依据	组批原则	取样方法及数量	检测结果判定及处理
73	室内酚醛防锈涂料、防水涂料、防火涂料及其他溶剂型涂料	苯、VOC含量、甲苯、乙苯和二甲苯总和	GB 50325-2020	反应型聚氨酯涂料，组批按同一厂家、同一品种、同一规格产品每5 t为一批，不足5 t按一批计；聚合物水泥防水涂料，组批按同一厂家产品每10 t为一批，不足10 t按一批计；其他涂料，组批按同一厂家、同一品种、同一规格产品每5 t为一批，不足5 t按一批计。	2 kg。	
74	室内聚氨酯类涂料和木器用聚氨酯类腻子	VOC、苯含量、甲苯与二甲苯(含乙苯)总和、游离二异氰酸酯	GB 18581-2020		2 kg。	
75	水性胶粘剂	游离甲醛、VOC	GB 30982-2014 GB/T 33372-2020	聚氨酯类胶粘剂组批按同厂家以甲组分每5 t为一批，不足5 t按一批计；聚乙酸乙烯酯胶粘剂、橡胶类胶粘剂、VAE乳液类防社剂、丙烯酸酯类胶粘剂等，组批按同一厂家、同一品种、同规格产品每5 t为一批，不足5 t按一批计。	2 kg。	
76	溶剂型胶粘剂	VOC、苯、甲苯＋二甲苯、游离甲苯二异氰酸酯	GB/T 33372-2020 GB 30982-2014	聚氨酯类胶粘剂组批按同一厂家以甲组分每5 t为一批，不足5 t按一批计；氯丁橡胶胶粘剂、SBS胶粘剂、丙烯酸酯类胶粘剂等，组批按同一厂家、同一品种、同一规格产品每5 t为一批，不足5 t按一批计。	2 kg。	

（续表）

编号	样品名称	主要检测项目	实施依据	组批原则	取样方法及数量	检测结果判定及处理
77	本体型胶粘剂	VOC、苯、甲苯＋二甲苯、游离甲苯二异氰酸酯	GB/T 33372-2020 GB 30982-2014	环氧类(A 组分)胶粘剂，组批按同一厂家以 A 组分每 5 t 为一批，不足 5 t 按一批计；有机硅类胶粘剂(含 MS)等，组批按同一厂家、同一品种、同规格产品每 5 t 为一批，不足 5 t 按一批计。	2 kg。	
78	水性处理剂(水性阻燃剂(包括防火涂料)、防水剂、防腐剂、增强剂等)	游离甲醛	GB 50325-2020	组批按同一厂家、同一品种、同一规格产品每 5 t 为一批，不足 5 t 按一批计。	2 kg。	
79	混凝土外加剂	氨释放量、游离甲醛	GB 50325-2020 GB 18588-2001 GB 31040-2014	组批按同一厂家、同一品种、同一规格产品每 5 t 为一批，不足 5 t 按一批计。	2 kg。	
80	阻燃剂、防火涂料、水性建筑防水涂料	氨释放量	GB 50325-2020 JG/T 415-2013	组批按同一厂家、同一品种、同一规格产品每 5 t 为一批，不足 5 t 按一批计。	2 kg。	
81	粘合木结构材料	游离甲醛释放量	GB 50325-2020	当同一厂家、同一品种、同一规格产品使用面积大于 500 m^2 时需进行复验，组批按同一厂家、同一品种、同一规格每 5 000 m^2 为一批，不足 5 000 m^2 按一批计。	2 m^2。	

（续表）

编号	样品名称	主要检测项目	实施依据	组批原则	取样方法及数量	检测结果判定及处理
82	帷幕、软包	游离甲醛释放量	GB 50325-2020	组批按同一厂家、同一品种、同一规格产品每5 t为一批，不足5 t按一批计。	2 m^2。	
83	墙纸（布）	游离甲醛释放量	GB 50325-2020 GB 18585-2001	当同一厂家、同一品种、同一规格产品使用面积大于500 m^2 时需进行复验，组批按同一厂家、同一品种、同一规格每5 000 m^2 为一批，不足5 000 m^2 按一批计。	1卷。	
84	聚乙烯卷材地板、木塑制品地板、橡胶地板类铺地材料	挥发物含量	GB 50325-2020 GB 18586-2001	当同一厂家、同一品种、同一规格产品使用面积大于500 m^2 时需进行复验，组批按同一厂家、同一品种、同一规格每5 000 m^2 为一批，不足5 000 m^2 按一批计。	2 m^2。	
85	地毯、地毯衬垫	VOC、游离甲醛释放量	GB 50325-2020	当同一厂家、同一品种、同一规格产品使用面积大于500 m^2 时需进行复验，组批按同一厂家、同一品种、同一规格每5 000 m^2 为一批，不足5 000 m^2 按一批计。	2 m^2。	
86	壁纸胶、基膜的墙纸（布）胶粘剂	游离甲醛、苯＋甲苯＋乙苯＋二甲苯、VOC	GB 50325-2020 GB 30982-2014 GB/T 33372-2020	组批按同一厂家、同一品种、同一规格产品每5 t为一批，不足5 t按一批计。	2 kg。	
87	纸面石膏板	吸水率、面密度、断裂荷载	GB/T 9775-2008 GB 50210-2018	同一厂家生产的同一品种、同一类型的进场材料应至少抽取一组样品进行复检。	从每批产品中随机抽取5张板材作为一组试样。	

（续表）

编号	样品名称	主要检测项目	实施依据	组批原则	取样方法及数量	检测结果判定及处理
88	嵌装式装饰石膏板	单位面积质量、含水率、断裂荷载	JC/T 800-2007 GB 50210-2018	同一厂家生产的同一品种、同一类型的进场材料应至少抽取一组样品进行复检。	每批产品中随机抽取6块整板材作为一组试样。其中3块为检验用，3块为备用。	
89	装饰石膏板	含水率、单位面积质量、断裂荷载、燃烧性能	JC/T 799-2016 GB 50210-2018	同一厂家生产的同一品种、同一类型的进场材料应至少抽取一组样品进行复检。	1. 普通板：在每批产品中随机抽取三块整板作为一组试样，共抽取三组，其中二组为复检样。 2. 防潮板：在每批产品中随机抽取九块整板作为一组试样，共抽取三组，其中二组为复检样。	1. 所检项目均应符合产品标准要求，否则判为不合格。 2. 当初检判为不合格时，允许用剩余的二组试样对不合格的项目进行复检，复检结果均应符合标准要求；如仍有不合格项，则判为不合格。
90	装饰纸面石膏板	单位面积质量、含水率、断裂荷载	JC/T 997-2006 GB 50210-2018	同一厂家生产的同一品种、同一类型的进场材料应至少抽取一组样品进行复检。	每批中随机抽取3块整板。	所检项目均应符合产品标准要求；若其中只有一项不合格，允许对不合格的项目进行复检；若其中有一项以上不合格时，则判为不合格。

(续表)

编号	样品名称	主要检测项目	实施依据	组批原则	取样方法及数量	检测结果判定及处理
91	细木工板	含水率、横向静曲强度、浸渍剥离性能、胶合强度、表面胶合强度和甲醛释放量	GB/T 5849-2016	同一厂家生产的同一品种、同一类型的进场材料应至少抽取一组样品进行复检。	1. 当成品板数量<1 000时任意抽取1张。 2. 成品板数量为1 000～2 000时任意抽取2张。 3. 成品板数量为2 001～3 000时取3张。 4. 成品板数量为>3 000时取4张。	1. 初检样本中每张细木工板平均含水率都符合指标值时,含水率为合格,否则应取双倍样进行复检;复检样本都符合指标值的要求时,判为合格,否则含水率为不合格。 2. 横向静曲强度、表面胶合强度和浸渍剥离性能检测结果符合其指标值规定的试件数等于或大于相应性能试件总数的80%时,该批细木工板的相应性能判为合格。小于60%时,则判为不合格。如符合相应性能指标值要求的试件数等于或大于试件总数的60%,但小于80%时,允许重新取双倍样进行复检,其结果符合该项性能指标值要求的试件数等于或大于试件总数的80%时,判其为合格;小于80%时,则判其为不合格。 3. 胶合强度检测结果符合其指标值规定的试件数等于或大于有效试件总数的80%时,该批细木工板的胶合强度判为合格。小于60%时,则判为不合格。如符合胶合强度指标值要求的试件数等于或大于有效试件总数的60%,但小于80%时,允许重新取双倍样进行复检,其结果符合该项性能指标值要求的试件数等于或大于有效试件总数的80%时,判其为合格;小于80%时,则判其为不合格。 4. 甲醛释放量应符合GB 18580-2017标准要求。

（续表）

编号	样品名称	主要检测项目	实施依据	组批原则	取样方法及数量	检测结果判定及处理
92	普通胶合板	含水率、静曲强度、胶合强度、浸渍剥离、甲醛释放量	《普通胶合板》GB/T 9846-2015	同一厂家生产的同一品种、同一类型的进场材料为一批。	每批至少抽取一组： 每批<1 000 张时取 1 张； 每批为 1 000～2 999 张时取 2 张； 每批为 3 000～4 999 张时取 3 张； 每批≥5 000 时取 4 张。	1. 含水率、胶合强度、浸渍剥离、静曲强度分别符合其指标值规定的试件数等于或大于有效试件总数的 90%时判为合格，小于 70%则判为不合格。 2. 当含水率、胶合强度、浸渍剥离、静曲强度分别符合其指标值要求的试件数等于或大于有效试件总数的 70%，但小于 90%时，允许对不合格项目重新抽双倍样进行复检，其结果符合对应指标值要求的试件数等于或大于有效试件总数的 90%时，判其为合格，小于 90%时则判其为不合格。 3. 甲醛释放量应符合 GB 18580-2017 的要求。
93	建筑用轻钢龙骨	静载试验、抗冲击性试验、镀锌层厚度、涂镀层厚度	GB/T 11981-2008	班产量大于等于 2 000 m 者，以 2 000 m 同型号、同规格的轻工龙骨为一批，班产量小于 2 000 m 者，以实际班产量为一批。从批中随机抽取双份试样。一份检验用，一份备用。	1. 吊顶 U、C、V、L 型龙骨：每组承载龙骨 2 根，覆面龙骨 2 根，长度均为 1 200 mm。 2. 吊顶 T、H 形龙骨：每组 2 根，长度均为 1 200 mm。 3. 墙体龙骨：每组横龙骨 2 根，长度 1 200 mm；竖龙骨 3 根，长度：Q100 以及上为 5 000 mm、Q75 为 4 000 mm Q50 为 2 700 mm。 4. 以上龙骨每种类型取样时，每批随机取样两组，一组检验用，一组备用。	1. 所检项目均应合格，否则判为不合格。 2. 当初检不合格时，可用备用样对不合格项复检，若仍不合格判为不合格，如复检合格，则判为所检项目合格。

（续表）

编号	样品名称	主要检测项目	实施依据	组批原则	取样方法及数量	检测结果判定及处理
94	陶瓷砖/板	吸水率、破坏强度、断裂模数、放射性核素限量	GB/T 4100-2015 GB/T 23266-2009 GB 50210-2018 GB 55016-2021	同一厂家生产的同一品种、同一类型的进场材料为一批。	陶瓷砖：每批至少抽取一组，每组 25 块（具体数量根据产品实际尺寸及项目确定）。 陶瓷板：每组 3 片整板。	
95	天然大理石建筑板材/天然花岗石建筑板材/天然砂岩建筑板材	吸水率、体积密度、弯曲强度、压缩强度、放射性、耐磨性	GB/T 19766-2016 GB/T 18601-2009 GB/T 23452-2009 GB 6566-2010	同一厂家生产的同一品种、同一类型的进场材料为一批。	体积密度、吸水率、干燥压缩强度试样尺寸：边长为 50 mm 正立方体或直径、高度均为 50 mm 的圆柱体，数量各为 20 块。	
96	消能器物理力学性能	极限位移、最大阻尼力、阻尼系数、阻尼指数、滞回曲线	JG/T 209-2012 JGJ/T 297-2013	同一工程、同一类型、同一规格的产品。	抽样数量为同一工程同一类型同一规格数量，标准设防类 20%，重点设防类取 50%，特殊设防类取 100%，但不应少于 2 个。	黏滞阻尼器检测合格后，消能器若无任何损伤、力学性能仍能满足正常使用要求时，可用于主体结构。黏弹性阻尼器、摩擦阻尼器、金属阻尼器和复合型阻尼器、屈曲约束耗能支撑产品抽样检验后不得应用于主体结构。
97	屈服约束支撑物理力学性能	屈服承载力、屈服位移、滞回曲线、疲劳性能	JG/T 209-2012 JGJ/T 297-2013	同一工程、同一类型、同一规格的产品。	抽检数量为同一工程同一类型同一规格数量的 3%，当同一类型同一规格的阻尼器数量产品数量较少时，可以在同一类型阻尼器中抽检总用量量的 3%，但不应少于 2 个。	屈曲约束耗能支撑产品抽样检验后不得应用于主体结构。

（续表）

编号	样品名称	主要检测项目	实施依据	组批原则	取样方法及数量	检测结果判定及处理
98	隔震橡胶支座物理力学性能	竖向压缩刚度、压缩位移、水平等效刚度、等效阻尼比、屈服后刚度、屈服力、水平极限变形能力	GB/T 20688.3-2006 GB/T 20688.1-2007 JG/T 118-2018 GB/T 20688.2-2006 JT/T 822-2011 JT/T 842-2012	同一生产厂家、同一类型、同一规格的产品。	建筑支座:产品抽样数量应不少于总用量的 50%,若有不合格试件,则应 100%检测。对特别重要的建筑,产品抽样数量应为总用量的 100%。一般情况下,每项工程抽样数量不少于 20 件,每种规格的产品抽样数量不少于 4 件。桥梁支座:对于一般桥梁,产品抽样数量不应少于总数的 20%,若有不合格试件,应重新抽取总数的 30%,若仍有不合格试件,则应 100%检测。对于重要桥梁,产品抽样数量应不少于总数的 50%,若有不合格试件,本应 100%检测。对于特别重要的桥梁产品抽样数量应为总数的 100%。每项工程抽样总数不少于 20 件,每种规格的产品数量数量不少于 4 件。	水平极限性能样品不得再应用于工程项目。

第二章 主体结构

一、概述

1. 检测操作等应严格执行国家现行有关检测标准的规定。

2. 建筑结构检测前应进行现场调查和资料调查，在现场调查和资料调查的基础上编制建筑结构检测方案，建筑结构检测方案应征求委托方的意见。

3. 建筑结构检测现场取样的试件或试样应予以标识并妥善保存。

4. 当发现检测数据数量不足或检测数据出现异常时，应补充检测或重新检测。

5. 局部破损检测方法宜选择结构构件受力较小的部位；建筑结构现场检测工作结束后，应及时修补因检测造成的结构或构件的局部损伤。

6. 检测数据计算分析工作完成后应及时提出检测报告。结构工程质量的检测报告应做出所检测项目与设计文件要求的符合性判定，既有结构性能的检测报告应给出所检测项目的检测结论。

7. 建筑结构检测报告应结论准确、用词规范、文字简练，对于当事方容易混淆的术语和概念可书面进行解释。

二、主要控制项及相关标准规范

<table>
<tr><th>编号</th><th>样品名称</th><th>主要检测项目</th><th>实施依据</th><th>组批原则</th><th>取样方法及数量</th><th>检测结果判定及处理</th></tr>
<tr><td rowspan="2">1</td><td rowspan="2">混凝土强度</td><td rowspan="2">回弹法检测混凝土强度</td><td>DB37/T 2366-2013
GB/T 50344-2019</td><td colspan="2">单个构件检测：适用于单个结构或构件的检测。
批量检测：根据检验批的容量，查规范表确定检测构件数量。</td><td></td></tr>
<tr><td>JGJ/T 23-2011
GB/T 50344-2019
GB/T 50784-2013</td><td colspan="2">单个构件检测：适用于单个结构或构件的检测。
批量检测：按批进行检测的构件抽检数量不得少于同批构件总数的 30%，且构件数量不得少于 10 件；当检验批构件数量大于 30 个时，抽样构件数量可适当调整，并不得少于国家现行有关标准规定的最少抽样数量，且抽取的构件总数不宜少于 10 件。</td><td></td></tr>
</table>

（续表）

编号	样品名称	主要检测项目	实施依据	组批原则	取样方法及数量	检测结果判定及处理
1	混凝土强度	回弹法检测混凝土强度	JGJ/T 294-2013 GB/T 50344-2019	单构件检测：适用于单个结构或构件。批量检测：按批进行检测的构件抽样数量不宜少于同批构件的 30%，且不宜少于 10 件。当检验批中构件数量大于 50 时，构件抽样数量可按现行国家标准《建筑结构检测技术标准》进行调整，且抽取的构件总数不宜少于 10 件。		
		超声—回弹法检测混凝土强度	DB37/T 2361-2013 GB/T 50344-2019	单个构件检测：适用于单个结构或构件的检测；当构件总数少于 5 个时，按单个构件检测。 批量检测：根据检验批的容量，按标准要求确定检测构件数量，且抽取的构件总数不宜少于 10 件。		
			JG/T 294-2013 GB/T 50344-2019	对同批构件按按批抽样时，不宜少于同批构件的 30%且不宜少于 10 件，当检验批中构件数量大于 50 时，可按 GB/T50344 调整，但不宜少于 10 件。		
		钻芯法检测混凝土强度	DB37/T 2368-2013 GB/T 50344-2019	单个构件检测：适用于单个结构或构件的检测。批量检测：根据检验批的容量，查规范中表确定检测构件数量，一般批量检测芯样试件总数不得少于 10 个。		
			JGJ/T 384-2016 GB/T 50344-2019	单个构件检测：芯样试件的数量不应少于 3 个；钻芯对构件工作性能影响较大的小尺寸构件，芯样试件的数量不得少于 2 个。 批量检测：芯样试件的数量应根据检测批的容量确定。直径 100 mm 的芯样试件的最小样本量不宜小于 15 个，小直径芯样试件的最小样本量不宜小于 20 个。		

(续表)

编号	样品名称	主要检测项目	实施依据	组批原则	取样方法及数量	检测结果判定及处理
1	混凝土强度	结构实体混凝土回弹—取芯法强度检验	GB 50204-2015 JGJ/T 23-2011	1. 同一混凝土强度等级的柱、梁、墙、板，抽取构件最小数量应符合以下规定，并应均匀分布：构件总数量 20 以下，全数检验；构件总数量 20～150，最小抽样量为 20 件；构件总数量 151～280，最小抽样量为 26 件；构件总数量 281～500，最小抽样量为 40 件；构件总数量 501～1 200，最小抽样量为 64 件；构件总数量 1 201～3 200，最小抽样量为 100 件。 2. 不宜抽取截面高度小于 300 mm 的梁和边长小于 300 mm 的柱。 3. 每个构件应按现行行业标准《回弹法检测混凝土抗压强度技术规程》JGJ/T 23 对单个构件检测的有关规定选取不少于 5 个测区进行回弹，楼板构件的回弹应在板底进行。 4. 对同一强度等级的构件，应按每个构件的最小测区平均回弹值进行排序，并选取最低的 3 个测区对应的部位各钻取 1 个芯样试件。		对同一强度等级的构件，当符合下列规定时，结构实体混凝土强度可判为合格： 1. 3 个芯样抗压强度算术平均值不小于设计要求的混凝土强度等级值的 88%。 2. 3 个芯样抗压强度的最小值不小于设计要求的混凝土强度等级值的 80%。
2	砌筑砂浆强度	回弹法检测砌筑砂浆抗压强度	DB37/T 2367-2013 GB/T 50344-2019	单个构件检测：适用于单个结构或构件的检测。 批量检测：根据检验批的容量，查规范中表确定检测构件数量。		
			GB/T 50315-2011 GB/T 50344-2019	单个构件检测：适用于单个结构或构件的检测。 批量检测：按批进行检测的构件抽检数量不得少于同批构件总数的 30%，且构件数量不得少于 10 件；当检验批构件数量大于 30 个时，抽样构件数量可适当调整，并不得少于国家现行有关标准规定的最少抽样数量。		

（续表）

编号	样品名称	主要检测项目	实施依据	组批原则	取样方法及数量	检测结果判定及处理
2	砌筑砂浆强度	贯入法检测砌筑砂浆抗压强度	JGJ/T 136-2017 DB37/T 2363-2013 GB/T 50344-2019	单构件检测：同楼层的独立柱或两相邻墙体之间面积不大于 25 m^2 的墙体。 批量检测：根据检验批的容量，按标准要求确定检测构件数量。		
3	砌体强度	原位轴压法检测砌体抗压强度	GB/T 50315-2011 GB/T 50344-2019	每一检测单元内，不宜少于 6 个测区，应将单个构件（单片墙体、柱）作为一个测区。当一个测区单元不足 6 个构件时，应将每个构件作为一个测区。当选择 6 个测区确有困难时，可选取不少于 3 个测区测试，但宜结合其他非破损检测方法综合进行强度推定。		
4	钢筋保护层厚度	钢筋保护层厚度	GB 50204-2015 JGJ/T 152-2019 GB/T 50344-2019	1. 对非悬挑梁板类构件，应各抽取构件数量的 2%且不少于 5 个构件。 2. 对悬挑梁，应抽取构件数量的 5%且不少于 10 个构件；当悬挑梁数量少于 10 个时，应全数检验。 3. 对悬挑板，应抽取构件数量的 10%且不少于 20 个构件；当悬挑板数量少于 20 个时，应全数检验。		
5	钢筋数量、直径、间距	钢筋数量、直径、间距	GB/T 50784-2013 GB/T 50344-2019 JGJ/T 152-2019	构件抽样数量按现行国家标准《混凝土结构现场检测技术标准》选取抽样数量。		
6	结构实体位置及尺寸偏差	结构实体位置及尺寸偏差	GB 50204-2015 GB/T 50344-2019	1. 梁、柱应抽取构件数量的 1%，且不应少于 3 个构件。 2. 墙、板应按有代表性的自然间抽取 1%，且不应少于 3 间。 3. 层高应按有代表性的自然间抽查 1%，且不应少于 3 间。		

（续表）

编号	样品名称	主要检测项目	实施依据	组批原则	取样方法及数量	检测结果判定及处理
7	后置埋件	植筋锚固力	GB 50203-2011	检验批容量≤90，最小抽样量为5件；检验批容量91～150，最小抽样量为8件；检验批容量151～280，最小抽样量为13件；检验批容量281～500，最小抽样量为20件；检验批容量501～1 200，最小抽样量为32件；检验批容量1 201～3 200，最小抽样量为50件进行检测。		
		抗拔承载力	JGJ 145-2013	后锚固件应进行抗拔承载力现场非破坏性检验，满足下列条件之一时，同时应进行破坏性检验：①安全等级为一级的后锚固构件；②悬挑结构和构件；③对后锚固设计参数有疑问；④对该工程锚固质量有怀疑。 1. 现场破坏性检验：宜选择锚固区以外的同条件位置，应取每一检验批锚固件总数的0.1%且不少于5件进行检验。锚固件为植筋且数量不超过100件时，可取3件进行检验。 2. 锚栓锚固质量的非破损检验： (1)对重要结构构件及生命线工程的非结构构件，应按以下规定的抽样数量对该检验批的锚栓进行检验：检验批锚栓总数≤100件，最小抽样量为20%且不少于5件；500件最小抽样量为10%，1 000件最小抽样量为7%，2 500件最小抽样量为4%，≥5 000件最小抽样量为3%。 (2)对一般结构构件，应取重要结构构件抽样量的50%且不少于5件进行检验。 (3)对非生命线工程的非结构构件，应取每一检验批锚固件总数的0.1%且不少于5件进行检验。 3. 植筋锚固质量的非破损检验： (1)对重要结构构件及生命线工程的非结构构件，应取每一检验批植筋总数的3%且不少于5件进行检验。 (2)对一般结构构件，应取每一检验批植筋总数的1%且不少于3件进行检验。 (3)对非生命线工程的非结构构件，应取每一检验批锚固件总数的0.1%且不少于3件进行检验。		

(续表)

编号	样品名称	主要检测项目	实施依据	组批原则	取样方法及数量	检测结果判定及处理
8	饰面砖	饰面砖粘结强度(现场粘贴)	JGJ/T 110-2017	以 500 m^2 同类基体饰面砖为一检验批,不足 500 m^2 应为一个检验批。每连续 3 个楼层应取不少于一组试样,取样宜均匀分布。	每批应取不少于一组 3 个试样。	当一组试样均符合判定指标要求时,判定其粘结强度合格;当一组试样均不符合判定指标要求时,判定其粘结强度不合格;当一组试样仅符合判定指标的一项要求时,应在该组试样原取样检验批内重新抽取两组试样检验,仍有一项不符合判定指标要求时,判定其粘结强度不合格。当粘贴后 28 d 以内达不到标准或有争议时,应以 28～60 d 内约定时间检验的粘结强度为准。

第三章　民用建筑室内环境污染物

一、概述

1. 民用建筑工程：

Ⅰ类民用建筑应包括住宅、居住功能公寓、医院病房、老年人照料房屋设施、幼儿园、学校教室、学生宿舍等；

Ⅱ类民用建筑应包括办公楼、商店、旅馆、文化娱乐场所、书店、图书馆、展览馆、体育馆、公共交通等候室、餐厅等。

2. 工程所选用的建筑主体材料和装饰装修材料应符合有关规定。

3. 民用建筑工程及室内装饰装修工程的室内环境质量验收，应在工程完工不少于 7 d 后、工程交付使用前进行。

4. 室内环境污染物浓度应符合规定，室内环境污染物浓度检测结果不符合本标准规定的民用建筑工程，严禁交付投入使用。

二、主要控制项及相关标准规范

编号	样品名称	主要检测项目	实施依据	组批原则	取样方法及数量	检测结果判定及处理
1	室内环境污染物	氡、甲醛、氨、苯、甲苯、二甲苯、TVOC	GB 50325-2020	每个建筑单体为一批	每个建筑单体抽检量不得少于房间总数的 5%，每个建筑单体不得少于 3 间，当房间总数少于 3 间时，应全数检测；凡进行了样板间室内环境污染物浓度检测且检测结果合格的，其同一装饰装修设计样板间类型的房间抽检量可减半，并不得少于 3 间；幼儿园、学校教室、学生宿舍、老年人照料房屋设施室内装饰装修验收时，室内空气中氡、甲醛、氨、苯、甲苯、二甲苯、TVOC 的抽检量不得少于房间总数的 50%，且不得少于 20 间。当房间总数不大于 20 间时，应全数检测。	当抽检的所有房间室内环境污染物浓度的检测结果符合本标准的规定时，应判定该工程室内环境质量合格；当室内环境污染物浓度检测结果不符合本标准规定时，应对不符合项目再次加倍抽样检测，并应包括原不合格的同类型房间及原不合格房间；当再次检测的结果符合本标准的规定时，应判定该工程室内环境质量合格。再次加倍抽样检测的结果不符合本标准规定时，应查找原因并采取措施进行处理，直至检测合格。

（续表）

编号	样品名称	主要检测项目	实施依据	组批原则	取样方法及数量	检测结果判定及处理
1	室内环境污染物	土壤中氡浓度	GB 50325-2020	在工程地质勘察范围内布点时，应以间距 10 m 作网格，各网格点应为测试点，当遇到较大石块时，可偏离±2 m，但布点数不应少于 16 个。测量布点应覆盖单体建筑基础工程范围。		1. 当民用建筑工程场地土壤氡浓度测定结果大于 20 000 Bq/m^3 且小于 30 000 Bq/m^3，或土壤表面氡析出率大于 0.05 Bq/(m^2·s) 且小于 0.10 Bq/(m^2·s)时，应采取建筑物底层地面抗开裂措施。 2. 当民用建筑工程场地土壤氡浓度测定结果不小于 30 000 Bq/m^3 且小于 50 000 Bq/m^3，或土壤表面氡析出率不小于 0.10 Bq/(m^2·s) 且小于 0.30 Bq/(m^2·s)时，除采取建筑物底层地面抗开裂措施外，还必须按现行国家标准《地下工程防水技术规范》GB 50108 中的一级防水要求，对基础进行处理。 3. 当民用建筑工程场地土壤氯浓度平均值不小于 50 000 Bq/m^3 或土壤表面氡析出率平均值不小于 0.30 Bq/(m^2·s)时，应采取建筑物综合防氡措施。 4. 当Ⅰ类民用建筑工程场地土壤中氡浓度平均值不小于 50 000 Bq/m^3，或土壤表面氡析出率不小于 0.30 Bq/(m^2·s)时，应进行工程场地土壤中的镭-226、钍-232、钾-40 比活度测定。当土壤内照射指数大于 1.0 或外照射指数大于 1.3 时，工程场地土壤不得作为工程回填土使用。

第四章　防雷装置

一、概述

1. 检验批及分项工程应由监理工程师或建设单位项目技术负责人组织具备资质的防雷技术服务机构和施工单位项目专业质量(技术)负责人进行验收。

2. 新建、改建、扩建建筑物防雷装置施工过程中的检测,应对其结构、布置、形状、材料规格、尺寸、连按方法和电气性能进行分阶段检测。投入使用后建筑物防雷装置的第一次检测应按设计文件要求进行检测。

3. 应根据建筑物重要性、使用性质、发生雷电事故的可能性和后果,按防雷要求分类。

二、主要控制项及相关标准规范

编号	样品名称	主要检测项目	实施依据	组批原则	取样方法及数量	检测结果判定及处理
1	防雷装置	建筑物的防雷分类、接闪器、引下线、接地装置、防雷区的划分、雷击电磁脉冲屏蔽、等电位连接、电涌保护器	GB/T 21431-2015 GB 50057-2010 DB37/T 1228-2019	检测分为首次检测和定期检测。首次检测分为新建、改建、扩建建筑物防雷装置施工过程中的检测和投入使用后建筑物防雷装置的第一次检测。定期检测是按规定周期进行的检测。	整体检测	检测结果分为合格、不合格。当检测结果为不合格时,需要按照整改意见进行整改,整改合格后方可验收。

第五章 钢结构

一、概述

1. 钢结构用主要材料、零(部)件、成品件、标准件等产品应进行进场验收。凡涉及安全、功能的原材料及成品应按规定进行复验,并应经监理工程师(建设单位技术负责人)见证取样送样。

2. 钢结构分部工程有关安全及功能的检验和见证检测项目应符合规定。

二、主要控制项及相关标准规范

编号	样品名称	主要检测项目	实施依据	组批原则	取样方法及数量	检测结果判定及处理
1	碳素结构钢	屈服强度、抗拉强度、断后伸长率、弯曲性能、冲击试验、化学成分(焊接结构采用的钢材保证项目:S、P、C(CEV);非焊接结构采用的钢材保证项目:P、S)	GB 50205-2020 GB/T 700-2006	每批由同一牌号、同一炉号、同一质量等级、同一品种、同一尺寸、同一交货状态的钢材组成。每批质量应不大于60 t。	化学成分:取样数量1个。 拉伸:取样数量1个。 冷弯:取样数量1个。 冲击:取样数量3个。	
	优质碳素结构钢	下屈服强度、抗拉强度、断后伸长率、冲击试验、化学成分(焊接结构采用的钢材保证项目:S、P、C(CEV);非焊接结构采用的钢材保证项目:P、S)	GB 50205-2020 GB/T 699-2015	应按批检查和验收。每批由同一牌号、同一炉号、同一加工方法、同一尺寸、同一交货状态、同一热处理制度(或炉次)的钢棒组成。	化学成分:数量1个/炉。 拉伸:数量2个/批。冲击:数量1组/批(U型缺口取2个,V型缺口取3个)。	

(续表)

编号	样品名称	主要检测项目	实施依据	组批原则	取样方法及数量	检测结果判定及处理
1	建筑结构用钢板	下屈服强度、抗拉强度、屈强比、断后伸长率、弯曲性能、纵向冲击试验、化学成分(焊接结构采用的钢材保证项目:S、P、C(CEV);非焊接结构采用的钢材保证项目:P、S)	GB 50205-2020 GB/T 19879-2015	钢板应成批验收。每批钢板应由同一牌号、同一炉号、同一厚度、同一交货状态、同一热处理炉次的钢板组成,每批重量不大于 60 t。	化学成分:数量 1 个/炉。 拉伸:数量 1 个/批。冲击:数量 3 个/批(对于厚度大于 40 mm 的钢板,冲击试样轴线应位于板厚的 1/4 处)。 弯曲试验:数量 1 个/批。	
	低合金高强度结构钢	上屈服强度、抗拉强度、断后伸长率、弯曲性能、冲击试验、化学成分(焊接结构采用的钢材保证项目:S、P、C(CEV);非焊接结构采用的钢材保证项目:P、S)	GB 50205-2020 GB/T 1591-2018	钢材应成批验收。每批钢板应由同一牌号、同一炉号、同一厚度、同一交货状态的钢材组成,每批重量不大于 60 t,但卷重大于 30 t 的钢带或热轧板可按两个轧制卷组成一批吧,对容积大于 200 t 转炉冶炼的型钢,每批重量不大于 80 t。	化学成分:数量 1 个/炉。 拉伸:数量 1 个/批。冲击:数量 3 个/批。弯曲试验:数量 1 个/批。	
	合金结构钢	下屈服强度、抗拉强度、断后伸长率、断面收缩率、冲击试验、化学成分(焊接结构采用的钢材保证项目;S、P、C(CEV))	GB 50205-2020 GB/T 3077-2015	应按批检查和验收。每批由同一牌号、同一炉号、同一加工方法、同一尺寸、同一交货状态、同一热处理制度(或炉次)的钢棒组成。	化学成分:数量 1 个/炉。 拉伸:数量 2 个/批。冲击:数量 1 组 2 个/批(1 组:U 型缺口取 2 个,V 型缺口取 3 个)。 弯曲试验:数量 1 个/批。	

（续表）

编号	样品名称	主要检测项目	实施依据	组批原则	取样方法及数量	检测结果判定及处理
1	耐候结构钢	屈服强度、抗拉强度、断后伸长率、弯曲性能、冲击试验、化学成分（焊接结构采用的钢材保证项目：S、P、C（CEV）；非焊接结构采用的钢材保随机在钢材一端取样，每批1个，尺寸300 mm×450 mm保证项目：P、S）	GB 50205-2020 GB/T 4171-2008	钢材应成批验收。每批由同一牌号、同一炉号、同一规格、同一轧制制度和同一交货状态的钢材组成；冷轧产品每批重量不得超过30 t。	化学成分：数量1个/炉。 拉伸：数量1个/批。冲击：数量1组3个/批。 弯曲试验：数量1个/批。	
	抗震结构用型钢	屈服强度、抗拉强度、屈强比、断后伸长率、冲击试验、化学成分（焊接结构采用的钢材保证项目：S、P、C（CEV）；非焊接结构采用的钢材保证项目：P、S）	GB 50205-2020 GB/T 28414-2012	钢材应成批验收。每批由同一牌号、同一炉号、同一规格、同一轧制制度的钢材组成，每批重量不得大于60 t。	化学成分：取样数量1个/炉。 拉伸：取样数量1个。 冲击：取样数量3个/批。	
	碳素结构钢和低合金结构钢热轧厚钢板和钢带	屈服强度、抗拉强度、断后伸长率、弯曲性能、冲击试验、化学成分（焊接结构采用的钢材保证项目：S、P、C（CEV）；非焊接结构采用的钢材保证项目：P、S）	GB 50205-2020 GB/T 3274-2017	钢板和钢带应成批验收。每批由同一牌号、同一炉号、同一质量等级、同一交货状态的钢板和钢带组成。	化学成分：取样数量1个/炉。 拉伸：取样数量1个。 弯曲试验：取样数量1个。 冲击：取样数量3个/批。	

（续表）

编号	样品名称	主要检测项目	实施依据	组批原则	取样方法及数量	检测结果判定及处理
1	厚度方向性能钢板	厚度方向断面收缩率	GB 50205-2020 GB/T 5313-2010	Z15级钢板同一炉号、同一牌号、同一厚度、同一交货状态的钢材组成，每批重量不大于50 t；如需方有要求时，也可逐轧制张检验；Z25、Z35级钢板应逐轧制张检验。	随机在钢材一端取样，每批1个，尺寸200 mm×250 mm。	
	结构用无缝钢管	下屈服强度、抗拉强度、断后伸长率、弯曲或压扁、化学成分（焊接结构采用的钢材保证项目：S、P、C(CEV)；非焊接结构采用的钢材保证项目：P、S）	GB/T 8162-2018	同一炉号、同一牌号、同一规格、同一热处理钢管组批，每批钢管的数量应不超过以下规定：外径不大于76 mm，并且壁厚不大于3 mm，400根；外径大于351 mm的50根；其他尺寸200根；剩余钢管根数，如不少于上述规定的50%时则单独列为1批，少于上述规定的50%时可并入同一炉号、同一牌号和同一规格的相邻批中。	随机在钢管一端取样，每批在2根钢管上各取拉伸试件1根，长度450 mm，各取弯曲或压扁试件1根，长度300 mm。	
	一般工程用铸造碳钢件	屈服强度、抗拉强度、断后伸长率、断面收缩率、冲击试验、化学成分（焊接结构采用的钢材保证项目：S、P、C(CEV)；非焊接结构采用的钢材保证项目：P、S）	GB 50205-2020 GB/T 11352-2009	1. 按炉次：同一炉次钢液浇注，同炉热处理的为一批。 2. 按数量或重量：同一材料牌号在熔炼工艺稳定的条件下，几个炉次浇注的并经相同工艺多炉次热处理后以一定的数量或一定重量的铸件为一批。具体要求需供需双方商定。	随机在铸钢件一端取样，每批1个，尺寸为300 mm×500 mm。	
	直缝电焊钢管	下屈服强度、抗拉强度、断后伸长率、弯曲或压扁、化学成分（焊接结构采用的钢材保证项目：S、P、C(CEV)；非焊接结构采用的钢材保证项目：P、S）	GB 50205-2020 GB/T 13793-2016	同一炉号、同一牌号、同一规格、同一精度、同一镀锌层重量级别的钢管组批，每批钢管的数量应不超过以下规定：外径大于219.1 mm，每个生产批次的钢管；外径大于219.1 mm，但不大于406.4 mm，200根；外径大于406.4 mm，100根。	随机在钢管一端取样，每批在1根钢管上取拉伸试件1根，长度450 mm；每批在2根钢管上各取弯曲或压扁试件1根，长度300 mm。	

（续表）

编号	样品名称	主要检测项目	实施依据	组批原则	取样方法及数量	检测结果判定及处理
1	热轧 H 形钢和剖分 T 形钢	下屈服强度、抗拉强度、断后伸长率、弯曲性能、冲击试验、化学成分(焊接结构采用的钢材保证项目:S、P、C(CEV);非焊接结构采用的钢材保证项目:P、S)	GB 50205-2020 GB/T 11263-2017	同一牌号、同一质量等级、同一规格、同一交货条件的钢材组成。同批钢材量≤500 t,检验批量标准值为 180 t;同批钢材量 501～900 t,检验批量标准值为 240 t;同批钢材量 901～1 500 t,检验批量标准值为 300 t;同批钢材量 1 501～3 000 t,检验批量标准值为 360 t;同批钢材量 3 001～5 400 t,检验批量标准值为 420 t;同批钢材量 5 401～9 000 t,检验批量标准值为 500 t;同批钢材量>9 000 t,检验批量标准值为 600 t;注:同一规格可按板厚度≤16 mm;>16 mm,～≤40 mm;>40 mm,～≤63 mm;>63 mm,～≤80 mm;>80 mm,～≤100 mm;>100 mm。 根据建筑结构的重要性及钢材的品种不同,对检验批量标准值应进行修正,检验批量值取 10 的整数倍。建筑结构安全等级为一级,且设计使用年限为 100 年重要建筑用钢材和强度等级大于或等于 420 MPa 的高强度钢材,修正系数为 0.85;获得认证且连续首 3 批均检验合格的钢材产品,修正系数为 2;其他钢材,修正系数为 1。修正系数为 2 的钢材产品,当检验出现不合格时,应按照修正系数 1.00 重新确定检验批量。	化学成分:取样数量 1 个/炉。 拉伸:取样数量 1 个/批。 弯曲试验:取样数量 1 个/批。 冲击:取样数量 3 个。	

（续表）

<table>
<tr><th>编号</th><th>样品名称</th><th>主要检测项目</th><th>实施依据</th><th>组批原则</th><th>取样方法及数量</th><th>检测结果判定及处理</th></tr>
<tr><td rowspan="4">1</td><td>埋弧焊用非合金钢及细晶粒钢实心焊丝、药芯焊丝和焊丝</td><td>熔敷金属力学性能（抗拉强度、屈服强度、断后伸长率）、冲击试验、射线探伤、实芯焊丝化学成分、药芯焊丝—焊剂组合熔敷金属化学成分</td><td>GB 50205-2020
GB/T 5293-2018</td><td rowspan="4">1. 实心焊丝及填充丝、焊带和预成型嵌条：在一个生产周期内所生产的同一型号、规格、形式和热处理条件的产品数量组批，但不超过 45 000 kg。
2. 焊条：在一个生产周期内所生产的同一型号、规格、形式和热处理条件的产品数量组批，但不超过 45 000 kg。
3. 药芯焊丝和药芯填充丝：在一个生产周期内所生产的同一型号、规格、形式和热处理条件的产品数量组批，但不超过 45 000 kg。该批焊材应采用一个炉号或控制化学成分的盘条、钢带或管材生产。
4. 埋弧焊焊剂：F1 级批量是焊接材料制造厂在其质量保证程序中规定的常规产品数量。F2 级批量是在一个生产周期内，用相同原材料混合物所生产的产品数量。</td><td>每批随机抽样制作试板宽度不小于 250 mm，长度不小于 300 mm。</td><td></td></tr>
<tr><td>高强钢药芯焊丝</td><td>熔敷金属力学性能（抗拉强度、屈服强度、断后伸长率）、冲击试验、射线探伤、熔敷金属化学成分</td><td>GB 50205-2020
GB/T 36233-2018</td><td>每批随机抽样制作试板宽度不小于 150 mm，长度不小于 150 mm。</td><td></td></tr>
<tr><td>热强钢药芯焊丝</td><td>熔敷金属力学性能（抗拉强度、屈服强度、断后伸长率）、冲击试验、射线探伤、熔敷金属化学成分</td><td>GB 50205-2020
GB/T 17493-2018</td><td>每批随机抽样制作试板宽度不小于 150 mm，长度不小于 150 mm。</td><td></td></tr>
<tr><td>埋弧焊用热强钢实芯焊丝、药芯焊丝和焊丝</td><td>熔敷金属力学性能（抗拉强度、屈服强度、断后伸长率）、冲击试验、射线探伤、熔敷金属化学成分</td><td>GB 50205-2020
GB/T 12470-2018</td><td>每批随机抽样制作试板宽度不小于 150 mm，长度不小于 350 mm。</td><td></td></tr>
</table>

（续表）

<table>
<tr><th>编号</th><th>样品名称</th><th>主要检测项目</th><th>实施依据</th><th>组批原则</th><th>取样方法及数量</th><th>检测结果判定及处理</th></tr>
<tr><td rowspan="3">1</td><td>非合金钢及细晶粒钢药芯焊丝</td><td>多道焊熔敷金属力学性能（抗拉强度、屈服强度、断后伸长率）、单道焊焊接接头抗拉强度、冲击试验、射线探伤、熔敷金属化学成分</td><td>GB 50205-2020
GB/T 10045-2018</td><td rowspan="3">1. 实心焊丝及填充丝、焊带和预成型嵌条：在一个生产周期内所生产的同一型号、规格、形式和热处理条件的产品数量组批，但不超过 45 000 kg。
2. 焊条：在一个生产周期内所生产的同一型号、规格、形式和热处理条件的产品数量组批，但不超过 45 000 kg。
3. 药芯焊丝和药芯填充丝：在一个生产周期内所生产的同一型号、规格、形式和热处理条件的产品数量组批，但不超过 45 000 kg。该批焊材应采用一个炉号或控制化学成分的盘条、钢带或管材生产。
4. 埋弧焊焊剂：F1 级批量是焊接材料制造厂在其质量保证程序中规定的常规产品数量。F2 级批量是在一个生产周期内，用相同原材料混合物所生产的产品数量。</td><td>每批随机抽样制作多道焊试板宽度不小于 150 mm，长度不小于 350 mm；单道焊试板宽度不小于 125 mm，长度不小于 300 mm。</td><td></td></tr>
<tr><td>非合金钢及细晶粒钢焊条</td><td>熔敷金属力学性能（抗拉强度、屈服强度、断后伸长率）、冲击试验、射线探伤、熔敷金属化学成分</td><td>GB 50205-2020
GB/T 5117-2012</td><td>按照需要数量至少在三个部位取有代表性的样品。每批随机抽样制作试板宽度不小于 150 mm，长度不小于 350 mm；焊条长度大于 450 mm 时，试板长度不小于 500 mm。</td><td></td></tr>
<tr><td>热强钢焊条</td><td>熔敷金属力学性能（抗拉强度、屈服强度、断后伸长率）、射线探伤、熔敷金属化学成分</td><td>GB 50205-2020
GB/T 5118-2012</td><td>每批随机抽样，制作试板宽度不小于 150 mm，长度不小于 150 mm；焊条长度大于 450 mm 时，试板长度应不小于 500 mm。</td><td></td></tr>
</table>

（续表）

编号	样品名称	主要检测项目	实施依据	组批原则	取样方法及数量	检测结果判定及处理
1	熔化极气体保护电弧焊用非合金钢及细晶粒钢实心焊丝	熔敷金属力学性能、射线探伤、焊丝化学分析	GB 50205-2020 GB/T 8110-2020	同一炉号、同一形状、同一尺寸、同一交货状态的焊丝组成一批，每批焊丝的最大质量应满足焊丝型号ER50-X\ER49-1每200 t为一批，其他型号均每30 t为一批。	盘（卷、桶）焊丝每批取1盘（卷、桶），直条焊丝任取一最小包装单位。制作试板宽度不小于150 mm，长度不小于350 mm。焊条长度大于450 mm时，试板长度不小于500 mm。	
	大型铸钢件	屈服强度、抗拉强度、断后伸长率、冲击试验、化学成分（焊接结构采用的钢材保证项目：S、P、C（CEV）；非焊接结构采用的钢材保证项目：P、S）	GB 50205-2020 GB/T 37681-2019	1. 当铸件的重量（净重）小于3 t时，按照同炉冶炼同炉热处理原则进行一组理化检验。 2. 当铸件重量（净重）大于或等于3 t时，每件产品均应进行一组理化检验。	随机在铸钢件一端取样，每批1个，尺寸为300 mm×500 mm。	
	一般工程与结构用低合金钢铸件	屈服强度、抗拉强度、断后伸长率、断面收缩率、冲击试验、化学成分（焊接结构采用的钢材保证项目：S、P、C（CEV）；非焊接结构采用的钢材保证项目：P、S）	GB 50205-2020 GB/T 14408-2014	1. 按炉次：同一炉次钢液浇注，同炉热处理的为一批。 2. 按数量或重量：同一材料牌号在熔炼工艺稳定的条件下，几个炉次浇注的并经相同工艺多炉次热处理后以一定的数量或一定重量的铸件为一批。具体要求需供需双方商定。	每一批量取拉伸试样1个、冲击试样3个，尺寸为300 mm×500 mm。	
	拉索、拉杆、锚具	屈服强度、抗拉强度、断后伸长率	GB 50205-2020	同一炉批号原材料，按同一轧制工艺及热处理制作的同一规格拉杆或拉索为一批。组装数量以不超过50套件的锚具和索杆为一个检验批。每个检验批随机抽取3个试件，试件长度1.1 m。		

（续表）

编号	样品名称	主要检测项目	实施依据	组批原则	取样方法及数量	检测结果判定及处理
2	钢结构焊缝	内部缺陷	GB 50205-2020 GB/T 50621-2010 GB/T 50661-2011 GB/T 3323.1-2019 GB/T 3323.2-2019 GB/T 11345-2013	施工单位自检：一级焊缝按100%抽检；二级焊缝按不少于20%抽检。第三方监检：一级焊缝按不少于被检测焊缝处数的20%抽检；二级焊缝按不少于被检焊缝处数的5%抽检。	施工单位自检：一级焊缝按100%抽检；二级焊缝按不少于20%抽检。 第三方监检：一级焊缝按不少于被检测焊缝处数的20%抽检；二级焊缝按不少于被检焊缝处数的5%抽检。	
3	钢结构防腐涂料	涂层厚度	GB 50205-2020 GB/T 50621-2010	同类构件数的10%且不应少于3件。	每个构件检测5处，每处的数值为3个相距50 mm测点涂层干漆膜厚度的平均值。	
		粘结强度、抗压强度	GB 50205-2020 GB 14907-2018	每使用100 t或不足100 t薄涂型防腐涂料应抽检一次粘结强度；每使用500 t或者不足500 t厚涂型防腐涂料应抽检一次粘结强度和抗压强度。	随机抽取20 kg；防锈漆：5 kg。	
4	钢结构防火涂料	涂层厚度	GB 50205-2020 GB/T 50621-2010	同类构件数的10%且不应少于3件。	1. 楼板和防火墙的防火涂层厚度测定，可选两相邻纵、横轴线相交中的面积为一个单元，在其对角线上，按每米长度选一点进行测试。 2. 全钢框架结构的梁和柱的防火涂层厚度测定，在构件长度内每隔3 m取一截面测试。 3. 桁架结构，上弦和下弦按第2款的规定每隔3 m取一截面检测，其他腹杆每根取一截面检测。	

(续表)

编号	样品名称	主要检测项目	实施依据	组批原则	取样方法及数量	检测结果判定及处理
5	钢结构用高强度大六角头螺栓连接副	连接副扭矩系数	GB 50205-2020 GB/T 1231-2006	按同一性能等级、材料、炉号、螺纹规格、长度(当螺栓长度≤100 mm时,长度相差≤15 mm;螺栓长度>100 mm,长度相差≤20 mm,可视为同一长度)、机械加工、热处理工艺及表面处理工艺的螺栓为同批;同一性能等级、材料、炉号、螺纹规格、机械加工、热处理工艺及表面处理工艺的螺母为同批;同一材料、炉号、规格、机械加工、热处理工艺表面处理工艺的垫圈为同批。分别由同批螺栓、螺母及垫圈组成的连接副为同批连接副。对保证扭矩系数供货的螺栓连接副最大批量为3 000套。	验用的螺栓应在施工现场安装得螺栓批中随机抽取,每批应抽取8套连接副进行复检。每套连接副只应做一次试验,不得重复使用,在紧固中垫圈发生转动时,应更换连接副,重新试验。	
	钢结构用扭剪型高强度螺栓连接副	连接副紧固轴力	GB 50205-2020 GB/T 3632-2008	按同一材料、炉号、螺纹规格、长度(当螺栓长度≤100 mm时,长度相差≤15 mm;螺栓长度>100 mm,长度相差≤20 mm,可视为同一长度)、机械加工、热处理工艺及表面处理工艺的螺栓为同批;同一材料、炉号、螺纹规格、机械加工、热处理工艺及表面处理工艺的螺母为同批;同一材料、炉号、规格、机械加工、热处理工艺表面处理工艺的垫圈为同批。分别由同批螺栓、螺母及垫圈组成的连接副为同批连接副。同批钢结构用扭剪高强度螺栓连接副的最大数量为3 000套。	复验用的螺栓应在施工现场待安装的螺栓批中随机抽取,每批应抽取8套连接副进行复验。每套连接副应做一次试验,不得重复使用,在紧固中垫圈发生转动时,应更换连接副,重新试验。	

(续表)

编号	样品名称	主要检测项目	实施依据	组批原则	取样方法及数量	检测结果判定及处理
5	钢网架螺栓球节点用高强度螺栓	实物拉力载荷(M39～M85×4的螺栓以硬度代替拉力载荷)	GB 50205-2020 GB/T 16939-2016	同一性能等级、材料牌号、炉号、规格、机械加工、热处理工艺、表面处理工艺的螺栓为同批。最大批量:对小于或等于M36的为5 000件,对大于M36的为2 000件。	每批随机抽8套。	
	高强螺栓连接摩擦面	抗滑移系数	GB 50205-2020	可按分部工程(子分部工程)所含高强度螺栓用量划分;每5万个高强度螺栓用量的钢结构为一批。选用两种及两种以上表面处理(含有涂层摩擦面)工艺时,每种处理工艺均需检验抗滑系数,每批3组试件。	每批3组试件(每组构件包括4块钢板4套高强螺栓连接副)。	高强度螺栓连接摩擦面的抗滑移系数检验的最小值必须大于或等于设计规定值,当不符合规定时,构件摩擦面应重新处理。处理后的构件摩擦面应按规定重新检验。
	高强度大六角头螺栓	终拧扭矩	GB 50205-2020 GB/T 50621-2010	按节点数抽查10%,且不应少于10个节点,对于每个被抽查的节点应按螺栓数抽查10%,且不少于2个螺栓。		
6	钢网架、网壳结构	变形检测	GB 50205-2020 GB/T 50621-2010	全数检查。	跨度24 m及以下钢网架结构测量下弦中央一点;跨度24 m以上钢网架结构测量下弦中央一点及各向下弦跨度的四等分点。	
	多层及高层钢结构主体结构	主体结构的整体立面偏移、主体结构的整体平面弯曲的允许偏差	GB 50205-2020 GB/T 50621-2010	主要立面全部检查。	对每个所检查的立面,除两列角柱外,尚应至少选取一列中间柱。	

第六章　地基基础

一、概述

1. 地基承载力检验时，静载试验最大加载量不应小于设计要求的承载力特征值的 2 倍。地基处理工程的验收，当采用一种检验方法检测结果存在不确定性时，应结合其他检验方法进行综合判断。

2. 工程桩的承载力和桩身完整性，对上部结构的安全稳定具有至关重要的意义，承载力检验是检验桩抗压或抗拔承载力满足设计值，通常采用静载试验确定；桩身完整性检验是检验桩身的缩颈、夹泥、空洞、断裂等缺陷情况，通常采用钻芯法、低应变法、声波透射法等方法，要求桩身完整性的检测结果评价应达到Ⅱ类桩以上。

二、主要控制项及相关标准规范

<table>
<tr><th>编号</th><th>样品名称</th><th>主要检测项目</th><th>实施依据</th><th>组批原则</th><th>取样方法及数量</th><th>检测结果判定及处理</th></tr>
<tr><td rowspan="3">1</td><td rowspan="3">人工处理地基（素土和灰土地基、粉煤灰地基、砂和砂石地基、土工合成材料地基）</td><td rowspan="3">地基承载力</td><td>GB 50202-2018</td><td colspan="2">每 300 m^2 不应少于 1 点，超过 3 000 m^2 部分每 500 m^2 不应少于 1 点。每单位工程不应少于 3 点。</td><td rowspan="3"></td></tr>
<tr><td>JGJ 79-2012</td><td colspan="2">每个单体工程不宜少于 3 个点；对于大型工程应按单体工程的数量和工程划分的面积确定检验点数。</td></tr>
<tr><td>JGJ 340-2015</td><td colspan="2">单位工程检测数量为每 500 m^2 不应少于 1 点，且总点数不应少于 3 点；复杂场地或重要建筑地基应增加检测数量。</td></tr>
<tr><td rowspan="3">2</td><td rowspan="3">预压地基</td><td rowspan="3">地基承载力</td><td>GB 50202-2018</td><td colspan="2">每 300 m^2 不应少于 1 点，超过 3 000 m^2 部分每 500 m^2 不应少于 1 点。每单位工程不应少于 3 点。</td><td rowspan="3"></td></tr>
<tr><td>JGJ 79-2012</td><td colspan="2">检测数量按每个处理分区不少于 6 点进行检测，对于堆在斜坡处应增加检验数量。</td></tr>
<tr><td>JGJ 340-2015</td><td colspan="2">单位工程检测数量为每 500 m^2 不应少于 1 点，且总点数不应少于 3 点；复杂场地或重要建筑地基应增加检测数量。</td></tr>
</table>

（续表）

编号	样品名称	主要检测项目	实施依据	组批原则	取样方法及数量	检测结果判定及处理
3	注浆地基	地基承载力	GB 50202-2018	每 300 m^2 不应少于 1 点，超过 3 000 m^2 部分每 500 m^2 不应少于 1 点。每单位工程不应少于 3 点。		
			JGJ 79-2012	每个单体建筑检测数量不少于 3 点进行检测。		
			JGJ 340-2015	单位工程检测数量为每 500 m^2 不应少于 1 点，且总点数不应少于 3 点；复杂场地或重要建筑地基应增加检测数量。		
4	强夯、强夯置换地基（试夯）	地基承载力	JGJ 79-2012	试夯区不小于 20 m×20 m，试验区静载荷试验数量应根据建筑场地复杂程度、建筑规模及建筑类型确定；每个试夯区不应少于 3 点。		
5	强夯地基（验收）	地基承载力	GB 50202-2018	静载荷试验每 300 m^2 不应少于 1 点，超过 3 000 m^2 部分每 500 m^2 不应少于 1 点。每单位工程不应少于 3 点；对于复杂场地或重要建筑地基应增加检验点数。		
			JGJ 79-2012	简单场地上的一般建筑，每个建筑地基载荷试验检测数量不少于 3 点；对于复杂地基或重要建筑地基应增加检验数量。		
			JGJ 340-2015	单位工程检测数量为每 500 m^2 不应少于 1 点，且总点数不应少于 3 点；复杂场地或重要建筑地基应增加检测数量。		
6	强夯置换	地基承载力	GB 50202-2018	不应少于墩点数的 0.5%，且每个单体不少于 3 点。		
			JGJ 79-2012	不应少于墩点数的 1%，且每个单体不少于 3 点。		
			JGJ 340-2015	不应少于墩点数的 0.5%，且每个单体不少于 3 点。		
		地基承载力（特殊情形）	JGJ 79-2012	检验数量不应少于墩点数的 1%，且每个建筑载荷试验检验点应不少于 3 点。		

（续表）

编号	样品名称	主要检测项目	实施依据	组批原则	取样方法及数量	检测结果判定及处理
7	砂石桩	地基承载力	GB 50202-2018	数量不应少于总桩数的 0.5%，且每个单体建筑不应少于 3 点。		
			JGJ 79-2012	数量不应少于总桩数的 1%，且每个单体建筑不应少于 3 点。		
			JGJ 340-2015	数量不应少于总桩数的 0.5%，且每个单体建筑不应少于 3 点。		
8	土和灰土挤密桩	地基承载力	GB 50202-2018	数量不应少于总桩数的 0.5%，且每个单体建筑不应少于 3 点。		
			JGJ 79-2012	数量不应少于总桩数的 1%，且每个单体建筑不应少于 3 点。		
			JGJ 340-2015	数量不应少于总桩数的 0.5%，且每个单体建筑不应少于 3 点。		
9	柱锤冲扩桩	复合地基承载力	JGJ 79-2012	试验数量不应少于总桩数的 1%，且每个单体建筑不应少于 3 点。		
			JGJ 340-2015	试验数量不应少于总桩数的 0.5%，且每个单体建筑不应少于 3 点。		
10	水泥土搅拌桩	复合地基承载力	GB 50202-2018	复合地基静载荷试验和单桩静载荷试验数量均不应少于总桩数的 0.5%，且每个单体不应少于 3 点。		
			JGJ 79-2012	验收检验数量不少于总桩数的 1%，复合地基静载荷试验数量不少于 3 台（多轴搅拌为 3 组）。		
			JGJ 340-2015	复合地基静载荷试验和单桩静载荷试验数量均不应少于总桩数的 0.5%，且每个单体不应少于 3 点。		
		桩身强度	GB 50202-2018 JGJ 79-2012	采用钻芯法时，检验数量为施工总桩数的 0.5%，且不少于 6 点。		
11	水泥粉煤灰碎石桩	复合地基承载力	GB 50202-2018	复合地基静载荷试验和单桩静载荷试验数量均不应少于总桩数的 0.5%，且每个单体不应少于 3 点。		
			JGJ 79-2012	复合地基静载荷试验和单桩静载荷试验数量均不应少于总桩数的 1%，且每个单体工程的复合地基静载荷试验数量不应少于 3 点。		
			JGJ 340-2015	复合地基静载荷试验和单桩静载荷试验数量均不应少于总桩数的 0.5%，且每个单体不应少于 3 点。		
		桩身质量	JGJ 79-2012	检查数量不低于总桩数的 10%。		

（续表）

编号	样品名称	主要检测项目	实施依据	组批原则	取样方法及数量	检测结果判定及处理
12	多桩型复合地基	复合地基承载力、单桩承载力	JGJ 79-2012 JGJ 340-2015	1. 多桩复合地基静载荷试验和单桩静载荷试验，检验数量不得少于总桩数的 1%。 2. 多桩复合地基载荷板静载荷试验，对每个单工程检验数量不得少于 3 点。 3. 增强体施工质量检验，对散体材料增强体的检验数量不应少于其总桩数的 2%，对具有粘结强度的增强体，完整性检验数量不应少于其总桩数的 10%。		
13	夯实水泥土桩	复合地基承载力	GB 50202-2018	复合地基静载荷试验和单桩静载荷试验数量均不应少于总桩数的 0.5%，且每个单体不应少于 3 点。		
			JGJ 79-2012	复合地基静载荷试验和单桩静载荷试验数量均不应少于总桩数的 1%，且每个单体工程的复合地基静载荷试验数量不应少于 3 点。		
			JGJ 340-2015	复合地基静载荷试验和单桩静载荷试验数量均不应少于总桩数的 0.5%，且每个单体建筑不应少于 3 点。		
14	旋喷桩	复合地基承载力	GB 50202-2018	复合地基静载荷试验和单桩静载荷试验数量均不应少于总桩数的 0.5%，且每个单体建筑不应少于 3 点。		
			JGJ 79-2012	复合地基静载荷试验和单桩静载荷试验数量均不应少于总桩数的 1%，且每个单体工程的复合地基静载荷试验数量不应少于 3 点。		
			JGJ 340-2015	复合地基静载荷试验和单桩静载荷试验数量均不应少于总桩数的 0.5%，且每个单体建筑不应少于 3 点。		
15	基桩（试验桩）	单桩竖向抗压承载力、单桩竖向抗拔承载力、单桩水平承载力	GB 50202-2018 JGJ 106-2014	检测数量应满足设计要求，且在同一条件下不应少于 3 根；当预计工程桩总数小于 50 根时，检测数量不应少于 2 根。		

(续表)

编号	样品名称	主要检测项目	实施依据	组批原则	取样方法及数量	检测结果判定及处理
16	基桩（验收桩）：钢筋混凝土预制桩、泥浆护壁成孔灌注桩、干作业成孔灌注桩、长螺旋钻孔灌注桩、沉管灌注桩	单桩竖向抗压承载力、单桩竖向抗拔承载力、单桩水平承载力	GB 50202-2018 JGJ 106-2014	不应少于同一条件下桩基分项工程总桩数的1%，且不应少于3根；当总桩数小于50根时，检测数量不应少于2根。		
		高应变法检测单桩竖向抗压承载力	GB 50202-2018 JGJ 106-2014	检测数量不宜少于总桩数的5%，且不得少于10根。		
		桩身完整性	GB 50202-2018 JGJ 106-2014	建筑桩基设计等级为甲级，或地基条件复杂、成桩质量可靠性较低的灌注桩工程，检测数量不应少于总桩数的30%，且不应少于20根；其他桩基工程，检测数量不应少于总桩数的20%，且不应少于10根；每根柱下承台检测桩数不应少于1根；大直径嵌岩灌注桩或设计等级为甲级的大直径灌注桩，应在检测桩数范围内，按不少于总桩数的10%比例采用声波透射法或钻芯法检测。		
17	基桩(验收桩)：钢桩	单桩竖向抗压承载力、单桩竖向抗拔承载力、单桩水平承载力	GB 50202-2018 JGJ 106-2014	不应少于同一条件下桩基分项工程总桩数的1%，且不应少于3根；当总桩数小于50根时，检测数量不应少于2根。		
		桩身完整性	GB 50202-2018 JGJ 106-2014	检测数量不应少于总桩数的20%，且不应少于10根；每根柱下承台检测桩数不应少于1根。		
18	基桩：锚杆静压桩	单桩竖向抗压承载力、单桩竖向抗拔承载力、单桩水平承载力	GB 50202-2018 JGJ 106-2014	不应少于同一条件下桩基分项工程总桩数的1%，且不应少于3根；当总桩数小于50根时，检测数量不应少于2根。		

（续表）

编号	样品名称	主要检测项目	实施依据	组批原则	取样方法及数量	检测结果判定及处理
19	抗浮锚杆	抗拔承载力（基本试验）	GB 50007-2011 GB 50330-2013 JGJ 476-2019	地层条件、锚杆杆体和参数、施工工艺与工程锚杆相同，试验数量不小于3根。		
		抗拔承载力（验收试验）	GB 50007-2011	岩石锚杆：同一场地同一岩层中试验数不得少于总数的5%，且不应少于6根；土层锚杆：锚杆数量取锚杆总数的5%，且不应少于5根。		
			GB 50330-2013	验收试验锚杆的数量取每种类型锚杆总数的5%，自由段位于Ⅰ、Ⅱ、Ⅲ类岩石内时取总数的1.5%，且均不得少于5根。		
			JGJ 476-2019	验收试验应抽取每种类型锚杆总数的5%且不少于5根。对有特殊要求的工程，可按设计要求增加验收抗浮锚杆的数量。		
			GB 50086-2015	其中占锚杆总量5%且不少于3根的锚杆应进行多循环张拉验收试验，占锚杆总量95%的锚杆应进行单循环张拉验收试验。锚杆多循环张拉验收试验应由业主委托第三方，锚杆单循环张拉验收试验可由工程施工单位在锚杆张拉过程中实施。		
20	岩石锚杆	抗拔承载力	GB 50202-2018 GB 50007-2011	在同一场地同一岩层中的锚杆，试验数不得少于总锚杆的5%，且不应少于6根。		
21	锚杆	基本试验	GB 50202-2018 GB 50330-2013	每种试验锚杆数量均不应少于3根。		
		验收试验	GB 50202-2018 GB 50330-2013	试验数量取每种类型锚杆总数的5%，自由段位于Ⅰ、Ⅱ、Ⅲ类岩石内时取总数的1.5%，且均不得少于5根。		
22	土钉墙	抗拔承载力	GB 50202-2018 JGJ 120-2012	检验数量不宜少于土钉总数的1%，且同一土层中的土钉检验数量不应少于3根。		

第七章 建筑节能

一、概述

1. 用于建筑节能工程质量验收的各项检测，应由具备相应资质的检测机构承担。

2. 建筑节能工程使用的材料、构件和设备等，必须符合设计要求及国家现行标准的有关规定，严禁使用国家明令禁止与淘汰的材料和设备。公共机构建筑和政府出资的建筑工程应选用通过建筑节能产品认证或具有节能标识的产品；其他建筑工程宜选用通过建筑节能产品认证或具有节能标识的产品。

3. 涉及安全、节能、环境保护和主要使用功能的材料、构件和设备，应按照标准规定在施工现场随机抽样复验，复验应为见证取样检验。当复验的结果不合格时，该材料、构件和设备不得使用。

4. 在同一工程项目中，同厂家、同类型、同规格的节能材料、构件和设备，当获得建筑节能产品认证、具有节能标识或连续三次见证取样检验均一次检验合格时，其检验批的容量可扩大一倍，且仅可扩大一倍。扩大检验批后的检验中出现不合格情况时，应按扩大前的检验批重新验收，且该产品不得再次扩大检验批容量。

二、主要控制项及相关标准规范

编号	样品名称	主要检测项目	实施依据	组批原则	取样方法及数量	检测结果判定及处理
1	绝热用模塑聚苯乙烯泡沫塑料(EPS)	压缩强度、尺寸稳定性、水蒸气透过系数、吸水率、表观密度偏差、导热系数、燃烧性能、垂直板面方向的抗拉强度	GB/T 10801.1-2021 GB/T 29906-2013 JG/T 228-2015 JGJ 144-2019 GB 50411-2019 GB 55015-2021	墙体节能工程同厂家、同品种产品，按照扣除门窗洞口后的保温墙面面积所使用的材料用量，在 5 000 m^2 以内时应复验一次；面积每增加 5 000 m^2 应增加 1 次；同工程项目，同施工单位且同期施工的多个单位工程，可合并计算抽检面积。	每组 3 块(燃烧性能 B2 级)；每组 16 块(燃烧性能 B1 级)。	导热系数或热阻、密度或单位面积质量、燃烧性能在同一份报告中。

（续表）

编号	样品名称	主要检测项目	实施依据	组批原则	取样方法及数量	检测结果判定及处理
2	绝热用挤塑聚苯乙烯泡沫塑料(XPS)	压缩强度、尺寸稳定性、水蒸气透过系数、吸水率、表观密度偏差、导热系数、燃烧性能、垂直板面方向的抗拉强度	GB/T 10801.2-2018 GB/T 30595-2014 JG/T 228-2015 JGJ 144-2019 GB 50411-2019 GB 55015-2021	屋面节能工程同厂家、同品种产品，扣除天窗、采光顶后的屋面面积在 1 000 m^2 以内时应复验一次；面积每增加 1 000 m^2 应增加 1 次。同工程项目，同施工单位且同期施工的多个单位工程，可合并计算抽检面积。 地面节能工程同厂家、同品种产品，地面面积在 1 000 m^2 以内时应复验一次；面积每增加 1 000 m^2 应增加 1 次。同工程项目，同施工单位且同期施工的多个单位工程，可合并计算抽检面积。 幕墙节能工程同厂家同品种产品，幕墙面积在 3 000 m^2 以内时应复验 1 次；面积每增加 3 000 m^2 应增加 1 次；同工程项目、同施工单位且同期施工的多个单位工程，可合并计算抽检面积。 供暖节能工程同厂家、同材质的保温材料，复验次数不得少于 2 次。 通风与空调节能工程同厂家、同材质的绝热材料，复验次数不得少于 2 次。 空调与供暖系统冷热源及管网节能工程同厂家、同材质的绝热材料，复验次数不得少于 2 次。	每组 3 块(燃烧性能 B2 级)；每组 16 块(燃烧性能 B1 级)。	
3	建筑绝热用石墨改性模塑聚苯乙烯泡沫塑料板	压缩强度、尺寸稳定性、水蒸气透过系数、吸水率、表观密度偏差、导热系数、燃烧性能、垂直板面方向的抗拉强度	JC/T 2441-2018 GB 50411-2019 GB 55015-2021		每组 3 块(燃烧性能 B2 级)；每组 16 块(燃烧性能 B1 级)。	
4	绝热用喷涂硬质聚氨酯泡沫塑料	压缩强度、尺寸稳定性、水蒸气透过率、吸水率、表观芯密度、导热系数、燃烧性能、拉伸粘结强度	GB/T 20219-2015 GB 50404-2017 GB 50411-2019 GB 55015-2021		每组 3 块(燃烧性能 B2 级)；每组 16 块(燃烧性能 B1 级)。	物理性能试验中两项或以上检验结果不符合标准时，则判该批产品不合格；有一项检验结果不符合标准，允许重新取样对所有项目进行复验。若复验中所有结果符合标准，则判该批产品为合格品，仍有一项不合格则判该批产品不合格。导热系数或热阻、密度或单位面积质量、燃烧性能在同一份报告中。 不燃材料可不检测燃烧性能。

(续表)

编号	样品名称	主要检测项目	实施依据	组批原则	取样方法及数量	检测结果判定及处理
5	建筑绝热用硬质聚氨酯泡沫塑料	芯密度、压缩强度、导热系数、尺寸稳定性、透湿系数、吸水率、燃烧性能、垂直于板面方向的抗拉强度	GB/T 21558-2008 GB 50404-2017 JG/T 420-2013 GB 50411-2019 GB 55015-2021		每组3块(燃烧性能B2级);每组16块(燃烧性能B1级)。	物理力学性能中有一项不合格时,应重新从原批中双倍取样,对不合格项进行复验,复验结果全部合格时,则该批合格,否则该批为不合格。 导热系数或热阻、密度或单位面积质量、燃烧性能在同一个报告中。
6	绝热用硬质酚醛泡沫制品(PF)	压缩强度、垂直于板面的抗拉强度、尺寸稳定性、透湿系数、体积吸水率、表观密度偏差、导热系数、燃烧性能	GB/T 20974-2014 JG/T 515-2017 GB 50411-2019 GB 55015-2021		每组3块(燃烧性能B2级);每组16块(燃烧性能B1级)。	导热系数或热阻、密度或单位面积质量、燃烧性能在同一个报告中。
7	建筑外墙外保温用岩棉制品	尺寸稳定性、质量吸湿率、憎水率、吸水量、体积吸水率、导热系数、压缩强度、垂直于表面的抗拉强度、燃烧性能	GB/T 25975-2018 JG/T 483-2015 GB 50411-2019 GB 55015-2021		每组3块(燃烧性能A(A1)级);每组16块(燃烧性能A(A2)级)。	导热系数或热阻、密度或单位面积质量、燃烧性能在同一个报告中。不燃材料的燃烧性能可不检。
8	绝热用岩棉、矿渣棉及其制品	密度、导热系数或热阻、质量吸水率、憎水率、吸水率、燃烧性能	GB/T 11835-2016 GB 50411-2019 GB 55015-2021			
9	建筑绝热用玻璃棉制品	含水率、质量吸湿率、导热系数及热阻、密度、憎水率、燃烧性能	GB/T 17795-2019 GB 50411-2019 GB 55015-2021			
10	热固复合聚苯乙烯泡沫保温板	密度、导热系数、垂直于板面方向的抗拉强度、体积吸水率、燃烧性能;D型:压缩强度、尺寸稳定性、弯曲强度、透湿系数、烧损深度G型:抗压强度、干燥收缩率、抗折强度、软化系数	JG/T 536-2017 GB 50411-2019 GB 55015-2021		每组16块(燃烧性能:D型B1或B2级;G型A(A2)级)。	

（续表）

编号	样品名称	主要检测项目	实施依据	组批原则	取样方法及数量	检测结果判定及处理
11	柔性泡沫橡塑绝热制品	表观密度、导热系数、真空体积吸水率、透湿性能、燃烧性能	GB/T 17794-2021 GB 50411-2019 GB 55015-2021		每组3块(燃烧性能B2级)；每组16块(燃烧性能B1级)；如管道、设备绝热材料，可根据制品规格，计算取样数量。	检测结果符合GB/T 17794-2021标准要求，判该批产品合格；若有任何一项不符合GB/T 17794-2021标准要求，则判该批产品不合格。
12	建筑用发泡陶瓷保温板	导热系数、密度、压缩强度、垂直于板面方向的抗拉强度、吸水率、燃烧性能	JG/T 511-2017 GB 50411-2019 GB 55015-2021		每组3块(燃烧性能A(A1)级)。	检测项目中若凡有一项不合格，可随机抽取双倍样品进行不合格项目的复检，仍有一项不合格，则判该批产品不合格。
13	建筑用金属面绝热夹芯板	传热系数或热阻、单位面积质量、粘结强度、燃烧性能	GB/T 23932-2009 GB 50411-2019 GB 55015-2021		每组15块(燃烧性能B1、A(A2)级)；每组3块(燃烧性能B2、A(A1)级)。	传热系数、单位面积质量、燃烧性能必须在同一个报告中。
14	保温装饰板	单位面积质量、拉伸粘结强度、抗冲击性、抗弯荷载、保温材料导热系数、保温材料燃烧性能	JG/T 287-2013 GB 50411-2019 GB 55015-2021		每组5块，保温材料燃烧性能样品另计。	
15	建筑保温砂浆	干密度、导热系数、抗压强度、燃烧性能、拉伸粘结强度、压剪粘结强度、线性收缩率、抗拉强度、软化系数(有耐水性要求时)	GB/T 20473-2021 GB 50411-2019 GB 55015-2021		总量不少于试验用量的3倍。	

(续表)

编号	样品名称	主要检测项目	实施依据	组批原则	取样方法及数量	检测结果判定及处理
16	膨胀玻化微珠保温隔热砂浆及膨胀玻化微珠轻质砂浆	干密度、导热系数、抗压强度、燃烧性能、拉伸粘结强度、压剪粘结强度、线性收缩率、抗拉强度、软化系数(有耐水性要求时)	GB/T 26000-2010 GB 50411-2019 GB 55015-2021		每组 20 kg。	轻质砂浆若仅有一项不合格时,应抽取双倍样品进行不合格项目的复检,若复检仍不合格,判该批产品不合格。
17	胶粉聚苯颗粒浆料	干表观密度、抗压强度、软化系数、导热系数、线性收缩率、抗拉强度、拉伸粘结强度、燃烧性能	JG/T 158-2013 JGJ 144-2019 JG/T 228-2015 GB 50411-2019 GB 55015-2021		每组胶粉 5 kg,聚苯颗粒用量根据厂家说明书计算,一般取 30 L。保温浆料燃烧性能,根据实际计算用量。	抗拉强度和燃烧性能不合格,则该批材料不合格;其他检测项目有一项不合格,对同一批材料加倍抽样复检不合格项,如仍不合格,则该批材料不合格;其他检测项目有两项及以上不合格,则该批材料不合格。
18	复合保温砖(砌块)、自保温混凝土复合砌块	表观密度、抗压强度、传热系数、吸水率	GB/T 29060-2012 JG/T 407-2013 GB 50411-2019		每组 10 块,传热系数样品数量另行计算。	
19	胶粘剂	拉伸粘结强度、可操作时间、与聚苯板的相容性	JC/T 992-2006 JGJ 144-2019 GB 50404-2017 GB 50411-2019 GB 55015-2021 及有关保温系统标准		每组 5 kg。	若有检测项目不合格,应对同一批产品的不合格项目加倍取样复检,该项目仍不合格,判该批产品不合格。
20	耐碱玻璃纤维网布	单位面积质量、拉伸断裂强力、断裂伸长率、耐碱性	JC/T 561.2-2006 JC/T 841-2007 GB 50411-2019 GB 55015-2021 及相关保温系统标准		每组 3 m。	

（续表）

编号	样品名称	主要检测项目	实施依据	组批原则	取样方法及数量	检测结果判定及处理
21	镀锌电焊网	丝径、网孔尺寸、焊点抗拉力、镀锌层质量、镀锌层均匀性	GB/T 33281-2016 GB 50411-2019 GB 55015-2021 及相关保温系统标准		每组 3 m。	
22	抹面胶浆、抗裂砂浆	拉伸粘结强度、压折比、可操作时间	JC/T 993-2006 JG/T 158-2013 JGJ 144-2019 GB 50404-2017 GB 50411-2019 GB 55015-2021 及有关保温系统标准		每组 5 kg。	若有检测项目不合格，应对同一批产品的不合格项目加倍取样复检，该项目仍不合格，判该批产品不合格。
23	界面砂浆	拉伸粘结强度、涂覆在聚苯板上后的可燃性	JC/T 907-2018 JG/T 158-2013 GB 50411-2019		每组 3 kg。	检测项目有一项不合格，对同一批材料加倍抽样复检不合格项，如仍不合格，则该批材料不合格；有两项及以上不合格，则该批材料不合格。
24	外墙保温用锚栓	锚栓抗拔承载力标准值	JG/T 366-2012 GB 50411-2019	标准试验基层墙体每组 10 个；非标准试验基层墙体不少于 15 次。		
25	供暖节能工程使用的散热器	单位散热量、金属热强度、工作压力	GB 50411-2019 GB 55015-2021	同厂家同材质的散热器，数量在 500 组及以下时，抽检 2 台；当数量每增加 1 000 组时，应增加抽检 1 组，同工程项目、同施工单位且同期施工的多个单位工程可合并计算。		

(续表)

编号	样品名称	主要检测项目	实施依据	组批原则	取样方法及数量	检测结果判定及处理
26	太阳能集热器、太阳能热水器	热性能、刚度、强度、耐撞击	GB 50411-2019 GB 55015-2021 GB/T 26976-2011 GB/T 19141-2011	同厂家、同类型的太阳能集热器或太阳能热水器,数量在 200 台及以下时,抽检 1 台(套);200 台以上抽检 2 台(套)。同工程项目、同施工单位且同期施工的多个单位工程可合并计算。		
27	建筑反射隔热涂料	太阳光反射比、半球发射率	GB/T 25261-2018 JG/T 235-2014 GB 50411-2019	每组 6 块试板。		
28	风机盘管机组	供冷量、供热量、风量、水阻力、噪声及功率	GB 50411-2019 GB 55015-2021 GB/T 19232-2019	按结构形式抽检,同厂家的风机盘管机组数量在 500 台及以下时,抽检 2 台;每增加 1 000 台时,应增加抽检 1 台;同工程项目、同施工单位且同期施工的多个单位工程可合并计算。		
29	风管	强度、漏风量	GB 50411-2019		不得少于 1 个系统。	
30	建筑外门窗	气密性、水密性、抗风压性能、保温性能	GB/T 28887-2012 GB/T 28886-2012 GB/T 8478-2020 GB/T 29734.1-2013 GB/T 29734.2-2013 GB/T 29734.3-2020 GB 50210-2018 GB 50411-2019 GB 55015-2021	气密性能、水密性能、抗风压性能:同一品种、类型和规格的木门窗、金属门窗、塑料门窗、门窗玻璃每 100 樘划分为一个检验批,不足 100 樘也应划分为一个检验批。保温性能:同一厂家的同材质、类型和型号的门窗每 200 樘划分为一个检验批;同一厂家的同材质、类型和型号的特种门窗每 50 樘划分为一个检验批;异形或有特殊要求的门窗检验批的划分也可根据其特点和数量,由施工单位与监理单位协商确定。同工程项目、同施工单位且同期施工的多个单位工程,可合并计算抽检数量。	气密性能、水密性能、抗风压性能:每组 3 樘;保温性能:每组 1 樘。	抽检项目中全部符合要求时,判定该批产品合格;如有 1 樘(不多于 1 樘)不合格,可再从该批产品中抽取双倍数量产品进行重复检验。重复检验的结果全部达到本标准要求时判定该项目合格,复检项目全部合格,判定该批产品合格,否则判定该批产品出厂检验不合格。

（续表）

编号	样品名称	主要检测项目	实施依据	组批原则	取样方法及数量	检测结果判定及处理
31	门窗节能工程用玻璃	玻璃遮阳系数、可见光透射比、传热系数、中空玻璃的密封性能	GB 50411-2019 GB 55015-2021	同一厂家的同材质、类型和型号的门窗每200樘划分为一个检验批；同一厂家的同材质、类型和型号的特种门窗每50樘划分为一个检验批；异形或有特殊要求的门窗检验批的划分也可根据其特点和数量，由施工单位与监理单位协商确定。同工程项目、同施工单位且同期施工的多个单位工程，可合并计算抽检数量。	每组10块或含有10块玻璃的多樘门窗，玻璃遮阳系数、可见光投射比检测用样品无法在成品玻璃或门窗上取样时，应采用同材质单片玻璃切片的组合体。	透明玻璃的遮阳系数、可见光透射比、单片玻璃的传热系数可不检。
32	中空玻璃	露点	GB/T 11944-2012	采用相同材料，在同一工艺条件下生产的中空玻璃500块为一批。	制品或与制品相同材料，在同一工艺条件下制作的试样数量15块，尺寸510 mm×360 mm。	15块试样露点检测全部合格，该项性能合格。
33	照明光源、照明灯具及其附属装置	传统照明灯具：照明光源初始光效、照明灯具镇流器能效值、照明灯具效率、照明设备功率、功率因数和谐波含量值；LED灯：灯具效能、功率、功率因数、色度参数（含色温、显色指数）	GB 50411-2019 GB 55015-2021 GB 19043-2013 GB 19044-2013 GB 17896-2012 GB 19415-2013 GB 19573-2004 GB 19574-2004 GB 20053-2015 GB 20054-2015 GB 30255-2019	同厂家的照明光源、镇流器、灯具、照明设备，数量在200套（个）及以下时，抽检2套（个）；数量在201～2 000套（个）及以下时，抽检3套（个）；数量在2 000套（个）以上下时，每增加1 000套（个）时应增加抽检1套（个）。同工程项目、同施工单位且同期施工的多个单位工程可合并计算。		

(续表)

编号	样品名称	主要检测项目	实施依据	组批原则	取样方法及数量	检测结果判定及处理
34	配电与照明节能工程电线电缆	导体电阻值	GB 50411-2019 GB 55015-2021	导体电阻:同厂家各种规格总数的10%,且不少于两个规格。	检验批内随机抽样检验,每个规格数量不少于3 m。	
35	电线	导体电阻、耐压试验、绝缘电阻、外径、绝缘厚度、不延燃试验	GB/T 5023.3-2008 JB/T10491.2-2004 JG/T 441-2014	取样数量不少于同厂家各种规格总数的10%,且不少于2个规格。	30 m。	检测结果分为合格、不合格。当电线检测结果不合格时,应立即退场。并通知材料员做好相应退场资料。
36	电缆	导体电阻、耐压试验、外径、绝缘厚度、单根阻燃试验	GB/T 12706.1-2020	取样数量不少于同厂家各种规格总数的10%,且不少于2个规格。	6 m。	检测结果分为合格、不合格。当电线检测结果不合格时,应立即退场。并通知材料员做好相应退场资料。
37	节能工程施工质量现场检验	锚固件锚固力、锚栓拉拔力	GB 50411-2019 GB 55015-2021		锚固件数量5个。锚栓数量10个。	
		保温板材与基层的拉伸粘结强度			兼顾不同朝向和楼层,均匀分布,不得在外墙施工前预先确定,每处检验1点,共3点。	
		粘结面积比			取样部位随机确定,宜兼顾不同朝向和楼层,均匀分布,不得在外墙施工前预先确定,每处检验一块整板,保温板面积应具代表性。	符合设计要求且不小于40%。

（续表）

编号	样品名称	主要检测项目	实施依据	组批原则	取样方法及数量	检测结果判定及处理
38	围护结构现场实体检验	建筑外墙节能构造现场实体检验	GB 50411-2019 GB 55015-2021	同工程项目、同施工单位且同期施工的多个单位工程，可合并计算建筑面积；每 30 000 m^2 可视为一个单位工程，不足 30 000 m^2 也视为一个单位工程。实体检验的样本应在施工现场由监理单位和施工单位随机抽取，应分布均匀、具有代表性，不得预先确定检验位置。	应按单位工程进行，每种节能构造的外墙检验不得少于 3 处，每处检查一个点。	实体检验结果不符合设计要求和标准规定时，应委托有资质的检测机构扩大一倍数量抽样，对不合格项目再次检验，仍不符合要求，应给出“不符合设计要求”的结论，并： 1. 对不符合设计要求的围护结构节能构造，应查找原因，重新验算热工性能，采取技术措施予以弥补和消除后重新检测，合格后方可通过验收。 2. 建筑外窗气密性能不符合设计要求，应查找原因，经整改后重新检测，合格后方可通过验收。
		建筑外窗气密性现场实体检验			应按单位工程进行，每种材质、开启方式、型材系列的外。窗检验不得少于 3 樘。	

第八章 建筑幕墙

一、概述

1. 幕墙工程的检测项目应根据受检幕墙工程的不同阶段和检测目的确定，并应按幕墙结构形式、工程应用条件、施工质量可靠性、使用要求和检测鉴定要求等选择检测方法。

2. 幕墙工程的检测类别可根据幕墙工程的不同阶段按规范确定。当现场检测和实验室检测均适用时，对于已经安装的幕墙工程及其材料，宜进行现场检测，对于未安装的幕墙工程及其材料，宜进行实验室检测。

3. 用于单项性能检测的样品应为相同品种、相同规格，且现场取样应满足检测要求，并应符合国家现行有关标准的规定。

二、主要控制项及相关标准规范

编号	样品名称	主要检测项目	实施依据	组批原则	取样方法及数量	检测结果判定及处理
1	硅酮结构密封胶	下垂度、挤出性(单组分)、适用期(双组分)、表干时间、硬度、拉伸粘结性、与结构装配系统用附件的相容性、与实际工程用基材的粘结性、23℃时伸长率为10%、20%及40%时的模量	GB 16776-2005	连续生产每3 t为一批，不足3 t也为一批；间断生产时，每釜投料为一批。	随机抽样。单组分产品抽样量为5支；双组分产品从原包装中抽样，抽样量为3～5 kg，抽取的样品应立即密封包装。(另需，参照胶应与试验结构胶组成基本相同的浅色或半透明密封胶1支，实际工程用基材各两块(150 mm×75 mm)密封附件若干)。	检验结果符合全部要求，判该批产品合格。有两项或两项以上达不到规定时，判该批产品不合格。若有1项达不到规定，双倍抽样进行单项复验，如仍达不到规定，判该批样品不合格。

（续表）

编号	样品名称	主要检测项目	实施依据	组批原则	取样方法及数量	检测结果判定及处理
1	硅酮结构密封胶	下垂度、挤出性（单组分）、适用期（双组分）、表干时间、硬度、拉伸粘结性、与结构装配系统用附件的相容性、与实际工程用基材的粘结性、23℃时伸长率为10%、20%及40%时的模量	JG/T 475-2015	以同一品种、同一分类的产品每10 t应为一批进行检验，不足10 t也为一批。	产品随机取样，出厂检验样品总量为4 kg，型式检验样品总量为8 kg或满足检测要求，样品分为两份，一份试验，一份作为备用。双组分产品取样后应立即密封包装。	检验结果符合全部要求，判该批产品合格。若检验结果有两项及两项以上指标不符合标准规定时，则判该批产品不合格；在外观质量合格的条件下，其他的检验结果若仅有一项不符合标准规定时，用备用样品对该项进行单项检验，合格则判该批产品合格，否则判该批产品不合格。
2	硅酮和改性硅酮建筑密封胶	密度、下垂度、表干时间、挤出性（单组分）、适用期（多组分）、弹性恢复率、拉伸模量、定伸粘结性、浸水后定伸粘结性、紫外线辐照后粘结性、冷拉—热压后粘结性、质量损失率	GB/T 14683-2017	以同一类型、同一级别的产品每5 t为一批，不足5 t也作为一批。	单组分产品由该批产品中随机抽取3件包装箱，从每件包装箱中随机抽取4支样品，共取12支；多组分产品按配比随机抽样，共6 kg，取样后立即密封包装。取样后样品分两份，一份检验，一份备用。	检验结果符合全部要求，判该批产品合格。有两项或两项以上不符合规定时，判该批产品不合格。若有1项不符合规定，用备用样品单项复检，如仍不合格，判该批样品不合格。
3	幕墙玻璃接缝用密封胶	下垂度、挤出性、表干时间、弹性恢复率、拉伸模量、定伸粘结性、冷拉热压后粘结性、浸水光照后定伸粘结性	JC/T 882-2001	以同一品种、同一类型的产品每2 t为一批，不足2 t也作为一批。	支装产品在该批产品中随机抽取3件包装箱，从每件包装中随机抽取2～3支样品，共取6～9支，总体积不少于2700 mL或净质量不少于3.5 kg。单组分桶装产品、多组分产品随机取样，样品总量为4 kg，取样后应立即密封包装。	检验结果有两项或两项以上不符合规定时，该批产品为不合格；若有1项不符合规定时，在同批产品中二次抽样进行单项复验，如该项仍不合格，则该批产品为不合格。

(续表)

编号	样品名称	主要检测项目	实施依据	组批原则	取样方法及数量	检测结果判定及处理
4	石材用建筑密封胶	下垂度、表干时间、挤出性、弹性恢复率、拉伸模量(23℃)、定伸粘结性、浸水后定伸粘结性、冷拉—热压后粘结性、质量损失、污染性	GB/T 23261-2009	以同一品种、同一级别的产品每5 t为一批,不足5 t也作为一批。	样品重量4 kg,双组分样品抽样后立即密封包装(另需37组工程用石材基材,尺寸为25 mm×25 mm×75 mm)。	污染性不符合标准规定,则该批产品不合格。其他物理力学性能有两项或两项以上不符合规定时,判该批产品不合格。若有1项不符合规定,用备用样品进行单项检验,如仍不符合规定,判该批样品不合格。
5	干挂石材幕墙用环氧胶粘剂	适用期、弯曲弹性模量、冲击强度、拉剪强度、压剪强度	JC 887-2001	以同一品种、同一配比生产的每釜产品为一批。	在同批产品中随机抽取一包装,样品总量不少于1 kg。	检验结果符合全部要求,判该批产品合格。有两项或两项以上不合格时,判该批产品不合格。若有1项不合格,加倍抽样进行单项复验,如仍不合格,判该批样品不合格。

（续表）

编号	样品名称	主要检测项目	实施依据	组批原则	取样方法及数量	检测结果判定及处理
6	干挂饰面石材	镜向光泽度、体积密度、吸水率、干燥压缩强度、弯曲强度、剪切强度、抗冻系数、放射性	JC/T 830.1-2005	同一品种、类别、等级的干挂石材为一批。	吸水率、体积密度试样：边长 50 mm 的正方体或 Φ50 mm×50 mm 的圆柱体，偏差±0.5 mm，总数量为 5 块；弯曲强度试样：试样厚度（H）可按实际情况确定，当试样厚度（H）不大于 68 mm 时，宽度为 100 mm；当试样厚度大于 68 mm 时，宽度为1.5H。试样长度为 10×H+50 mm，长度尺寸偏差±1 mm，宽度、厚度尺寸偏差±0.3 mm。试样上应标明层理方向，试样两个受力面应平整且平行。正面与侧面夹角应为 90°±0.5°总数量为 20 块；抗冻性试样：按石材的弯曲强度试样尺寸准备 5 块抗冻试样，有层理的石材需准备平行和垂直层理各 5 块进行试验；压缩强度试样：边长 50 mm 的正方体或 Φ50 mm×50 mm 的圆柱体（在无法满足此规定尺寸时，可采用叠加粘结的方式达到规定尺寸），尺寸偏差±0.5 mm。试样应标明层理方向。试样两个受力面应平行、光滑，相邻面夹角应为 90°±0.5°。总数量为 20 块。	体积密度、吸水率、干燥压缩强度、弯曲强度、剪切强度、抗冻系数、放射性有一项不符合要求，判该批产品为不合格品，其他项目执行 GB 2828 一次抽样正常检验方式检查水平为Ⅱ进行判定。

(续表)

编号	样品名称	主要检测项目	实施依据	组批原则	取样方法及数量	检测结果判定及处理
7	干挂饰面石材的金属挂件	拉拔强度	JC/T 830.2-2005	班产量大于2 000件者,以2 000件同型号、同规格的产品为一批,班产量不足2 000件者,以实际班产量为一批。	每组6件。	该项不合格时,允许重新抽取双倍试件重检,仍不合格,判为不合格品。
8	建筑幕墙用铝塑复合板	铝材厚度、涂层厚度、表面铅笔硬度、光泽度、附着力、耐冲击性、弯曲强度、弯曲弹性模量、滚筒剥离强度、燃烧性能	GB/T 17748-2016	以连续生产的同一品种、同一规格、同一颜色的产品3 000 m^2 为一批,不足3 000 m^2 按一批计算。	随机抽取3张板(燃烧性能另计)。	检验结果中若有不合格项,可从该批产品中抽取双倍样品对不合格项目进行复检,复检结果全部达到标准要求判该批产品合格,否则判该批产品不合格。
9	幕墙玻璃	可见光透射比、传热系数、遮阳系数;中空玻璃的密封性能	GB 50411-2019 GB 55015-2021	同厂家同品种产品,幕墙面积在3 000 m^2 以内时应复验1次;面积每增加3 000 m^2 应增加1次;同工程项目、同施工单位且同期施工的多个单位工程,可合并计算抽检面积。	中空玻璃密封性能:从工程使用的玻璃中随机抽取,每组抽取10个样品。遮阳系数、可见光投射比检测用样品无法在成品上取样时,应采用同材质单片玻璃切片的组合体。	幕墙传热系数、遮阳系数计算依据《建筑门窗玻璃幕墙热工计算规程》。

(续表)

编号	样品名称	主要检测项目	实施依据	组批原则	取样方法及数量	检测结果判定及处理
10	建筑幕墙	封闭式建筑幕墙应对气密性能、水密性能、抗风压性能及层间变形性能(平面内变形性能)进行检验,开放式建筑幕墙的气密性能、水密性能可不作要求	GB/T 21086-2007	相同设计、材料、工艺和施工条件的幕墙工程每 1 000 m^2 应划分为一个检验批,不足 1 000 m^2 也应划分为一个检验批;同一单位工程不连续的幕墙工程应单独划分检验批;对于异形或有特殊要求的幕墙,检验批的划分应根据幕墙的结构、工艺特点及幕墙工程规模,由监理单位(或建设单位)和施工单位协商确定。对于应用高度不超过 24 m,且总面积不超过 300 m^2 的建筑幕墙产品,交收检验时幕墙性能必检项目可采用同类产品的能代表该幕墙且性能指标不低于该幕墙的型式试验结果。	1 套,附带图样(包括试件立面、剖面、主要节点等)。	交收检验结果中抗风压性能不合格,该幕墙判为不合格;气密性能、水密性能、层间变形性能不合格,应重新单项复检,如仍不合格,该幕墙判为不合格。
11	点支承玻璃幕墙支承装置	力学性能	JG/T 138-2010	同一批原材料、同一规格型号组成一个检验批。	每批任取 5 个试件。	
12	幕墙遮阳用织物	断裂强力、撕破强力、断裂伸长率、太阳光直接透射比、太阳光直接反射比、燃烧性能	JG/T 424-2013	同厂家同品种产品,幕墙面积在 3 000 m^2 以内时应复验 1 次;面积每增加 3 000 m^2 应增加 1 次;同工程项目、同施工单位且同期施工的多个单位工程,可合并计算抽检面积。	每组 1 件。	

（续表）

编号	样品名称	主要检测项目	实施依据	组批原则	取样方法及数量	检测结果判定及处理
13	铝合金型材	尺寸偏差、抗拉强度、规定非比例延伸强度、断后伸长率、硬度、膜厚、隔热型材的横向抗拉强度、纵向抗剪强度	GB/T 5237.1～6-2017	每批应由同一牌号、状态、尺寸规格（不同型材再加其他条件：颜色、漆膜类型、膜厚级别、复合膜性能级别及相同表面处理工艺的）的型材组成，批重不限。	尺寸偏差取型材根数的1%，不少于10根；力学性能每批取2根型材，从每根型材上取1个试样。膜厚根据批量范围抽取，从每根型材上取1个试样。	任一试样的力学性能不合格，重新取双倍试样重复试验，重复试验结果全部合格，则该批型材合格，重复试验仍有不合格，则该批型材不合格；膜厚的不合格品数量超过限值，取双倍数量型材重复试验，重复试验的不合格品数量不超过限值的两倍，判该批合格，否则判该批不合格。任一试样的尺寸偏差和硬度不合格时，判该批不合格。
14	吊挂式玻璃幕墙用吊夹	力学性能：受拉承载力	JG/T 139-2017	以组批量大于500套的出厂检验合格批的产品组成型式检验批。	每批5套产品。	有一套不合格判该产品不合格。

责任编辑　孙宇菲　冯广明
封面摄影　刘宝喜
封面设计　吕姊萱
终　　审　邵成军

ISBN 978-7-5670-3486-0
定价：128.00元